工业和信息化普通高等教育"十二五"规划教材立项项目
21世纪高等教育计算机规划教材

C语言
程序设计（第3版）

The C Programming Language

安俊秀 主编

于华 董妍汝 闫俊伢 副主编

张永奎 主审

人民邮电出版社
北 京

图书在版编目（ＣＩＰ）数据

C语言程序设计 / 安俊秀主编. -- 3版. -- 北京：
人民邮电出版社，2014.9
21世纪高等教育计算机规划教材
ISBN 978-7-115-36278-0

Ⅰ. ①C… Ⅱ. ①安… Ⅲ. ①C语言－程序设计－高等
学校－教材 Ⅳ. ①TP312

中国版本图书馆CIP数据核字(2014)第156817号

内 容 提 要

本书严格遵循 C 语言标准，全面、系统、深入浅出地阐述了 C 语言的基本概念、语法和语义，以及用 C 语言进行程序设计的方法和技术。全书共三篇，第一篇为"C 语言程序设计基础知识"，第二篇为"C 语言高级编程技术"，第三篇为"C 语言综合应用与实践"。第一篇强调对基本概念的理解和掌握，主要讲解 C 语言的语法规则、C 语言的基本控制结构、数组、函数等知识；第二篇强调在理解和掌握的基础上运用高级编程技术的方法编写程序的能力，该篇主要介绍了指针、结构体、共用体、文件等相关知识；第三篇重在培养学生综合编程能力及程序编码的规范性，主要介绍了学生成绩管理系统的设计和开发。

本书内容丰富，可读性强，内容的编排尽量符合初学者的要求，在实例的选择上从易到难，并且能够解决一些实际问题。配套的实验指导书《C 语言趣味实验》可以强化学生熟练和巩固所学知识。

本书可作为大学本科计算机和相关专业的"C 程序设计"教材，也适合作为 C 语言初学者的入门读物和自学教程。

◆ 主　　编　安俊秀
　　副主编　于　华　董妍汝　闫俊伢
　　主　　审　张永奎
　　责任编辑　邹文波
　　责任印制　彭志环　　杨林杰
◆ 人民邮电出版社出版发行　　北京市丰台区成寿寺路 11 号
　　邮编　100164　　电子邮件　315@ptpress.com.cn
　　网址　http://www.ptpress.com.cn
　　北京圣夫亚美印刷有限公司印刷
◆ 开本：787×1092　1/16
　　印张：21　　　　　　　　　2014 年 9 月第 3 版
　　字数：553 千字　　　　　　2014 年 9 月北京第 1 次印刷
　　　　　　　　　定价：45.00 元
读者服务热线：(010)81055256　印装质量热线：(010)81055316
反盗版热线：(010)81055315

第 3 版前言

《C 语言程序设计（第 3 版）》是初学者学习 C 语言的良好教程。本书以循序渐进的方式介绍了 C 语言编程方面的知识，提供了丰富的实例和大量的练习。与《C 语言程序设计（第 2 版）》相比，本书在教学内容和顺序上进行了如下调整。

1. 书中所有内容和程序均以 Visual C++ 6.0 为基础，去掉了原有以 Turbo C 2.0 为调试基础的内容。

2. 调整了部分内容的顺序。如考虑到输入/输出函数的频繁使用，对其的详细介绍从原来的第 5 章调整到第 4 章，将第 13 章位运算调整到了第 3 章基本数据类型、运算符与表达式中，对 C 语言的运算符在第 3 章进行统一讲解，考虑到初学者的适应能力，对位运算的内容进行了简化。

3. 增大了例题量，选用典型例题，例题由简到难。

4. 为了降低初学者的学习难度，第 8 章函数之前的例题改为由一个主函数实现，之后章节的例题以主函数调用用户自定义函数的方式实现。

5. 为了巩固各个章节的知识点，为本书配套了实验指导书。

全书共 14 章，分为三篇。第一篇为 "C 语言程序设计基础知识"，主要讲解 C 语言的语法规则、C 语言的基本控制结构、数组、函数等知识。第二篇为 "C 语言高级编程技术"，这一部分强调对基本概念的理解和掌握，并在此基础上运用高级编程技术的方法，锻炼、培养学生进行较大规模、比较复杂的应用程序的编程能力。第三篇为 "C 语言综合应用与实践"，以实际案例为主线，引入软件工程的思想，介绍软件开发的方法，培养学生分析问题和解决实际问题的能力。

本书由安俊秀任主编，于华、董妍汝、闫俊伢任副主编。成都信息工程学院安俊秀编写第 2 章、第 5 章、第 10 章，山西大学商务学院赵宇兰编写第 1 章、第 13 章，董妍汝编写第 3 章、第 9 章，闫俊伢编写第 6 章、第 12 章，杨丽英编写第 7 章，郭燕萍编写第 8 章，于华编写第 11 章、第 14 章、附录 1、附录 2，于华、董妍汝、赵宇兰编写附录 3，山西医科大学满晰编写第 4 章。

全书由张永奎、安俊秀统稿，张永奎审校。

由于编者水平有限，书中难免存在疏漏之处，敬请读者批评指正。

编 者

2014 年 6 月

目 录

第一篇 C语言程序设计基础知识

第1章 C语言程序设计预备知识 ····· 1
1.1 计算机系统组成及工作原理简介 ··········· 1
1.1.1 硬件系统的组成及其工作原理 ········· 1
1.1.2 软件系统的组成 ················ 3
1.2 进位计数制及其转换 ················ 3
1.2.1 计算机中数制的表示 ··········· 3
1.2.2 非十进制数和十进制数的转换 ······· 4
1.2.3 二进制数、八进制数和
　　　十六进制数的转换 ············ 5
1.3 机器数的表示形式及其表示范围 ········ 6
1.3.1 真值与机器数 ················ 6
1.3.2 数的原码、反码和补码 ········· 7
1.3.3 无符号整数与带符号整数 ········· 8
1.3.4 字符的表示法 ················ 8
习题1 ································ 9

第2章 C语言概述 ················ 10
2.1 C语言的发展及特点 ··········· 10
2.1.1 程序设计语言的发展 ··········· 10
2.1.2 C语言的起源与发展 ··········· 11
2.1.3 C语言的特点 ················ 12
2.2 C语言应用领域概述 ··········· 13
2.2.1 C语言在系统开发中的应用 ········ 13
2.2.2 C语言在嵌入式系统开发中的
　　　应用 ····················· 13
2.2.3 C语言在商业应用软件
　　　开发中的应用 ············· 13
2.2.4 C语言在硬件驱动开发、
　　　游戏设计中的应用 ········· 14
2.3 C程序的格式 ················ 14
2.3.1 简单的C程序实例 ··········· 14
2.3.2 C程序的结构特点 ··········· 16

2.4 C程序的开发环境 ················ 18
2.4.1 用计算机解决实际问题的步骤 ······· 18
2.4.2 运行C程序的一般步骤 ··········· 19
2.5 Visual C++ 6.0集成环境介绍 ········· 20
2.5.1 Visual C++ 6.0界面简介 ········· 20
2.5.2 Visual C++ 6.0环境设置 ········· 21
2.5.3 在Visual C++ 6.0中编辑和
　　　运行C程序 ··········· 23
习题2 ································ 25

第3章 基本数据类型、运算符与
　　　　表达式 ················ 27
3.1 常量与变量 ················ 27
3.1.1 C语言的基本元素 ··········· 27
3.1.2 数据和数据类型 ··········· 28
3.1.3 常量 ····················· 29
3.1.4 变量 ····················· 30
3.2 基本数据类型 ················ 31
3.2.1 整型数据 ················ 31
3.2.2 实型数据 ················ 34
3.2.3 字符型数据 ················ 35
3.2.4 不同类型数据之间的混合运算 ······· 37
3.3 三大运算符及其表达式 ··········· 38
3.3.1 算术运算符及算术表达式 ········· 38
3.3.2 关系运算符及关系表达式 ········· 39
3.3.3 逻辑运算符及逻辑表达式 ········· 40
3.4 其他运算符及其表达式 ··········· 41
3.4.1 赋值运算符及赋值表达式 ········· 41
3.4.2 自增自减运算符及其表达式 ········· 43
3.4.3 条件、强制类型转换运算符及
　　　其表达式 ················ 43
3.4.4 求字节、逗号运算符及其
　　　表达式 ················ 45
3.4.5 取地址运算符 ··········· 45

3.4.6　位运算符及应用 ……………… 45

3.5　运算符的优先级与结合性 ……… 48

习题 3 …………………………………… 50

第 4 章　输入/输出函数的使用 …… 53

4.1　按格式输出函数 printf() 的使用 … 53

4.2　按格式输入函数 scanf() 的使用 … 56

4.3　字符输入/输出函数的使用 ……… 58

习题 4 …………………………………… 60

第 5 章　算法与结构化程序设计 …… 63

5.1　算法的概念 ……………………… 63

5.1.1　程序设计的概念 ……………… 63

5.1.2　程序的灵魂——算法 ………… 64

5.1.3　算法的特征及优劣 …………… 64

5.2　算法的描述方法 ………………… 65

5.2.1　用自然语言表示算法 ………… 65

5.2.2　用传统流程图描述算法 ……… 66

5.2.3　用 N-S 图表示算法 …………… 68

5.2.4　用伪代码表示算法 …………… 70

5.3　结构化程序设计 ………………… 71

5.3.1　三大基本结构 ………………… 71

5.3.2　实现结构化程序设计的方法 … 72

5.3.3　算法的合理性与优化 ………… 75

习题 5 …………………………………… 78

第 6 章　C 语言程序的基本控制
结构 …………………………… 79

6.1　C 语句分类 ……………………… 79

6.2　顺序结构程序设计举例 ………… 81

6.3　选择结构程序设计及其语句 …… 83

6.3.1　选择结构程序设计思想 ……… 83

6.3.2　if 语句的应用 ………………… 84

6.3.3　switch 开关语句的应用 ……… 90

6.4　选择结构程序举例 ……………… 92

6.5　循环结构程序设计及其语句 …… 95

6.5.1　while 循环语句的应用 ……… 95

6.5.2　do…while 循环语句的应用 … 96

6.5.3　for 循环语句的应用 ………… 97

6.5.4　循环的嵌套 …………………… 101

6.5.5　几种循环的比较 ……………… 102

6.6　辅助控制语句及循环结构程序举例 … 103

6.6.1　辅助控制语句的应用 ………… 103

6.6.2　循环结构程序举例 …………… 106

6.7　程序的调试 ……………………… 107

6.7.1　编译出错信息理解与调试 …… 107

6.7.2　Visual C++ 6.0 中的程序调试 …… 110

习题 6 …………………………………… 111

第 7 章　数组 ………………………… 115

7.1　问题的提出 ……………………… 115

7.2　一维数组 ………………………… 116

7.2.1　一维数组的定义 ……………… 116

7.2.2　一维数组的引用 ……………… 118

7.2.3　一维数组的初始化 …………… 118

7.2.4　一维数组的应用 ……………… 120

7.3　二维数组和多维数组 …………… 125

7.3.1　二维数组的定义 ……………… 126

7.3.2　二维数组的引用 ……………… 127

7.3.3　二维数组的初始化 …………… 127

7.3.4　二维数组的应用 ……………… 128

7.3.5　多维数组的定义和引用 ……… 133

7.4　字符数组和字符串 ……………… 133

7.4.1　字符数组的定义、初始化和
引用 ………………………… 133

7.4.2　字符数组的输入/输出 ……… 136

7.4.3　常用字符串处理函数 ………… 137

7.4.4　字符数组的应用 ……………… 142

习题 7 …………………………………… 145

第 8 章　函数和变量的作用域 ……… 149

8.1　函数概述 ………………………… 149

8.1.1　模块化程序设计方法 ………… 149

8.1.2　C—模块化程序设计语言 …… 150

8.1.3　函数的分类 …………………… 151

8.2　函数的定义与调用 ……………… 152

8.2.1　函数的定义 …………………… 152

8.2.2　函数的参数和返回值 ………… 154

8.2.3　函数声明 ……………………… 156

8.2.4　函数的调用和参数传递 ……… 157

8.3　函数的嵌套调用和递归调用 …… 160

8.3.1　函数的嵌套调用 ……………… 160

8.3.2　函数的递归调用 ……………… 162

8.4　数组作为函数的参数 …………… 164

8.4.1　数组元素作函数实参 ………… 164

8.4.2 一维数组名作函数实参 ………… 165
8.4.3 二维数组名作函数实参 ………… 166
8.5 变量的作用域与生存期 ………… 167
8.5.1 局部变量及其存储类型 ………… 168
8.5.2 全局变量及其存储类型 ………… 173
8.6 内部函数和外部函数 ………… 177
8.6.1 内部函数 ………… 177
8.6.2 外部函数 ………… 177
8.6.3 如何运行一个多文件的程序 ………… 178
8.7 程序综合示例 ………… 180
习题 8 ………… 182

第二篇 C 语言高级编程技术

第 9 章 指针的应用 ………… 185
9.1 指针概述 ………… 185
9.1.1 变量与地址 ………… 185
9.1.2 指针与指针变量 ………… 185
9.1.3 &与*运算符 ………… 186
9.1.4 直接访问与间接访问 ………… 187
9.2 指针变量 ………… 187
9.2.1 指针变量的定义、初始化及
引用 ………… 187
9.2.2 零指针与空类型指针 ………… 189
9.2.3 指针变量作为函数参数 ………… 190
9.3 指针与数组 ………… 191
9.3.1 指向数组元素的指针变量的
定义与赋值 ………… 191
9.3.2 数组元素的表示方法 ………… 192
9.3.3 指针变量的运算 ………… 194
9.3.4 指针与二维数组 ………… 195
9.3.5 指针数组 ………… 198
9.4 指针与字符串 ………… 200
9.4.1 字符串的表示形式及其
相关操作 ………… 200
9.4.2 字符指针作函数参数 ………… 203
9.5 函数指针与指针函数 ………… 203
9.5.1 函数指针及指向函数的
指针变量 ………… 203
9.5.2 指针函数 ………… 204
9.5.3 指向指针的指针 ………… 205

9.6 带参数的 main 函数 ………… 207
9.7 指针的应用举例 ………… 208
习题 9 ………… 210

第 10 章 结构体、共用体及
枚举类型的应用 ………… 214
10.1 结构体的应用 ………… 214
10.1.1 结构体类型的定义 ………… 215
10.1.2 结构体变量的声明 ………… 216
10.1.3 结构体变量的初始化 ………… 218
10.1.4 结构体变量的引用 ………… 218
10.2 结构体数组 ………… 219
10.3 指向结构体的指针 ………… 221
10.4 结构体与函数 ………… 223
10.4.1 函数的形参与实参是结构体 ………… 223
10.4.2 函数的返回值类型是结构体 ………… 224
10.5 共用体的应用 ………… 227
10.5.1 共用体类型的定义 ………… 228
10.5.2 共用体变量的声明和引用 ………… 228
10.5.3 共用体变量程序举例 ………… 230
10.6 单链表的应用 ………… 231
10.6.1 链表概述 ………… 231
10.6.2 动态分配内存库函数 ………… 233
10.6.3 单链表的基本操作 ………… 233
10.6.4 单链表的应用举例 ………… 238
10.7 枚举类型 ………… 241
10.8 类型定义 ………… 243
习题 10 ………… 244

第 11 章 文件 ………… 248
11.1 C 文件概述及文件类型指针 ………… 248
11.1.1 C 文件概述 ………… 248
11.1.2 文件的分类 ………… 248
11.1.3 文件类型指针 ………… 249
11.2 文件的操作 ………… 249
11.2.1 文件的打开和关闭操作 ………… 249
11.2.2 文件读写操作 ………… 251
11.2.3 文件的定位 ………… 259
11.2.4 文件出错的检测 ………… 261
11.3 库文件 ………… 262
11.4 文件操作应用举例 ………… 263
习题 11 ………… 267

第 12 章　编译预处理 ────── 269

12.1　宏定义 ────────── 269

12.2　"文件包含"处理 ────── 274

12.3　条件编译 ───────── 276

12.4　程序示例 ───────── 279

习题 12 ──────────── 279

第三篇　C 语言综合应用与实践

第 13 章　程序编码规范 ──── 282

13.1　标识符命名规范 ───── 282

13.2　代码编写格式 ────── 284

13.2.1　清晰的表达式 ──── 285

13.2.2　语句的规范性 ──── 286

13.2.3　缩进的书写格式 ─── 288

13.2.4　一致性和习惯用法 ── 290

13.2.5　程序描述的层次 ─── 291

13.3　文档注释 ───────── 292

13.3.1　注释 ───────── 292

13.3.2　注释的书写格式 ─── 293

13.3.3　注释的分类及使用 ── 293

习题 13 ──────────── 295

第 14 章　学生成绩管理系统 ──── 296

14.1　软件设计过程 ────── 296

14.1.1　需求分析 ────── 296

14.1.2　总体设计 ────── 297

14.1.3　详细设计 ────── 297

14.1.4　测试与调试 ───── 297

14.2　学生成绩管理系统 V1 ── 297

14.2.1　需求分析 ────── 297

14.2.2　总体设计 ────── 297

14.2.3　详细设计 ────── 299

14.3　学生成绩管理系统 V2 ── 310

14.3.1　功能分析 ────── 310

14.3.2　总体设计 ────── 311

14.3.3　详细设计 ────── 313

附录 1　常用字符与 ASCⅡ代码对照表 ────────── 319

附录 2　Visual C++ 6.0 常见错误信息表 ──────── 320

附录 3　Visual C++常用库函数一览表 ────────── 322

参考文献 ──────────── 327

第一篇　C 语言程序设计基础知识

第1章
C 语言程序设计预备知识

计算机是以硬件系统为基础，能够通过各种系统软件和应用软件对信息进行自动处理的电子装置。这里的"信息"包括数值、文字、符号、语言、图形和图像等，不论哪种信息在计算机内部最终都必须以数字化编码的形式来表示和处理。程序设计语言就是对这些信息进行处理的软件工具。学习 C 语言之前，除了要了解计算机的工作原理之外，更重要的是要了解各种信息在计算机中的表示形式，只有了解了这些底层细节，才会理解计算机系统和计算机语言对数据做了什么，才会知道如何最大限度地利用可用的硬件资源编写出高效的程序代码。

本章重点介绍计算机内各种信息的常用编码方案，这些内容是进行程序设计的基石，是学习 C 语言必须掌握的基础知识。

1.1　计算机系统组成及工作原理简介

一个完整的计算机系统由硬件和软件两大部分组成。硬件是构成计算机系统的物理装置，是看得见摸得着的设备实体。软件是计算机程序及相关的技术文档资料。软件依赖硬件的物质条件，而硬件则需要在软件的支配下才能有效地工作。

1.1.1　硬件系统的组成及其工作原理

计算机问世 70 多年来，尽管计算机硬件系统在性能指标、运算速度、工作方式、应用领域和价格等方面存在差异，但是它们的基本体系结构却是相同的，都是冯·诺依曼机。冯·诺依曼机由微处理器、存储器及 I/O 接口等大规模或超大规模集成电路芯片组成，各部分之间通过"总线"连接在一起，实现信息的交换。图 1-1 给出了计算机硬件系统的基本组成图。

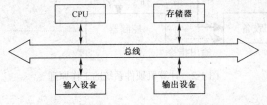

图 1-1　计算机硬件系统的基本组成

1. 微处理器（CPU）

运算器和控制器被集成在同一块微处理器芯片上，统称为微处理器或 CPU 芯片。微处理器是计算机硬件系统的核心，其重要性好比大脑对于人一样。它是计算机的运算和控制中心，负责处理、计算计算机内部的所有数据。

运算器是对二进制数据进行加工和处理的逻辑部件。因为计算机内部是依靠数字电路来存储和计算的，电路的开关状态正对应二进制的 0 和 1。运算器根据器件的物理状态表示和处理二进制数，不仅能够非常容易地实现基本的算术运算和逻辑运算，而且具有高的可靠性。

控制器是计算机的"神经中枢"，是协调指挥计算机各部件和谐工作的元件。它能够综合有关的逻辑条件与时间条件，并按照主频的节拍产生相应的微控制信号，以指挥计算机各部件按照指令功能的要求自动执行指定的操作。

2. 存储器

存储器是计算机的"记忆系统"，是存放程序和数据的逻辑部件。根据作用不同，存储器分为内存储器（简称内存）和外存储器（简称外存）。内存是 CPU 能根据地址直接寻址的存储空间，它用来存放当前正在使用的或者随时要使用的程序或数据。其特点是速度快、容量小，价格较高。外存（如硬盘）用来存放内存的副本和暂时不用的程序或数据。当需要处理外存中的程序或数据时，必须通过输入/输出指令，将其调入内存中才能被 CPU 执行处理。外存的存取速度比内存慢，但容量比内存大得多，且无需电力，并且可以永久保存信息。

3. 输入设备/输出设备

输入设备与输出设备是实现人机交互的主要部件。输入设备用来接收用户输入的原始程序或数据，并将它们转变为计算机能识别的二进制数据存入到内存中，其功能类似于人的"眼"和"耳"——既能看又能听。输出设备用来将计算机处理的结果转变为人们能接受的形式输出，功能类似于人的"手"和"嘴"——既能写又能说。目前常用的输入设备有键盘、鼠标、触摸屏、光笔、画笔、图形板、摄像机、图文扫描仪和图文传真机等，输出设备有显示器、打印机、绘图仪和音箱等。

冯·诺依曼体系结构的设计思想可以简单地概括为"指令存储，顺序执行"。按照冯·诺依曼存储程序的原理，计算机系统的工作工程就是反复进行"取指令→分析指令→执行指令"的过程，具体过程如图 1-2 所示，即在控制器的控制下，计算机通过输入设备输入程序或数据，并自动存放在存储器中，然后控制器通过地址访问存储器，逐条取出指令、分析指令，并根据指令产生的控制信号控制其他部件执行这条指令中规定的任务。这一过程周而复始，实现了程序的自动执行。

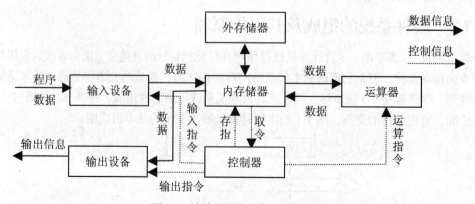

图 1-2　计算机硬件系统的工作原理

1.1.2 软件系统的组成

只有硬件的计算机（裸机）是无法运行的，还需要软件的支持。所谓软件是指使计算机正常运行需要的程序及相关技术文档的总称，其中更为重要的是程序，在不严格的情况下，通常认为程序就是软件。如今，软件技术已经渗透到生活、生产的各个领域，即便人们不了解计算机的内部结构和原理，也可以灵活地使用计算机为人们工作、服务。计算机能够协助人类完成各种各样的任务，正是依赖于各种用途的软件。

根据软件用途，计算机的软件分为系统软件和应用软件。

系统软件是为了计算机能正常、高效工作所配备的各种管理和监控程序，在系统一级上提供服务。主要分为两类：一类是面向计算机的软件，如操作系统、各种服务性程序；另一类是面向用户的软件，如编程语言处理程序，以及为适应事务处理的需要而开发的数据库管理系统。

应用软件是为解决用户的特殊需要而开发的特定程序。这类软件通常与具体的应用相关，可以应用于科学计算、数据处理、商业经营、经济管理、工程控制、企业管理等各个领域。应用软件种类非常多，包括办公软件、电子商务软件、通信软件、行业软件和游戏软件等。随着软件技术的发展，这类软件将越来越多。初学 C 语言的读者的主要任务是学习如何编写应用软件。

1.2 进位计数制及其转换

什么是进位计数制？进位计数制是利用固定的数字符号和统一的规则来表示数值的方法，可使用的数字符号的个数称为基数，基数为 n，即可称 n 进位制，简称 n 进制。

在日常生活中，常见的数值计算都是十进制，如"10 角等于 1 元"、"10 两等于 1 斤"，这种数制系统使用阿拉伯数字 0～9 组成的数字序列来表示数值。除此之外，还会遇到其他进制，如"每小时 60 分钟"是六十进制，"一年 12 个月"是十二进制，古衡器流行时期的"半斤八两"是指十六进制。在计算机系统中，由于数字电路采用电压的高低或通断表示两种状态（计算机内部采用 0、1 表示），所以计算机内部的所有信息都是采用二进制表示的。

1.2.1 计算机中数制的表示

1．十进制表示

十进制（基数为 10）是使用阿拉伯数字字串来表示数值的方法。它包括"十进位"和"位值制"两条规则。其中，"十进位"是指按"满十进一"、"借一当十"的原则进行计数。"位值制"是指每一个数码符号根据它在这个数中所处的位置来决定其实际数值，即各数位的位权是以 10 为底的幂次方。

按照"十进位"与"位值制"的规则，任意一个十进制数 D，可表示成如下形式：

$$(D)_{10} = D_{n-1} \times 10^{n-1} + \cdots + D_1 \times 10^1 + D_0 \times 10^0 + D_{-1} \times 10^{-1} + \cdots + D_{-m} \times 10^{-m}$$

其中，$(D)_{10}$ 为十进制数的下标表示法；D 为数位上的数码，其取值范围为 0～9；n 为整数位个数，m 为小数位个数；10 为基数；10^i 是十进制数的位权（i 为 $n-1$、$\cdots$、1、0、-1、$\cdots$、$-m$）。

如十进制序列（123.45）$_{10}$ 可以表示为：

$$(123.45)_{10} = 1 \times 10^2 + 2 \times 10^1 + 3 \times 10^0 + 4 \times 10^{-1} + 5 \times 10^{-2}$$

2. 二进制表示

二进制（基数为 2）是指使用"0"和"1"两个基本符号来表示数值，按照"二进位"规则进行计数的方法。二进制是计算机信息表示和信息处理的基础。

与十进制数"形象"类似，任意一个二进制数 B，按照位权 2^i 展开，可以表示成如下形式：

$$(B)_2 = B_{n-1} \times 2^{n-1} + \cdots + B_1 \times 2^1 + B_0 \times 2^0 + B_{-1} \times 2^{-1} + \cdots + B_{-m+1} \times 2^{-m+1} + B_{-m} \times 2^{-m}$$

如二进制序列 $(1001.1)_2$ 可以表示为：

$$(1001.1)_2 = 1 \times 2^3 + 0 \times 2^2 + 0 \times 2^1 + 1 \times 2^0 + 1 \times 2^{-1}$$

3. 十六进制表示

由于二进制书写冗长、易错、难记，为了提高程序的可读性，程序员一般在程序源文件中使用二进制的"短格式"——十六进制。十六进制（基数为16）是使用阿拉伯数字 0～9 和 A～F（依次对应于十进制数 10～15）来表示数值，并按照"十六进位"的原则进行计数的方法，如 123_{16}、$ABFC_{16}$、8976_{16}、$20FA.BC_{16}$ 都是合法的十六进制数。

同样，可以将十六进制序列 $(20A5.BC)_{16}$ 按位权 16^i 展开，表示成如下形式：

$$(20A5.BC)_{16} = 2 \times 16^3 + A \times 16^1 + 5 \times 16^0 + B \times 16^{-1} + C \times 16^{-2}$$

4. 八进制表示

八进制（基数为8）表示法在早期的计算机系统中应用非常广泛，适用于 12 位和 36 位的计算机系统。它是使用阿拉伯数字 0～7 来表示数值的方法，权为 8^i。如：123_8、-456_8、10007_8、177777_8 都是合法的八进制数。

八进制序列 $(177777)_8$ 按位权展开，可以表示成如下形式：

$$(177777)_8 = 1 \times 8^5 + 7 \times 8^4 + 7 \times 8^3 + 7 \times 8^2 + 7 \times 8^1 + 7 \times 8^0$$

十进制、二进制、八进制与十六进制的特征对照表如表 1-1 所示。

表 1-1　　　　　　　二进制、八进制、十进制与十六进制的特征对照表

进　制	数　　码	进位规则	数的地址表示法
十进制	0、1、2、3、4、5、6、7、8、9	满十进一	$(4096)_{10}$
二进制	0、1	满二进一	$(1011)_2$
八进制	0、1、2、3、4、5、6、7	满八进一	$(6777)_8$
十六进制	0～9、A、B、C、D、E、F	满十六进一	$(AF8E)_{16}$

1.2.2　非十进制数和十进制数的转换

非十进制数转换成十进制数采用"按权相加"法，即将非十进制数按位权写成加权系数展开式，然后按十进制加法规则进行求和。

【例 1-1】 将 $(1011.01)_2$、$(FD5)_{16}$ 和 $(475)_8$ 转换成十进制数。

解：$(1011.01)_2 = 1 \times 2^3 + 0 \times 2^2 + 1 \times 2^1 + 1 \times 2^0 + 0 \times 2^{-1} + 1 \times 2^{-2} = (11.25)_{10}$

$(FD5)_{16} = 15 \times 16^2 + 13 \times 16^1 + 5 \times 16^0 = (4053)_{10}$

$(475)_8 = 4 \times 8^2 + 7 \times 8^1 + 5 \times 8^0 = (317)_{10}$

十进制数转换成非十进制数时，由于整数部分与小数部分转换算法不同，需要分别进行。整数部分采用"除基取余"法，直至商为 0，先得到的余数为低位，后得到的余数为高位。小数部分采用"乘基取整"法，直至乘积为整数或达到控制精度。

【例 1-2】　将十进制数 100 和 0.625 分别转换成二进制数、八进制数与十六进制数。

解：

```
2 | 100           8 | 100           16 | 100
  2 | 50 …0         8 | 12 …4          16 | 6  …4
    2 | 25 …0         8 | 1  …4            0  …6
      2 | 12 …1         0  …1
        2 | 6  …0
          2 | 3  …0
            2 | 1  …1
              0  …1
```

所以（100）$_{10}$=（1100100）$_2$，（100）$_{10}$=（144）$_8$，（100）$_{10}$=（64）$_{16}$

```
  0.625            0.625            0.625
×     2          ×     8          ×    16
 1 .250 …1        5 .000 …5        10 .000 …A
×     2
 0 .500 …0
×     2
 1 .000 …1
```

同样，（0.625）$_{10}$=（0.101）$_2$，（0.625）$_{10}$=（0.5）$_8$，（0.625）$_{10}$=（0.A）$_{16}$

1.2.3　二进制数、八进制数和十六进制数的转换

八进制与十六进制之所以流行不仅在于它们易于在程序中更紧凑地表示数值，还在于八进制与十六进制的基数恰好是 2 的幂，所以这两种数制与二进制之间的转换十分容易，只需要记住几条简单的规则，如表 1-2 所示，就能实现二进制数与八进制数、十六进制数之间的快速转换。

表 1-2　　　　　　　　　　　　　　　　常用数制对照表

十进制	二进制	八进制	十六进制	十进制	二进制	八进制	十六进制
0	0000	0	0	9	1001	11	9
1	0001	1	1	10	1010	12	A
2	0010	2	2	11	1011	13	B
3	0011	3	3	12	1100	14	C
4	0100	4	4	13	1101	15	D
5	0101	5	5	14	1110	16	E
6	0110	6	6	15	1111	17	F
7	0111	7	7	16	10000	20	10
8	1000	10	8	17	10001	21	11

1. 二进制数与八进制数的相互换算

二进制数转换成八进制数采用"三合一"法，即将 3 位二进制数转换成 1 位八进制数。具体转换过程是：将二进制数从小数点位置向左和向右按 3 位一组进行划分，向左不足 3 位按在数的最左侧补零的方法处理，向右不足 3 位按在数的最右侧补零的方法处理，然后按照"常用数制对照表"将 3 位一组的二进制数分别转换成相应的八进制数。

【例 1-3】　将二进制数（1010101111.110101）$_2$转换成八进制数。

解：001　　　010　　　101　　　111 . 110　　　101　　　　　　二进制数

  1 2 5 7 . 6 5   八进制数

所以（1010101111.110101）$_2$=（1257.65）$_8$

  八进制数转换成二进制数也容易，采用"一拉三"法，按照表1-2将1位八进制数用3位二进制数替换即可。

【例1-4】 将八进制数（667.25）$_8$转换成二进制数。

  解： 6 6 7 . 2 5   八进制数
    110 110 111 . 010 101   二进制数

所以（667.25）$_8$=（110110111.010101）$_2$

  2. 二进制数与十六进制数的相互换算

  二进制数转换成十六进制数采用"四合一"法，按照表1-2将4位一组的二进制数转换为1位十六进制数。十六进制数转换成二进制数采用"一拉四"法，将1位十六进制数用4位二进制数替换即可。

【例1-5】 将二进制数（1010101111.110101）$_2$转换成十六进制数。

  解：0010 1010 1111 . 1101 0100   二进制数
    2   A   F . D   4   十六进制数

所以（1010101111.110101）$_2$=（2AF.D4）$_{16}$

1.3 机器数的表示形式及其表示范围

  计算机最主要的功能是处理各种数值与非数值数据，如整数、实数值、字符、字符串等，在计算机内部，这些数据必须经过二进制编码后才能被存储和处理。为了确保编写的程序能够有效地处理各种不同类型的数据，我们必须清楚计算机物理上是如何表示这些数据的。

1.3.1 真值与机器数

  计算机可以直接识别和处理用0、1两种状态的二进制形式的数据，却无法按人们的日常书写习惯来表示数值的正、负符号。那么，计算机是如何处理这种带符号数的呢？在计算机内部，数值的符号也是采用二进制代码0和1来存储和处理的，用0表示"+"，1表示"-"。这种采用二进制表示形式，连同数的正、负符号一起代码化的数据称为机器数。与机器数对应的实际数据则为该机器数的真值。

  机器数可分为无符号数和带符号数。无符号数表示正数，机器数的所有二进制位都用来表示数值。对于带符号数，机器数的最高位为符号位，其余位表示数值。若机器字长为8位，无符号数44和带符号数-44的机器数如图1-3所示。

图1-3 无符号数44与带符号数-44的机器数

根据小数点位置固定与否，机器数又有定点数和浮点数两种表示法。定点数表示法在早期计算机中比较常见，但是由于定点二进制数的表数范围非常有限，人们又设计了浮点数表示法。由于浮点数的小数点是非固定的，为了简化浮点数的操作，一般需要将浮点数规范化处理为 ± $1.bbb\cdots b \times 2^{\pm E}$ 的形式。1985 年通过的 IEEE754 标准规定了 32 位的单精度和 64 位的双精度两种浮点格式。标准的 32 位的单精度浮点数的组织形式由符号位（1 位）、指数位（8 位）和有效数位（23 位）三部分组成。64 位的双精度浮点格式与 32 位标准浮点形式遵循相似的规则，只不过它的有效数位为 52 位，指数位为 11 位，有更高的精度和更大的表数范围。

1.3.2　数的原码、反码和补码

前面提到，对于带符号数，其符号也由二进制代码 0 和 1 来存储和处理，那么计算机具体是如何存储带符号数的？又是如何实现带符号数的运算操作呢？为了妥善处理好这些问题，带符号的机器数可采用原码、反码和补码等不同的编码方法。这些编码又称为码制。

1. 原码

原码又称符号绝对值码，是一种比较直观的机器数表示法。原码与真值的区别仅仅是将真值的符号数字化，即用 0 表示"+"，1 表示"-"。

【例 1-6】　若机器字长为 16 位，分别给出十进制数 + 84 和 – 45 的原码表示。

解：由于（84）$_{10}$=（1010100）$_2$，将"+"数字化为 0，则[+ 84]$_原$ = 0 000000001010100；（45）$_{10}$=（101101）$_2$，将"–"数字化为 1，则[– 45]$_原$ = 1 000000000101101。

原码表示数简单易懂，易于同真值进行转换，实现乘除运算规则简单。由于符号位要单独操作，实现加减运算很不方便，逻辑电路实现也较为复杂。

2. 反码

反码是机器数运算过程的中间表示形式。在反码表示中，正数的反码与原码相同；负数的反码等于其原码（除符号位）按位取反（即 0 变为 1，1 变为 0）。

如例 1-6 中，[+ 84]$_反$ = 0 000000001010100，[– 45]$_反$ = 1 111111111010010。

3. 补码

在所有的算术运算中，加减运算要占到 80% 以上，因此，能否方便地进行正、负数加减运算直接影响计算机的运行效率。为了克服原码实现加减运算不方便的局限性，从而引入了补码表示法。目前，现代计算机系统中广泛采用补码表示法来表示和存储数值。

在补码表示中，正数的补码与其原码相同，即[X]$_补$ = [X]$_原$；负数的补码等于其原码（除符号位）按位取反，末位加 1，即[X]$_补$ = [X]$_反$ + 1。

如例 1-6 中，[+ 84]$_补$ = 0 000000001010100，[– 45]$_反$ = 1 111111111010011。

【例 1-7】　若机器字长为 16 位，分别给出+1，−1，+32767，−32767 的原码、反码和补码。

解：[+1]$_原$ = [+1]$_反$ = [+1]$_补$ = 0 000000000000001

　　[−1]$_原$ = 1 000000000000001　　[−1]$_反$ = 1 111111111111110

　　[−1]$_补$ = 1 111111111111111

[+ 32767]$_原$ = [+32767]$_反$ = [+32767]$_补$ = 0 111111111111111

[−32767]$_原$ = 1 111111111111111　　[−32767]$_反$ = 1 000000000000000

[−32767]$_补$ = 1 000000000000001

反之，已知一个数的补码求原码，如果补码的符号位为"0"，表示该数为正数，补码等于该数的原码。如果补码的符号位为"1"，表示该数为负数，求原码的操作是，将补码的各位（除符号位）取反，末位加 1。

【例 1-8】　一个数的补码为 1 111111111111001，试求该补码对应的真值。

解：由于符号位为 "1"，表示负数，数值位按位取反后为 000000000000110，再加 1，则该数的原码为 1 000000000000111，真值为 − 7。

1.3.3　无符号整数与带符号整数

计算机中的整数可分为无符号整数和带符号整数。在某些情况下，要处理的整数全是正数时，此时保留符号位毫无意义。如果将符号位也作为数值位处理，可形成无符号整数。如 8 位二进制补码 10101010，如果表示带符号整数，则最高位 1 作为符号位处理，其真值为-86；如果表示无符号整数，则 $1 \times 2^7 + 1 \times 2^5 + 1 \times 2^3 + 1 \times 2^1$，即 170。

无论是无符号整数还是带符号整数，其表示的范围均受机器字长的限制。若机器字长为 n 位，则最多可以表示 2^n 个不同的数值。如果表示无符号整数，其表示范围为 $[0, 2^n-1]$，如果用来表示带符号整数，则需要将这 2^n 个不同的组合在负数与非负数之间进行 "平分"，其表示范围为 $[-2^{n-1}, 2^{n-1}-1]$。表 1-3 列出了 8 位、16 位、32 位无符号整数和带符号整数的取值范围。

表 1-3　　　　　　　　　　　　　　数的表示范围

机器字长 n（位）	能表示的值的个数	无符号整数的取值范围	带符号整数的取值范围
8	256	0～255	−128～127
16	65536	0～65535	−32768～32767
32	4294967296	0～4294967295	−2147483648～2147483647

ANSI（American National Standard Institute）标准规定 C 编译系统中的带符号整数的最小取值范围是 [−32768，32767]，无符号整数的最小取值范围是 [0，65535]。如果带符号整数与无符号整数的数值超出了它们所能表示的范围，就会产生 "溢出"。如在 Turbo C 和 Turbo C++ 中，带符号整数 i=32767，而 i+1=-32768，为什么一个正整数 32767 加 1 后变成了一个负数呢？这是由于在运算过程中，数值位的数据溢出到符号位造成的，如图 1-4 所示。

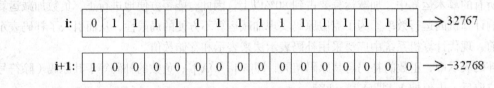

图 1-4　数值位的数据溢出

从图 1-4 可以看出：整型变量 i 在内存中的二进制补码为 0 111111111111111，如果将其加 1，则变为 1 000000000000000，该二进制序列正是-32768 的补码形式。因此，32767 加 1 得不到预想的结果 32768。值得注意的是，当产生溢出时，C 编译系统并不会报错。这是非常危险的。如果 C 程序初学者对无符号整数和带符号整数的取值范围没有充分的认识，那么这种由于溢出而产生的错误将被堂而皇之地潜伏下来，直到最终得出一个离预想相差甚远的结果。

1.3.4　字符的表示法

"字符" 一词是指人或者机器可读的符号。一般来说，一个字符就是任何一个可以使用键盘键入或者可以显示在视频显示器上的符号。字符数据包括字母、标点符号、数字、空格、制表符、回车、控制字符，以及其他特殊符号。这些信息应用到计算机中时，也需要转换成二进制序列后才能进行存储。那么它们是如何进行编码的呢？

目前计算机中用得最广泛的字符集及其编码是由美国国家标准局（ANSI）制定的 ASCII 码（American Standard Code for Information Interchange，美国标准信息交换码）。ASCII 码适用于所有拉丁文字，它用 7 位二进制数进行编码，可以表示 128 个不同的字符。其中，ASCII 码 0~32 号及第 127 号（共 34 个）表示控制字符或通信专用字符，如控制符：LF（换行）、CR（回车）、FF（换页）、DEL（删除）等；第 48~57 号表示 0~9 十个阿拉伯数字字符；第 65~90 号表示 26 个大写英文字母，第 97~122 号表示 26 个小写英文字母，其余的表示一些标点符号、运算符号等。常用字符与 ASCIT 的对照表如附录 1 所示。

由于 ASCII 码的最高位没有使用上，所以人们又造出了 ASCII 扩展码，它的值为 128~255。目前许多基于 x86 的系统都支持 ASCII 扩展码，它用以存放英文的制表符、部分音标字符及其他符号。最早的文字排版系统都会使用到 ASCII 扩展码，以完成表格的输出和打印。

习　题　1

1. 简述计算机系统的基本组成及其工作原理。

2. 将下列各数转换成十进制数。

$(1011.001)_2$，$(127.75)_8$，$(A1.D4)_{16}$

3. 将下列各数转换成二进制数、八进制数和十六进制数（无法精确表示时，二进制取 6 位小数，八进制和十六进制数取 2 位小数）。

$(25.34)_{10}$，$(125.25)_{10}$，$(258)_{10}$，$(783.8275)_{10}$

4. 设机器字长为 16，分别写出下列各值的原码、反码和补码。

$(127)_{10}$，$(-127)_{10}$，$(-128)_{10}$，$(-46)_{10}$，$(32767)_{10}$，$(-32768)_{10}$

5. 已知 X 的补码，写出其原码与真值。

（1）$[X]_{补} = 01010011$　　　（2）$[X]_{补} = 10001001$

（3）$[X]_{补} = 11111111$　　　（4）$[X]_{补} = 11000000$

6. 设机器字长为 16 位，表示带符号整数，数值位 15 位，符号位 1 位，试分析所能表示的最大整数与最小整数分别是多少。

7. 设机器字长为 32 位，浮点表示时，数符 1 位；阶码 8 位，用补码表示；尾数 23 位，用补码表示。试分析规格化数所能表示的数的范围。

第 2 章
C 语言概述

C 语言是国际上广泛流行的计算机程序设计语言，它既可以用来编写系统软件，也可以用来编写应用软件。在本章中，首先简单回顾了计算机编程语言从低级语言到高级语言的发展历程，进而简单介绍 C 语言的产生背景、发展现状、特点及应用，并通过 3 个程序实例说明 C 程序的书写格式，通过一个实例说明经典 C 程序集成开发环境——Visual C++ 6.0 的编程环境以及如何利用这个集成开发环境编写 C 程序。通过这些内容，读者可以对 C 程序有初步的认识，并简单掌握在 Visual C++ 6.0 集成环境下如何编写、编译、链接和运行 C 程序。

2.1 C 语言的发展及特点

2.1.1 程序设计语言的发展

1946 年，世界上诞生了第一台电子计算机。在此后的 60 年中，特别是 20 世纪 90 年代，计算机技术的发展突飞猛进。但迄今为止，计算机仍不能理解我们的自然语言，因此必须使用计算机语言实现人与计算机之间的交流。计算机语言是用户进行计算机软件开发、编写计算机程序的工具。现在正在使用的计算机语言有上百种，C 语言就是其中之一。根据指令在执行之前是否需要翻译步骤，可以将计算机编程语言分为 3 类：机器语言、汇编语言和高级语言。

1. 机器语言

机器语言是计算机的自然语言，也称低级语言。它有两个特点，一是机器语言严重依赖于特定型号的计算机，这导致使用机器语言编写的程序的可移植性非常差；二是机器语言采用二进制（0、1）表示。如下列 8086 系列机的机器语言代码，从中可以看到用成串的数字来编写程序非常麻烦，而且十分难记：

0000	加载（LOAD）or 寄存器 A
0001	存储（STORE）or 寄存器 B
0000,0000,000000010000	把 16 存到寄存器 A 中
0001,0001,000000010000	寄存器 B 的值加 1 再存到寄存器 B 中

2. 汇编语言

为了解决上述机器语言的问题，人们开始用类似英语的缩写来表示计算机的基本指令，而不是使用一串串数字，这就构成了汇编语言的基础。采用汇编语言编写的程序必须经过翻译变成机器语言，计算机才能识别运行，这种翻译程序称为汇编程序。和机器语言相比，汇编语言要清楚明确一些，如下面的几条汇编语言代码：

mov eax,[ecx+000002F0]　　　　　将 ds:[ecx+000002F0]内的 32 位值存入累加寄存器

jnge 0050235A　　　　　　　　　跳转到 0050235A 继续执行

call 004F9C00　　　　　　　　　调用某子程序 004F9C00

3. 高级语言

高级语言是更接近于人类的自然语言，采用高级语言编写的程序具有可移植性、易学易记等特点。如在高级语言中，可以用下面的这条语句来完成上面的操作：

SUM = X + Y

事实上，计算机并不能直接接受和执行用高级语言编写的程序，它需要经过"翻译"。即把高级语言编写的程序（称为源程序）先翻译成由机器指令组成的目标程序，然后再让计算机去执行翻译好的机器指令。这个"翻译"工作是由充当翻译角色的"编译程序"来担任。人们事先将这个编译程序放到计算机内，然后由它对高级语言源程序进行自动"翻译"。人们不必考虑源程序是怎样被翻译成机器指令的，也不必懂得计算机的机器指令，甚至可以不必懂得计算机的工作原理和内部结构，就能应用自如地操作计算机来进行科学计算或数据处理工作。图 2-1 展示了高级语言源程序的执行过程。

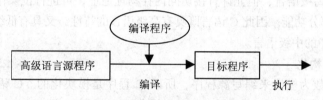

图 2-1　高级语言源程序的执行过程

目前高级语言经历了结构化程序设计语言（如 PASCAL、C、PL/I 等）、面向对象语言（如 C++、Smalltalk、Java、Delphi 等）。很明显，作为一个程序员更加愿意使用高级语言。C 语言是功能强大、使用普遍的一种高级编程语言。表 2-1 列出了这 3 种语言的特点。

表 2-1　　　　　　　　　　机器语言、汇编语言和高级语言的特点

语言类型	特　　点
机器语言	是面向机器的语言。用成串数字进行编程；可移植性很差；编程效率低；程序难以理解
汇编语言	是面向机器的语言。用类似英语单词的助记符帮助编程；可移植性较差；编程效率低；程序比机器语言易于理解
高级语言	是面向用户的语言。指令和英语单词更加接近，包含数学符号；可移植性好；编程效率高；程序易于理解

2.1.2　C 语言的起源与发展

C 语言是在美国贝尔实验室诞生的，20 世纪 70 年代初贝尔实验室的 Dennis Ritchie（如图 2-2 所示）为了编写操作系统 UNIX 而设计出了一种新的程序设计语言，即 C 语言。随后，由于 C 语言强大的功能和各方面的优点逐渐被人们所认识，到了 80 年代，人们用 C 语言开始编写其他操作系统，并很快在各类大、中、小和微型计算机上得到了广泛的使用。目前，C 语言已经成为当

代最优秀的程序设计语言之一。

1983 年，美国国家标准化协会（American National Standards Institute，ANSI）根据 C 语言问世以来各种版本对 C 语言进行发展和扩充，制定了 ANSI C 标准。1987 年再次做了修订，本书以 ANSI C 新标准来介绍。

目前，在微机上广泛使用的 C 语言编译系统有 MS C、Turbo C、Borland C 等。它们的基本部分是相同的，但还是有一些差异，所以请大家注意自己使用的 C 编译系统的特点和规定（参阅相应的手册）。Microsoft C 在增加面向对象特性后，发展为可视化编程的 Microsoft Visual C++。本书以 Microsoft Visual C++ 6.0 集成环境来编辑、存储、编译、链接、运行和调试 C 程序。

图 2-2　C 语言之父 Dennis Ritchie

2.1.3　C 语言的特点

从程序设计者的角度看，C 语言主要有以下特点。

1. 可直接访问内存地址

C 语言虽然是高级语言，但允许直接访问内存物理地址，可进行位操作，实现了汇编语言（Assembler）的大部分功能。因此 C 语言既具有高级语言的特性，又具有低级语言的功能，所以也被称为高级语言中的中级语言。

2. 程序设计结构化

C 语言是以函数为模块来编写源程序，所以 C 程序是模块化的。C 语言具有结构化的控制语句，如 if～else 语句、switch 语句、while 语句、do～while 语句、for 语句等。因此 C 语言是结构化的理想语言，符合现代编程风格。结构化语言的一个显著特点是代码和数据分隔化，即代码和数据分开存储，互相隔离，程序的各个部分除了必要的信息交流外，彼此互不影响。

3. 数据类型丰富

C 语言丰富的数据类型，可以处理比较复杂的数据对象，适应了开发系统软件和应用软件的需要。C 语言本身提供的数据类型有整型、实型、字符型、数组型、指针型、结构体型、共用体型、枚举型等，而且设计者还可根据自己的需要定义新的数据类型。

4. 运算符丰富

C 语言共有 34 种运算符，它把括号、逗号、叹号等都作为运算符来处理，从而使得 C 语言的运算符极为丰富。丰富的运算符与丰富的数据类型结合使用，实现了 C 语言表达灵活、效率高的优点。

5. C 语言是一种高效编译型语言

C 语言是编译型语言，因此，其生成的目标程序质量高，运行速度快。

6. 语言简洁、库函数丰富

在 C 语言中，除实现顺序、选择和循环三种基本结构等的控制语句外，输入输出操作均由标准库函数实现。库函数不是 C 语言的组成部分，如 1987 年 Borland 公司推出的 Turbo C 2.0 提供了十几类 300 多个库函数。所以学习 C 语言，不仅要学习基本控制语句和各种运算符，而且要学习并掌握常用标准库函数的使用。

2.2　C 语言应用领域概述

C 语言从诞生至今，已经有 30 多年的历史了。目前 C 语言除了用于编写系统软件外，还成功地用于数值计算、嵌入式系统开发、商业应用软件开发、游戏引擎开发及硬件驱动程序等领域。

2.2.1　C 语言在系统开发中的应用

目前，C 语言基本成功地取代了汇编语言来编写系统软件，如最著名、最有影响、应用最广泛的 Windows、Linux 和 UNIX 操作系统都是用 C 语言编写完成的。

美国微软公司的 Windows 系列操作系统因为有着友好简洁的窗口交互界面，使得全世界 70%的个人用户都在使用。Windows 的华丽界面不是用 C 语言编写的，但以效率为重的系统内核是用 C 语言结合汇编语言编写而成。

图 2-3　Linus Torvalds

与 Windows 操作系统并驾齐驱的 Linux 操作系统最初是由芬兰黑客 Linus Torvalds（如图 2-3 所示）为了尝试在英特尔 x86 架构上提供自由免费的类 UNIX 操作系统而开发的。Linux 操作系统是开源的，任何人都可以在互联网上下载，得到它的源代码并按照自己的意愿和想法修改设计出适合自己的操作系统。Linux 的源代码全部是用 C 语言编写而成，它的运行速度和兼容性要远远高于商业化产品。

2.2.2　C 语言在嵌入式系统开发中的应用

目前在我国 IT 行业中比较热门的有中间件技术和嵌入式技术。嵌入式系统是一种完全嵌入受控器件内部为特定应用设计的专用计算机系统。与个人计算机这样的通用计算机系统不同，嵌入式系统通常执行的是带有特定要求的预先定义的任务。目前比较流行的嵌入式开发设计语言是 C 语言，这同样也是由 C 语言本身的特性所决定的。因为嵌入式系统是针对特定任务而开发，因此更注重于程序执行的时间、效率及程序本身的稳定性和兼容性。所以 C 语言是进行嵌入式系统设计的不二之选。

目前嵌入式系统涉及的范围有：军事国防中用到的各种武器控制系统；坦克、舰艇等陆海空各种军用电子装备等；家电产品中用到的数字电视机机顶盒、数码相机、VCD、DVD、电冰箱、洗衣机等智能控制系统；商用产品中用到的各类收款机、电子秤、条形码阅读器、银行点钞机、IC 卡输入设备、自动柜员机、防盗系统等；办公设备中用到的复印机、打印机、传真机、扫描仪、安全监控设备、手机、个人数字助理、变频空调设备、录音录像及电视会议设备、数字音频广播系统等；工业仪器用到的智能测量仪表、分布式控制系统、现场总线仪表及控制系统、工业机器人、机电一体化机械设备、汽车电子设备等；医用设备中用到的 X 光机、超声诊断仪、辅助诊断系统等。

2.2.3　C 语言在商业应用软件开发中的应用

目前有关应用软件的开发，人们大多都会使用 C#、Java 等高级语言来编写，因为这些软件开发出来后一般是交给企业技术人员来使用，因此在设计此类软件的时候，更注重界面的友好性和简洁易操作，而 C 语言的缺陷就在于它对图形的表现上比较薄弱。但是，并非所有的商业应用软件都需要强调界面的美观，那么，对于一些不太注重界面美观性且注重实时性的应用程序，同样可以使用 C 语言来编写，如声讯网络计费系统、大电动机启动时电压水平计算程序、邮政日戳的生成和打印、自动化仓库实时监控系统等，这些程序用 C 语言来开发可以保证程序的精确性和稳定性。

2.2.4 C 语言在硬件驱动开发、游戏设计中的应用

众所周知，裸机在安装了操作系统后才能帮助用户完成特定的任务，但是组成计算机的所有硬件设备同样也需要特定的驱动程序才能被操作系统识别和调用。而编写硬件设备的驱动程序所使用的语言必须能够直接对硬件进行操作，因此，一般选用汇编语言和 C 语言编写硬件驱动程序。

同样，C 语言在游戏引擎的设计开发中也有着很大的优势。因为游戏引擎是控制所有游戏功能的主程序，是游戏运行的核心。跟操作系统类似，内核的稳定性越好，执行效率越高，游戏运行起来的效果也就越好。因此大型游戏的游戏引擎一般使用 C 语言或 C++语言来编写，也有用纯 C 语言编写的游戏，如毁灭战士、雷神之锤，如图 2-4 和图 2-5 所示。

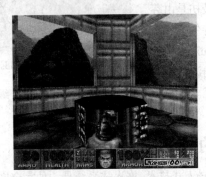

图 2-4 毁灭战士

图 2-5 雷神之锤

如今，C 语言凭借其优秀的特性仍旧在程序设计中占有很重要的地位。在进行系统内核及底层编程中使其代码执行效率高、可移植性好的特点得到了最大的发挥，因此 C 语言更适合编写系统级软件和对程序执行效率有严格要求的一类软件。

2.3 C 程序的格式

在介绍 C 程序的基本结构和特征之前，我们先看以下几个 C 程序的例子，这几个 C 程序由易到难，表现了 C 程序在组成结构上的特点。

2.3.1 简单的 C 程序实例

【例 2-1】 编写程序，在显示屏上显示信息"My first c program"。

设 C 语言源程序的文件名为 c-2-1.cpp，那么编写程序如下。

```
#include <stdio.h>        /*预处理命令：将标准输入/输出头文件 stdio.h 包含在程序中*/
void main()               /*主函数 main*/
{                         /*函数体由{}组成，开始于左花括号{，结束于右花括号}*/
```

```
    printf("\n My first c program");        /*本函数体中只有一条输出语句*/
}
```

程序运行结果如图 2-6 所示。

程序说明：

（1）C 源程序由函数组成。每个 C 程序必须有一个 main()主
函数。

（2）printf()是按格式输出库函数，用于向屏幕输出指定的字
符串信息。

图 2-6　c-2-1.cpp 程序的运行结果

（3）如果在程序中需要调用库函数时，都必须包含该库函数的原型所在的头文件。如在本例
中用到了 printf()库函数，而该库函数的原型在 stdio.h 中，那么就要使用文件包含预处理命令：
#include　<stdio.h>。

（4）以"/*"开始，以"*/"结束的任何文字都是注释语句，是为程序提供说明的，从而提
高程序的可读性。注释语句是非执行语句，即 C 编译程序会忽略注释，不会生成任何机器语言代
码。注释语句可以出现在程序中的任何地方。

【例 2-2】　编写程序，输入两个整数 integer1、integer2，计算并输出两数之和。

解题思路：输入两个整数 integer1、integer2；做加法运算，将运算的结果赋给变量 sum；输出和。

设 C 语言源程序的文件名为 c-2-2.cpp，那么编写程序如下。

```
#include <stdio.h>
void main()
{
    int integer1,integer2,sum;              /*程序中用到 3 个整型变量，要先声明其类型*/

    scanf("%d%d",&integer1,&integer2);  /*从键盘输入两个整数赋给两个整型变量*/
    sum=integer1+integer2;                 /*计算 integer1+integer2 的和送到变量 sum 中保存*/
    printf("\nThe sum is %d",sum);         /*另起一行输出"The sum is "和 sum 的值*/
}
```

程序运行结果如图 2-7 所示。

程序说明：

（1）printf()函数输出 sum 的值，输出格式用"%d"指定。
"%d"表示整型格式，在输出时，该位置用对应变量 sum 的值
代替。

（2）在 C 语言中，每条语句用分号结束，一行可以写多条语句。

图 2-7　c-2-2.cpp 程序的运行结果

【例 2-3】　将例 2-2 优化，要求先设计一个加法器，能实现
两数的相加。通过调用该加法器，输出两数之和。

设 C 语言源程序的文件名为 c-2-3.cpp，那么编写程序如下。

```
#include <stdio.h>
/* This is the main program */
void main()                                /*主函数*/
{
    int integer1,integer2,c,sum;

    int add(int integer11,int integer22);   /*声明用户自定义函数 add()*/
```

```
    printf("Enter Two Numbers: ");           /*输出提示信息*/
    scanf("%d%d",&integer1,&integer2);
    sum=add(integer1,integer2);               /*调用 add()函数, 计算两数之和, 将结果赋给 sum*/
    printf("sum=%d\n",sum);                    /*输出文字 "sum=" 和变量 sum 的值, 并换行*/
}
/* This function calculates the sum of integer11 and integer22 */
int add(int integer11,int integer22)
 /*定义 add()用户自定义函数, integer11、integer22 是整型的形式参数*/
{
    return(integer11+integer22);
    /*返回 integer11+integer22 的和, 通过 add()函数赋给 main()主函数中的变量 sum*/
}
```

程序运行结果如图 2-8 所示。

程序说明：

（1）本程序由主函数 main()和用户自定义函数 add()两个
函数组成。add()函数的作用是加法器。

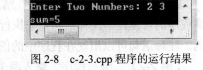

图 2-8　c-2-3.cpp 程序的运行结果

（2）主函数 main()的函数体由两部分构成，第一部分是
变量声明，C 语言规定，源程序中所有用到的变量都必须先声明后使用，否则会出现语法错误；
第二部分是程序执行部分。

2.3.2　C 程序的结构特点

1．C 源程序的特点

由上面的三个例子可以看到：用 C 语言编写的源程序简称 C 程序。一个完整的 C 程序是由一
个 main()主函数和若干个其他函数结合而成，或仅由一个 main()主函数构成。

函数是 C 程序的基本单位。这种特点有利于实现程序的结构化。main()主函数的作用相当于
其他高级语言中的主程序，其他函数的作用相当于子程序。

从用户的角度来看，C 程序有三种类型的函数。第一种是 main()主函数；第二种是开发系统
提供的库函数，如 printf()函数、scanf()函数等。第三种是程序员自己编写的函数，称为用户自定
义函数，如 add()函数。

一个 C 程序总是从 main()主函数开始执行，而不考虑 main()主函数在程序中的位置。当 main()
主函数执行完毕时，即整个程序执行完毕。

在 C 程序中，大、小写字母是有区别的，相同字母的大、小写代表不同的变量。

2．函数的一般结构

由上面的三个例子可以看到，在 C 程序中，任何函数（包括主函数 main()）都是由函数首部
和函数体两部分组成，其一般结构如下：

[返回类型]　函数名(数据类型　形式参数 1 [，数据类型　形式参数 2……])
　　{ 变量声明序列；
　　　执行语句序列；
　　}

（1）函数首部

即函数的第一行，由函数类型、函数名和函数参数表三部分组成，如例 2-3 中的 add()函数首
部书写格式如下。

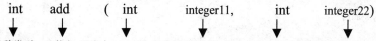

int add (int integer11, int integer22)

函数类型　函数名　形参 integer11 的类型　形参名　形参 integer22 的类型　形参名

（2）函数体

函数体是在函数首部下面花括号{}内的部分。函数体一般由变量声明部分和程序执行语句两部分构成。

变量声明部分用来定义程序中所有用到的变量类型，包括变量类型声明、自定义数据类型声明、自定义函数类型声明、外部变量类型声明等组成，如例 2-2 和例 2-3 中的变量声明。当然，在函数体中也可以没有变量声明部分，如例 2-1 中的 main()主函数。在 C 语言中如果函数体中有变量声明语句，则必须在所有可执行语句之前进行声明，如下例的第 7 行，变量 add 的声明出现在可执行语句之后，则会出现编译出错，程序无法执行。

```
1  #include <stdio.h>
2  void main()
3  {
4      int integer1,integer2;        /*变量声明语句*/

5      integer1=3;                   /*可执行语句*/
6      integer2=6;                   /*可执行语句*/
7      int add;                      /*变量声明语句出现在 "integer1=3;" 和 "integer2=6;" 之后，非法*/
8      add=integer1+integer2;
9      printf("add=%d\n",add);
10 }
```

程序执行语句部分一般由若干条语句组成，完成对数据的计算和各种处理。

3. C 程序的基本结构

[预处理命令]

[外部变量声明序列]

main()主函数定义

[用户自定义函数 **sub1()**]

[…]

[用户自定义函数 **subn()**]

其中 "[ ]" 是可选项。

4. 优秀程序员的基本素质之一

为了使 C 程序便于阅读，编写程序时通常采用 "缩进" 方式，即内层语句缩进若干列，且同层的语句左对齐，如下例。

```
#include <stdio.h>
void main()
{
    int circlei,circlej,sum;

    sum=0;
    for(circlei=1;circlei<10;circlei++)
    {
        for(circlej=1;circlej<10;circlej++)
        {
            sum+=circlei*circlej;
        }
```

```
    }
    printf("%d\n",sum);
}
```

编程技巧　　为避免遗漏必须配对使用的符号，如注释符号、函数体的起止标识符（花括号）、圆括号等，在输入时，可连续输入这些起止标识符，然后再在其中进行插入来完成内容的编辑。在起止标识符嵌套时以及相距较远时，这样做更有必要。

2.4　C 程序的开发环境

2.4.1　用计算机解决实际问题的步骤

只要能把实际问题抽象、制作为计算机可求解的程序，那么计算机可以做任何事情。对于一般的问题，设计一个程序大致要经过如图 2-9 所示的几个步骤。

1．建立问题模型

建立问题模型是程序设计中最复杂、最困难的一步，它要经过大量的观察、分析、推理、验证等工作才可以实现。在进行程序设计时一般都是利用已有的基本数学模型去构造出问题模型。

2．选定算法，并用适当的工具描述

算法是问题模型的方法与步骤。经常采用的算法设计技术主要有迭代法、穷举搜索法、递推法、贪婪法、回溯法、分治法、动态规划法等。

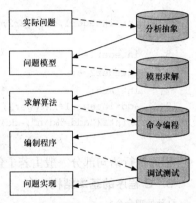

图 2-9　用计算机解决实际问题的步骤

解决一个问题模型往往有多种算法，设计算法好坏将直接影响到程序的质量。通常设计一个好的算法应考虑正确性、可读性、健壮性、效率与存储空间的需求等要求。

3．编制程序

编制程序是将选定的算法从非计算机语言的描述形式转换成计算机语言的描述形式。同一个算法可以用不同的高级语言来实现。因此，在编写程序前首先要确定选择哪种计算机语言。每种计算机语言都有自己的特点，为一个特定的项目选择计算机语言时通常可以考虑以下因素。

（1）应用领域；

（2）算法和计算的复杂性；

（3）软件运行的环境（包括可使用的编译程序）；

（4）用户需求（特别是性能需求）；

（5）数据结构的复杂性；

（6）开发人员的水平。

4．调试及测试

编程完成以后，首先应静态审查程序，即由人工"代替"或"模拟"计算机，对程序进行仔细检查；然后将高级语言源程序输入计算机，经过编译、链接、运行实现具体问题。在编译、链接、运行时如果在某一步发现错误，就必须找到错误并改正，然后再重新编译、链接、运行，直

到得到正确的结果为止。

程序测试的目的是尽可能多地发现程序中的错误和缺陷。在进行测试时，除了要有测试数据外，还应同时给出该组测试数据应该得到什么样的输出结果。在测试时将实际的测试结果与预期的结果比较，如不同则表示发现了错误。对非法的和非预期的输入数据也要像合法的和预期的输入数据一样进行测试。另外，还要检查程序是否做了"不该做"的事。

2.4.2　运行 C 程序的一般步骤

用 C 语言编写的源程序必须经过编译、链接生成可执行文件（.exe）才可以运行，即计算机才能识别，如图 2-10 所示。

（1）选择打开某种集成环境

用于 C 程序编译、链接处理的软件和环境很多，如在 Turbo C 下编译运行 C 程序、在 UNIX 下编译运行 C 程序、在 DOS 下用 Microsoft C 6.0 编译运行 C 程序和在 Visual C++集成开发环境下编译运行 C 程序等。本书主要以 Windows 下 Visual C++ 6.0 集成开发环境为基础进行讲解。

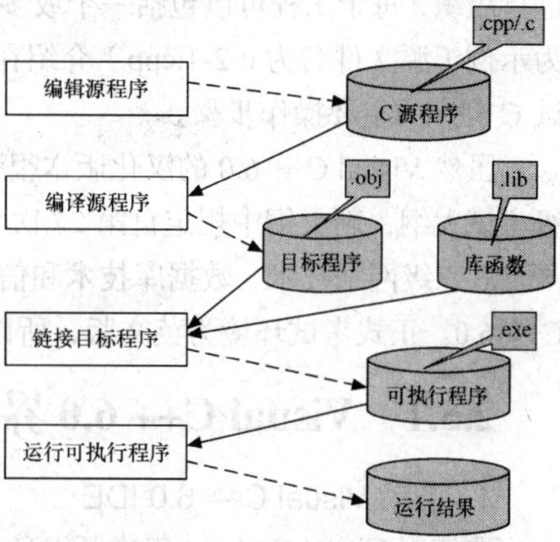

（2）编辑或修改源程序

将源程序代码录入计算机，生成以扩展名为.cpp或.c 的源程序文件并存储到磁盘上。

（3）编译源程序

图 2-10　运行 C 源程序的一般步骤

编译是进行语法分析查错和翻译工作。如果编译成功，则生成以扩展名为.obj 的目标代码文件存储到磁盘上；否则，修改源程序保存，再重新编译，直至编译成功生成目标代码。注意：编译成功并不意味着运行结果一定会正确，它只表明生成的这个程序可以被操作系统执行，在执行过程中会不会出错也得不到保证。

（4）链接目标程序

经过编译后生成的目标文件是不能直接执行的，它需要将自己的程序目标代码与所用的系统库函数目标代码进行链接。如果链接成功，则生成扩展名为.exe 可执行文件；否则，根据编译器提示的错误信息，进行修改，再重新链接，直至链接成功并生成可执行文件。

（5）运行可执行文件

通过观察程序运行结果，验证程序的正确性。如果出现逻辑错误，则必须返回去重新修改源程序，再重新编译、链接和运行，直至程序正确。最后退出 Visual C++ 6.0 集成开发环境，结束本次程序运行。

C 程序文件的三种状态如表 2-2 所示。

表 2-2　　　　　　　　　　　C 程序文件的三种状态

	源程序	目标程序	可执行程序
内容	程序设计语言	机器语言	机器语言
可执行	不可以	不可以	可以
文件扩展名	.cpp 或.c	.obj	.exe

2.5　Visual C++ 6.0 集成环境介绍

Visual C++ 6.0 开发环境是一个基于 Windows 操作系统，用户可在该环境中对 C/C++应用程序进行各种操作的可视化集成开发环境(Integrated Development Environment, IDE)。Visual C++ 6.0 集创建工程、编辑源文件、编译、链接、运行和调试等操作于一体，这些操作都可以通过单击菜单选项或工具栏按钮来完成，使用方便、快捷。在 Visual C++ 6.0 开发环境下，C 程序按工程(project)进行组织，每个工程可以包括一个或多个.c/.cpp 源文件，但只能有一个 main()函数。下面以例 2-1 为示例（源文件名为 c-2-1.cpp ）介绍在 Visual C++ 6.0 IDE 中建立工程、编辑、编译、运行和调试 C 程序的主要操作步骤。

虽然 Visual C++ 6.0 的汉化版本很多，但由于教育部考试中心于 2007 年颁布了新的计算机等级考试大纲，新大纲中规定自第 27 次全国计算机等级考试（即 2008 年 4 月考试）开始，二级 C 语言、三级网络技术、数据库技术和信息管理技术等级考试环境由原来的 Turbo C 2.0 变成 Visual C++ 6.0。正式考试环境为英文版，所以本书也使用 Visual C++ 6.0 英文版。

2.5.1　Visual C++ 6.0 界面简介

1. 启动 Visual C++ 6.0 IDE

要使用 Visual C++ 6.0 集成开发环境，先要将 Visual C++ 6.0 安装在计算机中，找到 Visual C++ 6.0 安装程序，单击加载程序 "setup.exe" 进行安装，安装程序会自动添加桌面快捷图标，如图 2-11 所示。然后双击桌面上的 VC 图标，就可以启动 Visual C++ 6.0 IDE。如果找不到快捷图标，那么找到并进入 Visual C++ 6.0 的安装路径，找到 msdev.exe 文件，双击该可执行文件即可。也可以通过"开始"菜单中的"运行"项输入命令 "MSDev"，同样可以启动 Visual C++ 6.0 IDE。

2. Visual C++ 6.0 集成开发环境简介

进入 Visual C++ 6.0 后，可以看到 Visual C++ 6.0 的界面，分为标题区、菜单区、工具栏区、编辑窗口、工作空间、信息窗口以及状态栏区，如图 2-12 所示。

图 2-11　Visual C++快捷图标

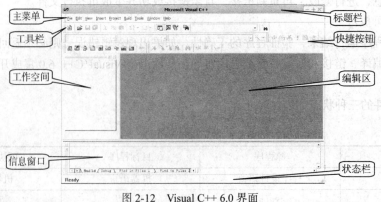

图 2-12　Visual C++ 6.0 界面

（1）主菜单

在 Visual C++ 6.0 界面中，提供了 9 个主菜单项，分别为 File、Edit、View、Insert、Project、

Build、Tools、Window 和 Help，分别代表文件、编辑、查看、插入、工程、组建、工具、窗口和帮助。每一个主菜单下还有其子菜单，分别用来实现 Visual C++ 6.0 的各项操作。

（2）常用工具栏

除主菜单外，Visual C++ 6.0 还有常用工具栏，用来实现快捷操作。常用工具栏主要有新建、打开、保存、剪切、复制、粘贴等操作。在常用工具栏的空白处单击鼠标右键，可以打开常用工具栏面板定义窗口，自由定义需要的常用工具的显示。

（3）快捷按钮

在 Visual C++ 6.0 界面中，快捷按钮有编译、链接、运行、新菜单等。

（4）编辑区

在编辑区中，可以录入和修改编写的源程序文件。如果没有建立工作空间的话，则新建的 C 源文件在编辑区中为灰色，如图 2-12 所示。这时不能在编辑窗口中编辑代码，应先建立工作空间。

（5）工作空间

工作空间是由 Workspace 直译过来的，也可译作工作区。建立一个工作空间类似于在某个目录下建立一个子目录（但两者不可混为一谈），这个子目录包括若干项目，每个项目包括 C 源文件和其编译链接时生成的一系列文件。在工作空间中，可以查看和编辑有关工作空间的设置、属性以及排列。

（6）信息窗口

与 Turbo C 一样，Visual C++ 6.0 屏幕下方也有信息窗口，用来显示编译和链接时系统反馈的有关信息或调试程序时所选择的变量值等。

2.5.2　Visual C++ 6.0 环境设置

1. 设置 Visual C++ 6.0 的编译环境

与 Turbo C 一样，Visual C++ 6.0 也把一些常用函数（库函数）放在了不同的头文件中，如果不指出这些头文件的位置，编写的源文件就会因为找不到头文件而编译错误。另外，程序各功能属性也会影响编程，以上这些称为编译环境。

编译环境的设置可对编辑、制表、调试、组建、位置、工件区等进行设置，下面就头文件的位置来设置编译环境，其他设置采用默认即可。

在 Visual C++ 6.0 界面中，选择菜单栏中的 Tools 项下的 Options 菜单，出现 Options 对话框，选择 Directories 选项卡，如图 2-13 所示。在 Directories 里显示的是头文件的目录，找到头文件所在的目录，并将其地址写入 Directories 栏。一般情况下 Visual C++ 6.0 安装后会自动设置好，而我们用到这个地方大多是需要借用第三方类库和头文件时才会用到它。

2. 建立工作空间

在 Visual C++ 6.0 中，C 程序都是在一个工作空间中完成的，所以在编辑 C 程序之前，要先建立一个工作空间，才能正常地编辑源代码。

（1）在 Visual C++ 6.0 界面中，单击主菜单中的 File 菜单，在下拉菜单中选择 New 菜单，此时将弹出 New 对话框。在此对话框中选择 Workspace 选项卡，如图 2-14 所示。

（2）在"Workspace name"一栏中输入欲建立的工作空间名字，如输入"cprogram"；在"Location"一栏中输入欲保存该工作空间的路径，如把"cprogram"放置在桌面上。

（3）单击"OK"按钮，这时就建好一个新的工作空间了。在 Visual C++ 6.0 的界面里，工作空间窗口会显示"Workspace 'cprogram'：0 project"，同时在桌面上也可看到一个名为 cprogram

的文件夹。

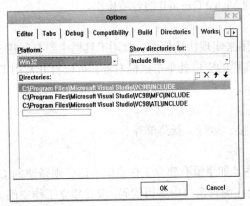
图 2-13 Options 对话框的 Directories 选项卡

图 2-14 New 对话框的 Workspace 选项卡

3. 建立工程文件

（1）将鼠标移到工作空间窗口的第一个项目上，单击鼠标右键，弹出如图 2-15 所示的菜单。在菜单中选择"Add New Project to Workspace"子菜单，此时会出现如图 2-14 所示的 New 对话框。

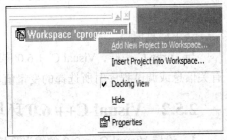
图 2-15 Workspace 的弹出菜单

（2）在此对话框中选择 Project 选项卡，如图 2-16 所示。在此选项卡右侧的"Project name"栏中输入欲建立的工程名称，如输入"a"，即在 cprogram 文件夹中建了一个名为 a 的子文件夹。若没有重新在 Location 栏中另外指定位置的话，那么 a 工程将会保存到上面第三步建立的工作空间中。

（3）在此 Project 选项卡的左侧选择"Wn32 Console Application（建议选择此项）"，也可以选择"Wn32 Application"，单击"OK"按钮，弹出如图 2-17 所示的新对话框，在图 2-17 中选择"An empty project"，单击"Finish"按钮。

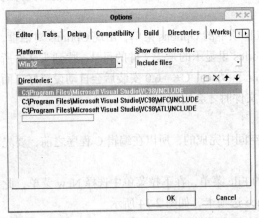
图 2-16 New 对话框的 Project 选项卡

图 2-17 Wn32 Console Application 对话框

（4）之后会出现一个"新建工程信息（New Project Information）"的对话框，该对话框显示了新建工程的基本信息，如属性、包含的文件等。在该窗口中单击"OK"按钮即可。

（5）完成新工程的创建之后，在 Visual C++ 6.0 界面的工作空间窗口会变成如图 2-18 所示的样式。

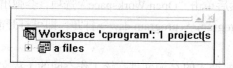

图 2-18　Workspace 窗口的信息

2.5.3　在 Visual C++ 6.0 中编辑和运行 C 程序

在建好工作空间和工程文件后，就可以使用 Visual C++ 6.0 来编辑和运行 C 程序了。下面将以例 2-1（源文件名为 c-2-1.cpp）为例来介绍在 Visual C++ 6.0 中进行编辑、编译、链接和运行一个 C 程序的一般步骤。

1. 在 Visual C++ 6.0 中编辑 C 源程序

（1）创建并编写 C 程序。在 Visual C++ 6.0 界面中，单击主菜单中的"File"中的"New"选项，弹出如图 2-19 所示的对话框。选择 Files 选项卡，在"File"栏中输入 C 文件的名字，如输入 c-2-1.cpp（系统默认扩展名为.cpp，如想用.c 时，可输入 c-2-1.c）。在"Add to project"一栏可以选择 c-2-1.cpp 文件存放在哪一个工程文件中。如果想另外指定该文件所存放的位置，可以在"Location"栏中输入或选择地址，如果不作改变，文件将会自动保存在上面所设置的工程文件中。然后在对话框左侧选择 C++ Source File，单击"OK"按钮后将生成一个新的空文件 c-2-1.cpp，并弹出源文件编辑窗口，即 Visual C++ 6.0 集成开发环境中的编辑区变为白色，并出现光标，便可在其中编辑 C 源程序了，如图 2-20 所示。

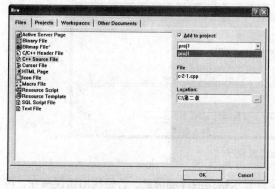

图 2-19　在工程中创建文件的对话框

图 2-20　在编辑窗口中输入 C 源程序代码

（2）保存 C 源程序。在源程序输入结束或者暂时不编辑源程序的时候，需要对源程序进行保存，以便下次继续编辑或者调用。

单击主菜单中的"File"，选择"Save"即可保存，保存后的文件扩展名为.cpp；也可以单击常用工具栏中的保存按钮 🖫 来保存；还可以同时按下 Ctrl+S 组合键来保存；下面的状态栏将会显示保存信息，如图 2-20 所示。如果想改变 c-2-1.cpp 的存储位置，可以在单击"File"菜单项后选择"Save as"。如果同时有多个源程序文件需要保存，可以在单击"File"菜单项后选择"Save all"，也可以单击常用工具栏中的按钮 🖳 来保存。

　同一个工程中可以编辑多个 C 源文件，但不能在不同或相同的.cpp 文件中重复定义同一个函数，否则会编译错误。

（3）调入已有文件。如果退出 Visual C++ 6.0 后想再进入，则需要重新打开工作空间。

单击 "File" 菜单项，然后单击 "Open Workspace" 选项，会弹出一个对话框，在该对话框中找到地址即可，如桌面→cprogram→cprogram.dsw→打开，即可打开前面创建的名为 cprogram 的工作空间。

打开工作空间后，如果要调入的 C 源文件在该工作空间的工程文件中，则找到相应的工程文件并打开它，再找到要调入的 C 源程序并双击它即可调入；如果要在某个工程文件中调入一个新的 C 源程序，则将鼠标移动到该工程文件上，单击鼠标右键并选择 "Add Files to Project" 即可进入查找文件的对话框，找到要调入的 C 源文件后并确认即可调入，然后按照在工程文件中打开 C 源程序的方法打开即可。

实际上，不只是.c/.cpp 的文件可以被 Visual C++ 6.0 调入，就是用记事本、写字板、Word 等编辑器所编辑的文件也可以被 Visual C++ 6.0 调入，十分有利于编辑 C 程序。

2. 编译源程序文件

在 Visual C++ 6.0 界面中，单击主菜单中的 "Biuld" 并选择 "Compile c-2-1.c/cpp"；也可以单击快捷按钮 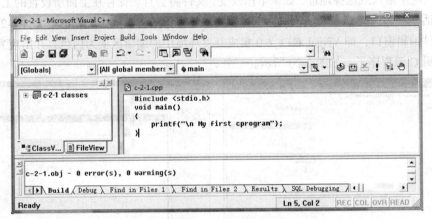；还可以按 Ctrl+F7 组合键进行编译。如图 2-21 所示，当单击 "Compile c-2-1.c/cpp" 后，在信息窗口中会显示编译进度信息。当显示 "c-2-1.obj--0 error(s),0 warning(s)" 时，说明程序没有错误和警告，编译通过并生成了 c-2-1.obj 文件。

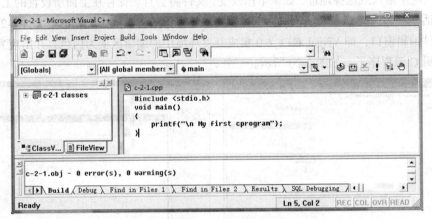

图 2-21　编译源程序

如果程序有错误，则编译不通过，并在信息窗口显示错误的详细信息。若想找出错误所在，可以在信息窗口中将滚动条往上拉，找到错误描述语句并双击它，此时该描述语句所在行为蓝色背景并且在编辑区左边出现一个箭头 "■→"，箭头所指的语句及其周围语句即为错误所在。根据提示完成对源程序的检查和修改后，重新进行编译，直到无错误出现，才能完成源程序的编译操作。

3. 链接目标文件

在 Visual C++ 6.0 界面中，单击主菜单中的 "Build" 并选择 "Build c-2-1.exe"；也可以按 F7 键；还可以单击快捷按钮中的 进行链接。如图 2-22 所示，当单击 "Build c-2-1.exe" 后，在信息窗口中会显示链接进度信息。若程序无错误则链接会通过，并在信息窗口中显示信息 "c-2-1.exe--0 error(s),0 warning(s)"。

若有错误，则可参照编译修改的方法找出错误并改正。链接完成后扩展名为.exe 文件会以工程名称来命名，如图 2-22 所示。若想改变名称可以在链接之前按如下方法完成：将鼠标移到 C 源程序所在的工程上单击鼠标右键，在弹出的菜单中选择 "Setting" 选项，然后在弹出的对话框中选择"Link"选项卡，在"Output file name"栏中改变即可。另外，一个工程生成一个.exe 文件，如果要对不同的工程文件中的.cpp 文件进行链接，则需要把欲链接的.cpp 文件所在的工程设置为当前工程，具体的操作方法是：将鼠标移动到需要链接的.cpp 所在的工程上，然后单击鼠标右键并选择"Set as Active Project"即可。

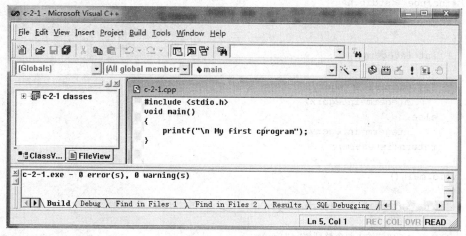

图 2-22　链接源程序

4．运行可执行文件

单击菜单中的"Build"菜单项并选择"Execute c-2-1.exe"子菜单，即可运行程序并看到运行结果，不需要另外打开屏幕，这点与 Turbo C 不同。除此之外还可以单击快捷按钮中的！来运行程序，也可以按 Ctrl+F5 组合键来运行。

5．退出 Visual C++ 6.0 集成开发环境

在 Windows 下退出 Visual C++ 6.0 系统其实就是关闭 Visual C++ 6.0 集成开发环境，可以直接单击 Visual C++ 6.0 运行窗口右上方的关闭按钮，也可以在菜单 File 中选择 Exit 退出，返回到 Windows 环境，但是退出前应保存所有的文件。

习　题　2

1．C 语言的结构特点是什么？

2．填空题

（1）每个用 C 语言编写的程序必须有且只能有一个_____函数。

（2）C 源程序的基本单位是_____。

（3）C 语言中，每个语句的结束符是_____。

（4）任何一个函数都由_____和_____两部分组成。

3．判断下列程序的作用。

```
（1）#include <stdio.h>
    void main()                          // 主函数入口
    {
        float floata,floatb,floatc,aver;
```

```
        printf("请输入三个实型数\n:");
        scanf("%f,%f,%f",&floata,&floatb,&floatc);
        aver=(floata+floatb+floatc)/3;
        printf("\n average = %f \n",aver);
    }
(2)#include <stdio.h>
    int xmin(int integerx,int integery)        //用户自定义函数
    {
        int integerm;

        if(integerx<integery)
            integerm=integerx;
        else
            integerm=integery;
        return(integerm);
    }
    void main()
    {
        int integera,integerb,min;

        printf("请输入两个整型数\n");
        scanf("%d %d", &integera,&integerb);
        min=xmin(integera,integerb);
        printf("\n minmum is %d ",min);
```

4. 编写一个 C 程序，在屏幕上显示一行字符（自己选择）。

5. 编写一个 C 程序，在屏幕上显示 3 行字符（自己选择）。

6. 图案设计：用任一字符制作三角形、菱形、正方形、五角星等图案。

提示

可先用"*"号在纸上画出图案，再分行输出。空白处用"空格"符表示。

7. 预习教材第 3 章。

第3章
基本数据类型、运算符与表达式

程序处理的对象是数据，数据是以某种特定的形式存在的，如整数、字符、实数等形式，数据是程序的必要组成部分。为表示不同性质的事物，要用不同的数据类型。本章主要介绍 C 语言的基本数据类型。

运算符是进行运算所用的符号，如前面见到的赋值运算符 "="。C 语言的运算符极其丰富，共有 30 多种。C 语言的运算符按其在表达式中的作用和操作对象的不同，可大致分为算术运算符、逻辑运算符、关系运算符、位运算符、赋值运算符等；按其操作对象（或称运算对象）的多少可以分为单目运算符、双目运算符、三目运算符等。

由这些运算符把常量、变量和函数连接起来所构成的式子叫作表达式。表达式的值是指按照一定的规则（优先级或结合性）对操作数进行运算符所规定的处理得到的一个值。

3.1 常量与变量

在计算机中，为了方便对数据处理，采用两种基本的形式来存放数据：常量和变量，这两类数据与数据类型密不可分。本节将帮助大家理解常量、变量的概念。

3.1.1 C 语言的基本元素

1. 基本字符

一个 C 程序可以看成是由 C 语言的基本字符按一定的规则组成的一个序列。C 语言中使用的基本字符包括以下 3 种。

（1）数字字符：0~9；

（2）大小写英文字母：a~z、A~Z；

（3）其他字符：!、#、%、^、&、*、_（下划线）、−、+、=、~、<、>、/、|、.、,、:、;、?、'、"、(、)、[、]、{、}、空格、回车等。

2. 标识符

标识符是指由用户定义的一些符号，在 C 语言中，标识符可用作变量名、符号常量名、数组名、函数名、文件名、结构体名、共用体名等。

标识符的命名规则如下。

（1）合法的标识符只能由字母、数字、下划线三种字符组成，且第一个字符必须为字母或下划线。如 5smart、key.boar 就是不合法的标识符。

（2）C 语言的标识符严格区分大小写，如 A 和 a 就是两个不同的标识符。

（3）标识符允许包含的最多字符个数称为标识符长度，它随系统的不同而不同，Visual C++ 系统下的有效长度为 1 至 32 个字符。建议标识符的命名不要超过 8 个字符。

（4）定义标识符时应做到"见名知意"，以增加程序的可读性。如 sum 表示和，score 表示成绩，max 表示最大等。

（5）用户定义的标识符不能与关键字同名。C 语言的关键字如表 3-1 所示。如 float 就是不合法的标识符。

3. 关键字

由系统预先定义的标识符称为"关键字"（保留字），它们都有特殊的含意，不能用于其他目的。C 语言定义了 32 个关键字，如表 3-1 所示。用户定义的标识符不能与关键字同名。

表 3-1　　　　　　　　　　　　　　　　C 语言关键字

auto	break	case	char	const	continue
default	do	double	else	enum	extern
float	for	goto	if	int	long
register	return	short	signed	sizeof	static
struct	switch	typedef	union	unsigned	void
volatile	while				

3.1.2　数据和数据类型

计算机能够做许多事情，但是，归根到底计算机只能处理数据，如数值数据、文字数据、图像数据以及声音数据等，其中最基本的也是最常用的是数值数据和文字数据。根据数据在内存中的存储方式、可能的取值范围以及它所能进行的运算，可以将数据分为基本类型、构造类型、指针类型和空类型四类，细分列表如图 3-1 所示。本章主要介绍基本数据类型，其他的数据类型将在后面的章节介绍。

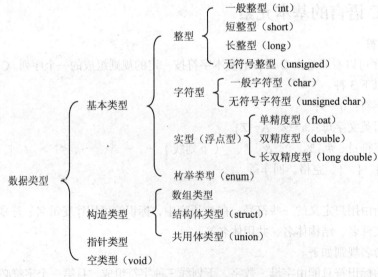

图 3-1　数据类型

无论什么样的数据类型，其存在形式只有常量或变量。

3.1.3 常量

常量是指在程序运行过程中其值不能被改变的量。常量即常数，也有类型的区分。C 语言提供的常量类型有整型常量、实型常量、字符型常量、字符串常量和符号常量。常量一般从其字面形式来确定常量的数据类型。如 500 和 500.0 是两个不同类型的常量，其中，500 是整型常量，500.0 是实型常量。

C 语言中，常量也可用一个标识符来命名，这就是符号常量。符号常量在使用前必须先定义，其定义的一般形式如下：

#define 符号常量名 常量

为了与一般变量区分，符号常量名习惯上用大写字母表示，由用户自己定义。如"#define PAI 3.1415926"，定义了一个符号常量 PAI，此后凡在程序中出现 PAI，都代表 3.1415926。PAI 是一个常量，在程序中只能被引用，不能被修改。

用符号常量代替常量，使程序清晰易读且易修改，从而保证对常量修改的一致性，即在需要改变一个常量的值时能做到"一改全改"。如圆周率在计算有关面积的公式中要用到，假设在某个程序中用到圆周率的地方有 10 处，且圆周率都是 3.14。现在要把圆周率改为 3.1415926 则需要改动程序中 10 处。但假如利用"#define PAI 3.14"定义了一个符号常量 PAI，在程序中凡是用到圆周率的地方都用 PAI 表示，那么当圆周率变为 3.1415926 时，只需改动符号常量定义语句中 PAI 的值为 3.1415926 这一处就行了，以后在程序中的 PAI 都将一律代表 3.1415926。

【例 3-1】 从键盘输入圆的半径，计算圆的面积和球的体积并输出。

```
#include "stdio.h"
#define  PAI  3.1415926          /*定义符号常量 PAI*/
void main()
{
    float radius, area, volume;/*声明了三个变量，分别表示圆的半径、面积和体积*/

    printf("Seeking circle area and volume:\n");
    printf("please input the radius: ");
    scanf("%f",&radius);
    area=PAI*radius*radius;
    volume=4.0/3.0*PAI*radius*radius*radius;
    printf("\narea=%f \nvolume=%f\n", area, volume);
}
```

程序运行结果如图 3-2 所示。

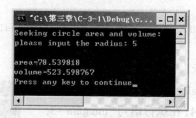

图 3-2 例 3-1 程序运行结果

一个#define 语句只能定义一个符号常量，末尾不加分号。

3.1.4　变量

变量是指在程序运行时其值可以改变的量。如例 3-1 中的 "radius" 就是一个浮点型变量。程序中出现的变量由用户按标识符的命名规则并结合程序中的实际意义对其命名，即它为用户自定义标识符。

变量有四个属性：变量的数据类型、变量名称、变量的值、变量所在的存储单元。变量名称和变量的值是两个不同的概念，如图 3-3 所示。当程序读取变量值的时候，实际上是通过变量名称找到变量所在的内存单元地址，然后从内存单元中读取数据。如当程序执行 "sum=integer1+integer2;" 这条语句的时候，程序会从内存单元中读取 integer1 和 integer2 的值，相加求和，将结果存储在变量 sum 所对应的内存单元中。

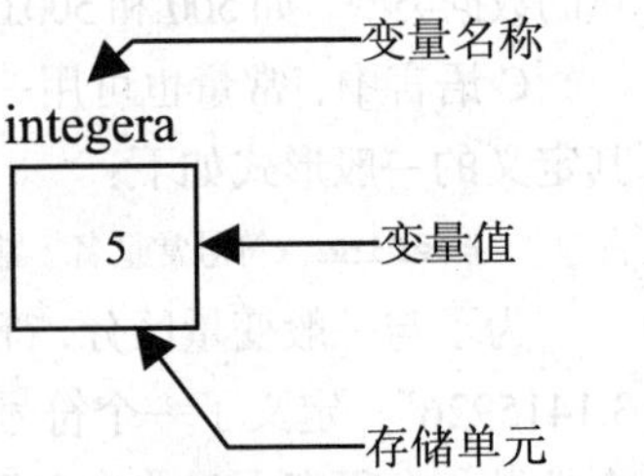

1. 变量的声明

C 语言规定：程序中用到的每个变量都必须先声明后使

图 3-3　变量名称、变量值和存储单元

用。也就是说，首先需要声明一个变量的存在，然后才能使用它。C 语言变量的声明形式如下：

　　类型说明符　变量名表;

其中，类型说明符必须是 C 语言中有效的数据类型，如基本类型和构造类型。变量名表的形式是"变量名 1，变量名 2……变量名 n"。变量名之间用逗号分隔，最后用一个分号结束声明。变量声明语句向编译系统声明了本程序段将要使用的变量。如下面是某程序的变量声明部分：

```
int num1,num2,num3;        //声明了三个整数变量：num1、num2 和 num3
float fla1,fla2;           //声明了两个单精度实型变量：fla1 和 fla2
char c1,c2;                //声明了两个字符型变量：c1 和 c2
double realx,realy;        //声明了两个双精度实型变量：realx 和 realy
```

【例 3-2】　变量的使用。

```
void main()
{
    int integera;
    float realb;

    integera=1;
    realb=3.14;
    printf("The use of a variable:\n");
    printf("integera =%d, realb =%f\n", integera, realb);
    integera=3;
    realb=2.56;
    printf("integera =%d, realb =%f\n", integera, realb);
}
```

程序运行结果如图 3-4 所示。

在执行语句"integera =1; realb =3.14;"时，变量 integera 的值为 1，变量 realb 的值为 3.14，在执行语句 "integera =3; realb =2.56;" 后，integera 的值变为 3，realb 的值变为 2.56。一个变量在某个时刻只能有一个值，当 integera、realb 被赋予新值后，原来的值就被覆盖了。

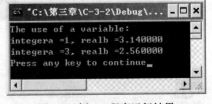

图 3-4　例 3-2 程序运行结果

2. 变量的初始化

变量的初始化是指在声明变量的同时给该变量赋值，格式为：

数据类型　变量名=初始化值；

如"int　integera=5;"，表明声明了一个整型变量 integera，同时它的初始值为 5。也可对被声明的变量进行部分变量初始化，如"int　integeru,integerv=100,integerw;"。

3.2　基本数据类型

3.2.1　整型数据

数学中使用的整数在 C 语言中是用整型数据来表示的。C 语言的整型数据分为整型常量和整型变量。

1. 整型常量

在 C 语言中，整型常量可以用十进制、八进制和十六进制三种形式表示。

（1）十进制整型常量，由 0～9 中的若干个数字组成，如 123、-456 等。

（2）八进制整型常量，以数字 0 开头，后跟由 0～7 中的若干个数字组成的数字串，这种数为八进制数，如 0777、0654 等。

（3）十六进制整型常量，以"0x"或"0X"开头，后跟数字 0～9 及字母 A～F 或 a～f 中的若干个数字和字母，这种数为十六进制数，如 0x123、0xfab 等。

为了说明整型常量的三种表示方法及其相互关系，请看下面例题。

【例 3-3】　整型常量的表示方法。

```
#include "stdio.h"
void main()
{
    int integerx=123, integery=0123, integerz=0x123;

    printf("The use of integer constants:\n");
    printf("%d %d %d\n",integerx, integery, integerz);
    printf("%o %o %o\n",integerx, integery, integerz);
    printf("%x %x %x\n",integerx, integery, integerz);

}
```

程序运行结果如图 3-5 所示。

本例中"%d"、"%o"、"%x"分别是 printf()函数输出十进制、八进制、十六进制整型数据的格式字符串。执行 printf()函数时，它们由后面变量的值进行替换，其关系如图 3-6 所示。

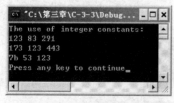

图 3-5　例 3-3 程序运行结果

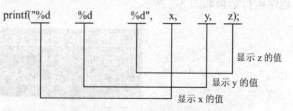

图 3-6　简单 printf()函数的应用

2. 整型变量

整型变量通常分为四类：一般整型（int）、短整型（short）、长整型（long）和无符号型（unsigned）。其中，无符号型又有无符号整型（unsigned int）、无符号短整型（unsigned short）和无符号长整型（unsigned long）之分。

变量在内存中都占据着一定的存储长度，随存储长度不同，所能表示的数值范围也不同。表 3-2 列出了 ANSI 标准定义的整数类型和其对应的数据表示范围。由于编译系统的不同，各数据类型所能表示的数据范围有所不同，表 3-2 中的最小取值范围指无论哪种编译系统，各数据类型的取值范围可以大于该范围但不能小于该范围。Turbo C 的规定与表 3-2 一致。但 Visual C++编译系统与表 3-2 不同，在 Visual C++中规定一个 int 型数据、long 型数据占 4 字节（32 位），其取值范围为–2147483648～2147483647，short 型数据占 2 字节，其取值范围为–32768～32767，unsigned int 型数据、unsigned long 型数据占 4 字节，其取值范围为 0～4294967295，unsigned short 型数据占 2 字节，其取值范围为 0～65535。

表 3-2　　　　　　　　　　　　　整型数据的字节长度和取值范围

数 据 类 型	字 节 长 度	最小取值范围	
int	2	–32768～32767	即–2^{15} ～（2^{15}–1）
short	2	–32768～32767	即–2^{15} ～（2^{15}–1）
long	4	–2147483648～2147483647	即–2^{31} ～（2^{31}–1）
unsigned int	2	0～65535	即 0 ～（2^{16}–1）
unsigned short	2	0～65535	即 0 ～（2^{16}–1）
unsigned long	4	0～4294967295	即 0 ～（2^{32}–1）

整型变量同样需要先声明再使用。对变量的声明，一般是放在函数体的声明部分，如下面的程序段。

【例 3-4】　整型变量的声明与使用。

```
void main()
{
    int integera, integerb, integerc, integerd;    /*声明 integera、integerb、integerc、
                                                      integerd 为整型变量 */
    unsigned uintu;                                /*声明 uintu 为无符号整型变量*/

    printf("The use of integer variables:\n");
    integera=12; integerb=-24; uintu=10;
    integerc=integera+uintu; integerd=integerb+uintu;
    printf("integera+uintu=%d\nintegerb+uintu=%d\n",integerc, integerd);
}
```

程序运行结果如图 3-7 所示。

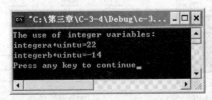

图 3-7　例 3-4 程序运行结果

【例3-5】 整型数据的溢出。

```c
#include "stdio.h"
void main()
{
    int integera, integerb;         /*声明 integera、integerb 为整型变量*/
    long lintc, lintd;              /*声明 lintc、lintd 为长整型变量*/
    unsigned uinte, uintf;          /*声明 uinte、uintf 为无符号整型变量*/

    integera=32767; integerb=1;
    lintc =2147483647; lintd =1;
    uinte =65535; uintf=1;
    printf("int:%d,%d\n", integera, integera + integerb);
    printf("long:%ld,%ld\n", lintc, lintc + lintd);
    printf("unsigned:%u,%u\n", uinte, uinte + uintf);
}
```

程序在 Turbo C 中运行结果如图 3-8 所示。程序在 Visual C++中的运行结果如图 3-9 所示。

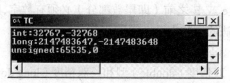

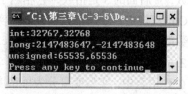

图 3-8 例 3-5 程序运行结果（Turbo C）　　　　图 3-9 例 3-5 程序运行结果（Visual C++）

可以看出，不同的编译环境运行的结果有所区别，语句 "printf("int:%d,%d\n", integera, integera+integerb);" 在 Turbo C 中的运行结果是 "int:32767,-32768"，在 Visual C++中的运行结果是 "int:32767,32768"，原因就在于：在不同的编译环境中，变量在内存中占据的空间（或者说变量表示的数据范围）有所不同。在 Turbo C 中，int 型数据占 2 字节，能表示的最大整数为 32767，当该数加 1 时，就会越界。在 Visual C++中，int 型数据占 4 字节，能表示的最大整数为 2147483647，当该数加 1 时，不会越界，能够得到预期的结果。下面以 Turbo C 为编译环境讲解为什么得到图 3-8 所示的输出结果。

在本例中，声明 integera 为整型变量，lintc 为长整型变量，uinte 为无符号整型变量。在给这三个变量赋值时，要考虑其能容纳数的范围，如 int 型变量只能容纳-32768～32767 范围内的数，无法表示大于 32767 的数，超出就会发生溢出，但程序运行时并不报错。从图 3-10 可以看到：变量 integera 的最高位为 0，后 15 位全为 1。加 1 后变成第 1 位为 1，后面 15 位全为 0，如图 3-11 所示，它是-32768 的补码形式，所以输出表达式 integera+integerb 的值为-32768。从这里可以看到：C 语言的用法比较灵活，往往出现副作用，而系统又不给出 "出错信息"，要靠程序员的细心和经验来保证结果的正确。将变量 integera 和 integerb 改成 long 型，并按 "%ld" 格式输出，就可得到预期的结果：32768。

0	1	1	1	1	1	1	1	1	1	1	1	1	1	1	1

图 3-10 变量 integera（32767）在内存中的存储形式

1	0	0	0	0	0	0	0	0	0	0	0	0	0	0	0

图 3-11 变量 integerb（-32768）在内存中的存储形式

使用字母 L 或 l 紧接于整型常量的尾部，可将整型常量强制为长整型（long）常量，如 12L、0xA5L、0771 等。

3.2.2 实型数据

实型数据就是通常所说的实数（real number），又称浮点数（floating-point number），它们在计算机中是近似表示的。C 语言的实型数据分为实型常量和实型变量。

1. 实型常量

在 C 语言中实数有两种表示形式：

（1）十进制小数形式，它由数字和小数点组成，必须带有小数点。另外，当小数点左边或右边为 0 时，可以省略其中一边的 0。如 1.27、127.0、127.、0.127、.127、0.0、0.、.0 等均为有效的浮点数常量。

（2）指数形式，指数形式的实数由尾数、字母 e 或 E、指数三部分组成。如 4.7E3，其中 4.7 是尾数，E 后面的 3 是指数，它相当于数学中的 4.7×10^3。

C 语言规定，在用指数形式表示实数时，字母 e 或 E 之前（即尾数部分）必须有数字，e 后的指数部分必须是整数，如 e−5、7.2e2.5 都是不合法的指数表示形式。

2. 实型变量

在 C 语言中，实型变量分为单精度（float）型、双精度（double）型和长双精度（long double）型三类。有关规定见表 3-3。Turbo C 的规定与表 3-3 一致。但 Visual C++编译系统与表 3-3 不同，在 Visual C++中规定一个 float 型数据占 4 字节，double 型数据、long double 型数据占 8 字节。

表 3-3　　　　　　　　　　实型数据的字节长度和取值范围

类　　型	字 节 长 度	有 效 数 字	数 值 范 围
float	4	6～7	$-3.4 \times 10^{-38} \sim 3.4 \times 10^{38}$
double	8	15～16	$-1.7 \times 10^{-308} \sim 1.7 \times 10^{308}$
long double	16	18～19	$-1.2 \times 10^{-4932} \sim 1.2 \times 10^{4932}$

其中，有效位是指在计算机中存储和输出时实型数据能精确表示的数字位数。由于实型变量是用有限的存储单元存储的，因此提供的有效数字总是有限的，在有效位以外的数字将被舍去，由此可能会产生一些误差。在 C 语言中，也要对每一个实型变量在使用前加以声明。

【例 3-6】 浮点型数据的舍入误差。

```
#include "stdio.h"
void main()
{
    float reala;
    double drealb;

    reala =33333.33333;                /*有效位数只有 7 位*/
    drealb=33333.33333333333333;       /*有效位数虽可以有 16 位，
                                         但小数位后最多保留 6 位*/

    printf("%f\n%f\n", reala, drealb);
}
```

程序运行结果如图 3-12 所示。

从本例可以看出，由于 reala 是单精度浮点型，有效位数只有 7 位，而整数已占 5 位，故小数位两位之后均为无效数字。drealb 是双精度型，有效位为 16 位，但 Visual C++规定，无论单精度型数据还是双精度型数据，以%f 格式输出时小数位后最多保留 6 位小数，故 drealb 的值为 33333.333333。

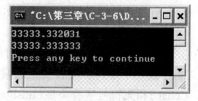

图 3-12　例 3-6 程序运行结果

如果扩大 reala 的有效位数，如把例 3-6 中的 "float reala;" 改为 "double　reala;"，运行结果就正确了。比较两次结果可以看出，由于机器存储的限制，使用实型数据可能会产生一些误差。运算的次数越多，误差积累的可能性就越大。所以，在编写程序时一定要注意实型数据有效位的问题，应合理使用不同的实型，尽可能减少运算中出现的累积误差。

3.2.3　字符型数据

1. 字符型常量

在 C 语言中，字符型常量的特征是只有一个字符，该字符用两个单引号括起来，如'a'、' I '、' # '等。除了以上形式的字符常量外，还有一种特殊的字符常量叫转义字符，转义字符以反斜杠 "\" 开头，后跟一个或几个字符，用于表示某些控制字符（如\n 表示回车换行）或一些特殊字符（如\"表示双引号）。常见的转义字符及其意义如表 3-4 所示。

表 3-4　　　　　　　　　　　　　　　　转义字符一览表

转义字符	ASCII 值	转义字符的意义	转义字符	ASCII 值	转义字符的意义
\n	0x0A	回车换行	\t	0x09	横向跳到下一制表位置（水平制表）
\v	0x0B	竖向跳格（垂直制表）	\b	0x08	退格，将当前位置移到前一列
\r	0x0D	回车不换行	\f	0x0C	走纸换页，当前位置移到下页开头
\\	0x5C	反斜杠字符（\）	\'	0x2C	单引号字符
\"	0x22	双引号字符	\ddd	DDD	1～3 位八进制数所代表的字符
\a	0x07	鸣铃（声音报警）	\xhh	0xhh	1～2 位十六进制数所代表的字符

表中的\ddd 和\xhh 分别为八进制数和十六进制数的 ASCII 代码。反斜杠后的八进制数可以不用 0 开头；反斜杠后的十六进制数只能由小写字母 x 开头，不允许用大写字母 X 和 0x 开头。这样 C 语言字符集中的任何一个字符均可用转义字符来表示，如\101 表示字母'A'，\102 表示字母'B'，\134 表示反斜杠等。

C 语言规定，字符常量区分大小写，所以'a'、'A'是两个不同的字符常量。在内存中，每个字符常量占 1 字节，存放的是该字符对应的 ASCII 码值，如'a'在内存的字节中存放的 ASCII 值是 97。因此，在 ASCII 码范围内，对于整型数据的所有处理均可用于字符型数据，即字符型数据与整型数据可以通用。

【例 3-7】　转义字符的使用。

```c
#include "stdio.h"
void main()
{
    printf("  ab c\tde\rf\n");
    printf("hijk\tL\bM\n");
}
```

程序运行结果如图 3-13 所示。

2. 字符型变量

字符型变量是用来存放字符的容器，一个字符型变量只能存放一个字符。字符变量通常分为两类：一般字符类型（char）和无符号字符类型（unsigned char）。运行在 IBM-PC 及其兼容机上的字符数据的字节长度和取值范围如表 3-5 所示。

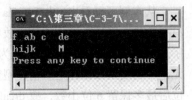

图 3-13　例 3-7 程序运行结果

表 3-5　　　　　字符型数据的字节长度和取值范围

数　据　类　型	字　节　长　度	取　值　范　围
char	1	−128～127 之间的整常数
unsigned char	1	0～255 之间的整常数

【例 3-8】　字符型数据和整型数据可以通用。

```c
#include "stdio.h"
void main()
{
    char charc1, charc2;

    charc1='A';
    charc2=66;
    printf("%c,%d\n", charc1, charc1);
    printf("%c,%d\n", charc2, charc2);
}
```

程序运行结果如图 3-14 所示。

charc1、charc2 被声明为字符变量，"charc1='A';"是先将字符'A'转换成 ASCII 码值 65，然后放到内存单元中。"charc2=66;"是直接把 66 存放到 charc2 的内存单元中，66 对应的 ASCII 字符为 B，这两者的作用是相同的。从中可以看到，字符型数据和整型数据是通用的。它们既可以用字符

图 3-14　例 3-8 程序运行结果

形式输出（%c），也可以用整数形式输出（%d）。但应注意字符数据只占 1 字节，它只能存放 0～255 范围内的整数。

【例 3-9】　大小写字母的转换。

```c
#include "stdio.h"
void main()
{
    char charc1, charc2;

    printf("Uppercase letters converted to lowercase letters\n");
    charc1='A';
    charc2= charc1+32;
    printf("%c,%c\n", charc1, charc2);
}
```

程序运行结果如图 3-15 所示。

程序的作用是将大写字母 A 转换成对应的小写字母 a。'A'的 ASCII 码值为 65，而'a'的 ASCII

码值为 97。从 ASCII 代码表中可以看出每一个大写字母都比它相应的小写字母的 ASCII 码值小32。C 语言允许字符数据与整数直接进行算术运算，即'A'+32 会得到整数 97。

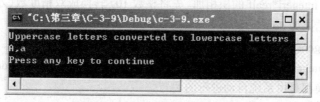

图 3-15　例 3-9 程序运行结果

3. 字符串常量

字符串常量是用双引号括起来的一个或多个字符，如"a"、 "computer"等。字符串常量所占的内存字节数等于字符串中字符数之和加 1，增加的一个字节存放字符'\0'（ASCII 码值为 0），这是字符串的结束标志。如字符串"C program"在内存中所占的字节为 10 个字节。

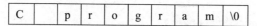

不要将字符常量与字符串常量混淆，如字符常量'a'和字符串常量"a"虽然都只有一个字符，但它们所占的内存空间是不同的。'a'在内存中占一个字节，可表示为： a ，而"a"在内存中占两个字节，可表示为：

在 C 语言中没有声明专门的字符串变量，如果想将一个字符串存放在变量中，必须使用字符数组，即用一个字符型数组来存放一个字符串，数组中每个元素存放一个字符。这将在第 7 章中介绍。

3.2.4　不同类型数据之间的混合运算

在 C 语言中，不同的数据类型可以在同一表达式中进行混合运算。在进行混合运算时，如果运算符两侧的数据类型不同，它们会自动进行类型转换，使两者具有同一类型，然后再进行运算。转换方式有两种：一种是自动转换（隐式转换），另一种是强制转换（显示转换）。强制转换将在本章后面讲到，这里主要讲解类型的自动转换，转换的规则如图 3-16 所示。

图中向左的箭头表示必然的转换，如 char 和 short 必先转换成 int，float 必先转换为 double，以提高运算精度。在 C 语言中，即使是两个 float 型数据运算，也要先转换为

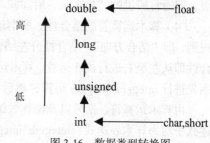

图 3-16　数据类型转换图

double 型数据，然后再运算。图中纵向的箭头表示当运算对象为不同类型时转换的方向，数据总是从低级向高级转换。如一个 int 型数据与一个 double 型数据进行运算，则先将 int 型直接转换为double 型，运算结果为 double 型。

假设 integeri 为 int 型变量，realf 为 float 型变量，dreald 为 double 型变量，lintegere 为 long型变量，则算术运算式 10+'a'+integeri*realf-dreald/lintegere 的运算次序为：

① 进行 10+'a'的运算，先将'a'转换成整数 97，运算结果为 107。

② 由于"*"比"+"优先，因此先进行 integeri*realf 的运算。将 integeri 与 realf 都转成 double 型，运算结果为 double 型。

③ 整数 107 与 integeri*realf 的积相加。先将整数 107 转换成双精度数（小数点后加若干个 0，即 107.000…00），结果为 double 型。

④ 将变量 lintegere 转换成 double 型，dreald/lintegere 结果为 double 型。

⑤ 将 10+'a'+ integeri*realf 的结果与 dreald/lintegere 的商相减，结果为 double 型。

这些类型的转换都是由系统自动进行的。

3.3 三大运算符及其表达式

C 语言的运算符范围很宽广，除控制语句和输入输出函数以外的几乎所有的基本操作都作为运算符处理，如将"="作为赋值运算符，方括号作为下标运算符等。本节先介绍三大运算符及其表达式。

3.3.1 算术运算符及算术表达式

算术运算符均为双目运算符，有以下五种：

+（加）、–（减）、*（乘）、/（除）、%（取模或求余）

下面对这些算术运算符进行详细介绍和说明。

（1）除法运算符"/"。如果两个操作数是整数，则是整除运算，其结果是整数。如 5/3=1，–5/3=–1，舍弃了小数部分。如果两个操作数中有一个为实数，则此运算符变为实数相除运算，结果是实数。如 1.0/3=0.333333。

（2）模运算符"%"。仅用于整型变量或整型常量，如果有表达式 integerm%integern，其功能是产生 integerm 除以 integern 的余数，将该余数作为该表达式的值。余数的符号与被除数的符号相同，结果要么等于 0，要么比除数小。如 2%2=0，–9%5=–4，9%–5=4 等。

（3）五种算术运算符的优先级为："*"、"/"、"%"的优先级高于"+"、"–"的优先级，即通常所说的"先乘除、后加减"。如果要改变这种优先级次序，需采用加圆括号的方法。

（4）算术运算符的结合性。所谓运算符的结合性，就是在运算符的级别相同时应遵循的处理规则，即"结合方向"。结合性分左结合性与右结合性，左结合性即从右到左进行操作运算，右结合性即从左至右进行操作运算。算术运算符的结合性均为右结合性，如 integera-integerb+integerc，则先进行 integera-integerb 运算，然后再进行（integera-integerb）+integerc 运算。

由算术运算符、括号以及操作数组成的符合 C 语言语法规则的表达式称为算术表达式。如下述式子均为算术表达式：integera*integerb+integerc-2.10+'a'、5%10+2。

【例 3-10】 算术表达式。

```
#include "stdio.h"
void main()
{
    int integera=1, integerb=2;
    float realc=1.0,reald=2.0;

    printf("integera/integerb=%d\n",integera/integerb);
    printf("realc/reald=%f\n",realc/reald);
```

```
    printf("integera/reald=%f\n",integera/reald);
    printf("integera+integerb/realc+reald=%f\n",integera+integerb/realc+reald);
    printf("integera%%integerb=%d\n",integera%integerb);
}
```

程序运行结果如图 3-17 所示。

本例中，第一条输出语句输出"integera/integerb"值，即 1/2 的值，由于 integera 和 integerb 都是整型数据，结果也应是整型数据，因此 1/2=0.5 的结果只保留整数部分，小数部分丢弃。如果希望得到的结果是 0.5，应按本例中第二条或第三条输出语句的形式输出，即将参与相除的两个数均定义为实型数据或者将其中的任意一个变量定义为实型数据。

【例 3-11】　利用算术运算符输出一个三位数的个位、十位和百位。

分析：要输出一个三位数的个位、十位和百位，必须首相将这个三位数的个位、十位、百位上的数分离出来。如一个三位数 123，其百位上的数是 1，该数可以通过 123/100=1 得到，分离十位上的数可以先把 23 分离出来，再采用除以 10 的方式将 2 分离出来，即 123%100/10=2，个位上的数是 3，可以通过 123%10=3 得到。

```
#include "stdio.h"
void main()
{
    int integera=123, integerb1, integerb2, integerb3;

    integerb1= integera/100;
    integerb2= integera%100/10;
    integerb3= integera%10;
    printf("integerb1=%d, integerb2=%d, integerb3=%d\n",integerb1,integerb2,
integerb3);
}
```

程序运行结果如图 3-18 所示。

图 3-17　例 3-10 程序运行结果

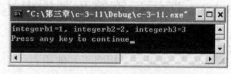

图 3-18　例 3-11 程序运行结果

3.3.2　关系运算符及关系表达式

关系运算符均为双目运算符，有以下 6 种：

>（大于）、**<**（小于）、**>=**（大于等于）、**<=**（小于等于）、**==**（等于）、**!=**（不等于）

关系运算符满足右结合性，即从左到右的结合律。它们的优先级关系如下：

（1）关系运算符的优先级低于算术运算符。

（2）关系运算符>、>=、<、<=的优先级高于==、!=的优先级，同级之间优先级相同。如语句"b!=c<a;"，先计算"c<a"，再计算"!="的值，等价于"b!=(c<a);"。

关系表达式就是用关系运算符把两个表达式连接起来的式子。关系表达式的值只能有两种：

关系成立，则关系表达式的值为"真"；关系不成立，则关系表达式的值为"假"。在 C 语言中，用 1 表示"真"，用 0 表示"假"，所以说关系表达式的值是一个整型值，即 1 或者 0。如 5>0 的值为"真"，即为"1"。

【例 3-12】 关系表达式。

```
#include "stdio.h"
void main()
{
    char charc ='k';
    int integeri=1, integerj=2, integerk=3;

    printf("%d,%d\n",'a'+5<charc,charc==integerj==integeri+5);
    printf("%d \n", integerk>integerj>integeri);
    printf("%d,%d,%d\n", integerk=1,integerk=2,integerk=3);
    printf("%d,%d,%d\n", integerk==1,integerk==2,integerk==3);
}
```

程序运行结果如图 3-19 所示。

本例第一条输出语句中，输出 charc==integerj==integeri+5 的值为 0，其计算方式为：根据运算符的右结合性，先计算 charc==integerj，该式不成立，其值为"0"，再计算 0== integeri +5，也不成立，故表达式值为"0"。

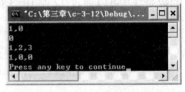

图 3-19　例 3-12 程序运行结果

第二条输出语句输出 integerk>integerj>integeri 的值为 0，即 3>2>1 的值为 0，该式首先计算 3>2 成立，即结果为 1，再计算 1>1，结果为 0。

对比第三条输出语句与第四条输出语句，其区别在于输出列表中一个用的是"赋值"运算，一个用的"等于"运算，其含义和结果完全不同，因此在今后的书写中，不要将==误写为=。

第四条输出语句的结果为什么不是"0,0,1"，其原因是：在输出语句中，对输出列表中的表达式，是从右向左依次计算的，因此对于第三条输出语句 printf("%d,%d,%d\n", integerk=1,integerk=2,integerk=3)，先计算 integerk=3，最后计算 integerk=1，所以最终 integerk 的值为 1。

3.3.3　逻辑运算符及逻辑表达式

C 语言提供了 3 种逻辑运算符：

（1）&&　逻辑与（相当于其他语言中的 AND）。

（2）||　逻辑或（相当于其他语言中的 OR）。

（3）!　逻辑非（相当于其他语言中的 NOT）。

"&&"和"||"是双目运算符，它要求有两个操作数，如（integera>integerb）&&（integerx>integery）。"!"是单目运算符，只要求右侧有一个操作数，如!（integera>integerb）。

逻辑表达式的值同关系表达式的值一样，即逻辑运算的值也分为"真"和"假"两种，用"1"和"0"来表示。其求值规则如下：

（1）逻辑与运算"&&"。参与运算的两个量都为"真"（非 0）时，结果才为"真"（1），否则为"假"（0）。如 5>0&&4>2，由于 5>0 为"真"（1），4>2 也为"真"（1），所以结果也为"真"（1）。

（2）逻辑或运算"||"。参与运算的两个量只要有一个为"真（非 0）"，结果就为"真（1）"。两个量都为假时，结果为"假"（0）。如 5>0||5>8，由于 5>0 为"真"（1），所以结果为"真"（1）。

（3）逻辑非运算"!"。参与运算的量为"真"（非 0）时，结果为"假"（0）；参与运算的量为"假"（0）时，结果为"真"（1）。如!（5>0），因为5>0为"真"（1），所以结果为"假"（0）。

虽然 C 编译系统在给出逻辑运算值时，以"1"代表"真"，"0"代表"假"。但反过来在判断一个量是"真"还是"假"时，以"0"代表"假"，以"非0"的数值代表"真"。如由于 5 和 3 均为"非0"，因此5&&3的值为"真"，即为"1"。又如5||0的值为"真（1）"。逻辑运算的真值表如表3-6所示。

表3-6 逻辑运算真值表

a	b	!a	a&&b	a||b
真（非0）	真（非0）	假（0）	真（1）	真（1）
真（非0）	假（0）	假（0）	假（0）	真（1）
假（0）	真（非0）	真（1）	假（0）	真（1）
假（0）	假（0）	真（1）	假（0）	假（0）

逻辑运算符的优先级为：

（1）!（非）高于&&（与），&&（与）高于||（或），即"!"为三者中最高的。

（2）逻辑运算符中的"&&"和"||"低于关系运算符，"!"高于算术运算符，如图3-20所示。

图3-20 逻辑运算符优先级

在逻辑表达式的求解中，并不是所有的逻辑运算符都被执行，只有在必须执行下一个逻辑运算符才能求出表达式的值时，才执行该运算符。如5>2&&2||6<4-!0，先算5>2，值为1；再算1&&2，值为1；1或任何操作数值都为1，所以不用再判断后面表达式的值了，整个表达式的值就为1。

熟练掌握 C 语言的关系运算符和逻辑运算符后，就可以巧妙地用一个逻辑表达式来表示一个复杂的条件。

例如，要判别某一年（year）是否为闰年。闰年的条件是符合下列条件二者之一：①能被 4 整除，但不能被 100 整除；②能被 400 整除。就可以用一个逻辑表达式来表示：(year%4==0&&year%100!=0)||year%400==0。

再如x≤c或x≥b至少之一成立，其逻辑表达式为：x<=c||x>=b。

又如i和j均小于或等于100，或者i和j均大于k，逻辑表达式为：
（i<=100&&j<=100）||(i>k&&j>k)。

3.4 其他运算符及其表达式

3.4.1 赋值运算符及赋值表达式

1. 赋值运算符

赋值运算符的符号是"="，其一般形式是：

变量=表达式

它的作用是将一个表达式的值赋给一个变量。

（1）在赋值表达式中，"="称为赋值运算符，而不是等号。

（2）左操作数必须是变量，可以是各种数据类型的变量，但不能是常量或表达式。右操作数可以是常量、变量或表达式。赋值表达式的执行过程是：先计算出右操作数的值，然后赋给左边的变量。

（3）当"变量"和"表达式的值"类型不同时，在赋值运算之前，要先将右操作数表达式的值的类型转换成与左操作数相同的类型，然后再进行赋值。这种类型转换是由 C 语言自动完成的，转换的规则如下：

① char 型转换为 int 型时没有变化，由于字符型占一个字节，而整型占两个字节，所以转换的结果是将字符的 ASCII 码值放到整型量的低 8 位中，高 8 位置 0。

② long 型转换为 short 型或 char 型时，截掉多余的高位信息。

③ float 型和 double 型转换为 int 型时，小数部分会被截掉。

【例 3-13】 类型自动转换。

```c
#include "stdio.h"
void main()
{
    float pi=3.14159;
    int area,radius=5;

    area= radius * radius *pi;
    printf("area=%d\n ",area);
}
```

程序运行结果如图 3-21 所示。

本例中，pi 为 float 型，area、radius 为 int 型。在执行 area= radius * radius *pi 语句时，radius 和 pi 都自动转换成 double 型计算，结果也为 double 型。但由于 area 为 int 型，故赋值结果仍为 int 型，舍去了小数部分。

图 3-21　例 3-13 程序运行结果

需要注意的是，无论是自动转换还是强制转换，仅仅是对变量或表达式的类型进行临时性的转换，并未改变原来变量或表达式的类型。

C 语言允许在同一赋值语句中对多个变量进行赋值，赋值运算规则是从右向左执行。如"integera=integerb=integerc=1;"语句的作用是同时对 3 个变量赋值，该语句与下列语句的作用相同："integerc=1; integerb=1; integera=1;"。

2. 复合赋值运算符

除了最基本的赋值运算符之外，还有下列复合赋值运算符：

+=、-=、*=、/=、%=、>>=、<<=、&= 、^=、|=

前五个是赋值运算符结合算术运算符构成的复合赋值运算符；后五个是赋值运算符结合按位运算符构成的复合赋值运算符，是有关位运算的，将在之后讲到。

假若用 OP 代替"="前面的运算符，则表达式为 xOP=y，等价于 x=xOPy。如"a+=4"等价于"a=a+4"；"x*=y+7"等价于"x=x*(y+7)"；"x%=5"等价于"x=x%5"。

复合赋值运算符的优先级与赋值运算符的优先级相同。采用复合赋值运算符，一是为了简化程序，使程序精炼，二是为了提高编译效率。

若 integera 的初值为 15，则表达式 integera+=integera-=integera*integera 的值为-420。该表达

式的求解步骤如下：

（1）先进行 integera-=integera*integera 运算，它相当于 integera=integera-integera*integera=15-225=-210。

（2）再进行 integera+=integera 运算，它相当于 integera=integera+integera=-210+(-210)=-420。

3.4.2　自增自减运算符及其表达式

自增、自减运算符是 C 语言的一个特色，它的作用是将变量值加 1 或减 1。自增自减运算符均为单目运算，只能一侧跟操作数，它可有以下几种形式。

++i　　　i 自增 1 后再参与其他运算。简单地说，先加后用。

--i　　　i 自减 1 后再参与其他运算。简单地说，先减后用。

i++　　　i 先参与运算后，i 的值再自增 1。简单地说，先用后加。

i--　　　i 先参与运算后，i 的值再自减 1。简单地说，先用后减。

粗略地看，++i 和 i++的作用相当于 i=i+1。但++i 和 i++不同之处在于++i 是先执行 i=i+1 后，再使用 i 的值；而 i++是先使用 i 的值后，再执行 i=i+1。如果 i 的原值等于 3，则执行下面的赋值语句：

① j=++i;（i 的值先变成 4，再赋给 j，j 的值为 4）

② j=i++;（先将 i 的值 3 赋给 j，j 的值为 3，然后 i 变为 4）

自增、自减运算符只能一侧跟变量，不能是常量或表达式，如"3++"或"（x+y）--"都是不合法的。

【例 3-14】　自增、自减运算。

```c
#include "stdio.h"
void main()
{
    1: int integeri=8;

    2: printf("%d\n",++integeri);      /* integeri 自增 1 后再参与输出运算*/
    3: printf("%d\n",--integeri);      /* integeri 自减 1 后再参与输出运算*/
    4: printf("%d\n",integeri++);      /* integeri 参与输出运算后，integeri 的值再自增 1*/
    5: printf("%d\n",integeri--);      /* integeri 参与输出运算后，integeri 的值再自减 1*/
}
```

程序运行结果如图 3-22 所示。

本例中，integeri 的初值为 8，第 2 行 integeri 加 1 后输出，故为 9；第 3 行 integeri 减 1 后输出，故为 8；第 4 行输出 integeri 为 8 之后 integeri 再加 1（为 9）；第 5 行输出 integeri 为 9 之后 integeri 再减 1（为 8）。

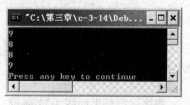

图 3-22　例 3-14 程序运行结果

3.4.3　条件、强制类型转换运算符及其表达式

1. 条件运算符及其表达式

C 语言提供了一个功能很强、使用灵活的条件运算符"? :"，也叫问号运算符。它是 C 语言中唯一的一个三目运算符，即运算对象有三个。其一般形式为：

表达式 1 ？表达式 2 ：表达式 3

（1）条件运算符的执行顺序是先求解表达式 1 的值，若表达式的值为真，则求解表达式 2 的值，且整个条件表达式的值等于表达式 2 的值；若表达式 1 的值为假，则求解表达式 3 的值，且整个条件表达式的值等于表达式 3 的值。如"max=（a>b）?a:b"。其中，"（a>b）?a:b"是一个条件表达式，若条件"（a>b）"成立，则条件表达式取 a 值，否则取 b 值，然后把条件表达式的值赋给 max。

（2）条件运算符的优先级高于赋值运算符，低于算术运算符、关系运算符和逻辑运算符。

（3）表达式 1、表达式 2 与表达式 3 的类型可以不同。

2. 强制类型转换运算符

强制类型转换运算符是单目运算符，可以利用强制类型转换运算符将一个表达式转换成所需类型。其一般形式为：

(类型名) 表达式

其中配对括号"()"称为强制类型运算符。通过强制运算，使得表达式的值转换为括号内所指定的类型。如"(int)(realx+realy)"是把 realx+realy 的值强制转换为整型。强制类型运算符与其他单目运算符具有相同的优先级。

需要注意的是：

（1）表达式应该用括号括起来。如"(float)5/3"的计算过程是：首先将 5 转换为单精度浮点型数据，此时除号的两个操作数中，一个是单精度浮点型，一个是整型，系统将进行自动转换，将单精度浮点型和整型都转换为双精度浮点型，最后的结果也是双精度浮点型，也就是 1.666……如果加了括号，变成"(float)(5/3)"，计算过程则不一样，它首先计算两个整数相除，结果仍然是整数，也就是 1；将 1 转换为单精度浮点型，最后结果是 1.000000。

（2）强制类型转换时，会得到一个所需类型的中间变量，原来变量的类型并未发生变化，如下例。

【例 3-15】 强制类型转换和条件运算符。

```c
#include "stdio.h"
void main()
{
    float realf=5.75;

    printf("(int) realf=%d\n realf=%f\n",(int) realf, realf);
    (realf==5)?printf("realf 的值经过强制类型转换后值变了\n"):printf("realf 的值经过强制类型转换后值没变\n");
}
```

程序运行结果如图 3-23 所示。

本例表明，(int) realf 虽强制转换为 int 型，但只在运算中起作用，是临时的，而 realf 本身的类型并不改变。因此，(int)realf 的值为 5（删去了小数部分），而 realf 的值仍为 5.75。

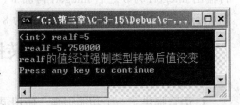

图 3-23 例 3-15 程序运行结果

3.4.4 求字节、逗号运算符及其表达式

1. 求字节运算符

在不同的计算机系统上，各种数据类型所占的内存单元大小是不一样的。有时候，需要了解某个变量或者某种数据类型的字节数，就需要使用 sizeof() 求字节运算符。其一般形式为：

sizeof(参数)

参数可以是类型名、常量、变量或表达式。如果参数为类型名、常量或变量，则直接给出所占内存的字节数；如果参数为表达式，则先对表达式求值，然后再给出所占内存的字节数。sizeof() 是单目运算符，不是函数。如当 integerx 和 integery 是整型变量的时候，sizeof(integerx+integery) 的结果就是 2，sizeof(int) 的值是 2，sizeof(float) 的值是 4。

2. 逗号运算符及逗号表达式

在 C 语言中逗号 "," 称为逗号运算符，也称顺序求值运算符。用逗号把多个表达式连接起来就形成了逗号表达式。逗号表达式的一般形式为：

表达式 1, 表达式 2, ……, 表达式 n

逗号表达式的求解过程是先求解表达式 1 的值，再求解表达式 2 的值，一直求到表达式 n 的值，整个逗号表达式的值是表达式 n 的值。如 "45-23,3+5,6+8" 的值为 14，即为最后一个表达式的值。

逗号运算符是所有运算符中级别最低的。因此，下面两个表达式的作用是不同的：

① x=(a=3,6*3)

② x=a=3,6*3

第①个是赋值表达式，将一个逗号表达式的值赋给 x，x 的值等于 18。第②个是逗号表达式，它包括一个赋值表达式和一个算术表达式，x 的值为 3。

并非任何地方出现的逗号都作为逗号运算符，如函数参数也是用逗号来间隔的。又如 "printf("%d,%d,%d",integera, integerb, integerc);" 和 "printf("%d,%d,%d",(integera, integerb, integerc), integerb, integerc);" 是有区别的。前者的 "integera, integerb, integerc" 是一个非逗号表达式，后者中的 "(integera, integerb, integerc)" 是一个逗号表达式。

3.4.5 取地址运算符

在 C 程序中，符号 **"&"** 为取地址运算符。该运算为单目运算符，运算顺序为从右向左。取地址运算符的作用就是得到变量的地址。如 &a，意思是得到变量 a 的地址。

有如下程序段：

```
int integera=5;
printf("%d,%d", integera,& integera);
```

输出的结果分别是变量 integera 的值 5 和变量 integera 在内存中存放的地址，该地址是在程序编译阶段由系统分配的。

3.4.6 位运算符及应用

语言提供了位运算机制，所谓位运算是指进行二进制位的运算。在系统软件中，经常要处理二进制位的问题。如将存储单元中的内容左移两位等。

C 语言提供了 6 种位运算符，如表 3-7 所示。

表 3-7   位运算符

运　算　符	含　　义	运　算　符	含　　义
&	按位与	^	按位异或
|	按位或	~	按位取反
<<	按位左移	>>	按位右移

位运算符中除~为单目运算符外，其余均为双目运算符，即要求位运算符两侧各有一个操作数。操作数只能是整型或字符型的数据，不能为实型数据。

（1）按位与运算符

按位与运算符"&"是双目运算符。其功能是参加运算的两个数据按其对应的二进位进行"与"运算。只有对应的两个二进位均为 1 时，结果才为 1，否则为 0，即

    0&0=0, 0&1=0, 1&0=0, 1&1=1

如 3&5，先把 3 和 5 以二进制数表示，再进行按位与运算。本章中所使用的整型数据如果没有特别说明，则在内存中均占 4 字节，高位的 0 省略。

```
    00000011
&   00000101
    00000001
```

3 的二进制数为 00000011，5 的二进制数为 00000101。因此，3&5 的值得 1。如果参加"&"运算的是负数（如-3&-5），则以补码形式表示为二进制数，然后按位进行"与"运算。

按位与有一些特殊的用途：如清零、取一个数中的某些指定位、将某一位保留下来等。

① 清零：原来的数为 1 的位，新数中相应位为 0，如要将某数的低 4 位清零，低位与 0 按位与就可以了。例如：

```
    11011101
&   11110000
    11010000
```

② 取一个数中某些指定位：如八进制数 026254=(0010110010101100)$_2$，取其低 8 位数据。与八进制数 0377 按位与运算后，只保留 026254 的低 8 位，高 8 位为 0。

```
    0010110010101100
&   0000000011111111
    0000000010101100
```

③ 要想将某一位保留下来，就与一个数进行&运算，此数在该位取 1。如有一数（01010100）$_2$，想把其中从左面数第 3、4、5、7、8 位保留下来，可以这样运算：

```
    01010100
&   00111011
    00010000
```

即 a=84，b=59，c=a&b=16。

（2）按位或运算符

按位或运算符"|"是双目运算符。其功能是参加运算的两个数据按其对应的二进位进行"或"运算。只要对应的两个二进位中有一个为 1，结果就为 1，即

    0|0=0, 0|1=1, 1|0=1, 1|1=1

如将八进制数 060 与八进制数 17 进行按位或运算。

```
    00110000
|   00001111
    00111111
```

按位或运算通常用于对一个位串信息的某些位置 1，而其余位不发生变化。如欲将整型量 *n* 的最低 3 位置 1，则可进行如下运算：

n=n|0x07

（3）按位异或运算符

按位异或运算符"^"是双目运算符。其功能是参加运算的两个数据按其对应的二进位进行"异或"运算。当相对应的二进位相异时，结果为 1。即

0^0=0, 0^1=1, 1^0=1, 1^1=0

如 9^5 可写成算式如下，即 9^5 结果为 12。

```
    00001001
^   00000101
    00001100（十进制为 12）
```

"异或"的意思是判断两个相应的位值是否为"异"，为"异"（值不同）就取真（1），否则为假（0）。

按位异或有如下一些应用：

① 使特定位翻转，即 0 变 1，1 变 0。如欲将整型量 *n* 的第 6 位取反，则可用如下运算：n=n^0x40，即参与"异或"的数第 6 位为 1，其余位为 0，转化为十六进制数为 0x40。

② 同一位串异或运算后结果为 0。例如为使变量 *n* 清零，可以采用异或运算"n=n^n;"其结果为 0。

③ 一个值与任何其他值连续做两次异或运算结果都恢复为原来的值。即"（m^n）^n;"运算结果为 m。例如 m=0x03，n=0x05，则 m^n=0x06，而 0x06^n=0x03。异或的这种性质常被用于对处理过的数据进行还原。

④ 交换两个值，不用临时变量。如 a=3，b=4，想将 a 和 b 的值互换，可以用"a=a^b; b=b^a; a=a^b;"赋值语句实现。用下面的竖式来说明：

```
      a=0 1 1
^     b=1 0 0
      a=1 1 1      （a^b 的结果，a 已变成 7）

^     b=1 0 0
      b=0 1 1      （b^a 的结果，b 已变成 3）

^     a=1 1 1
      a=1 0 0      （a^b 的结果，a 已变成 4）
```

（4）按位取反运算符

按位取反运算符"~"是单目运算符，其功能是将操作数中的各位的值取反，即将 1 变成 0，0 变成 1。

例如 a=025，则~a 运算为：

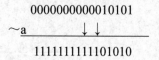

```
    0000000000010101
~a         ↓↓
    1111111111101010
```

即~a 的值为 0177752。

"~"运算符的优先级同其他单目运算符，比算术运算符、关系运算符、逻辑运算符和其他位运算符都高，如：~a&b，先~a 进行运算，然后进行&运算。

（5）按位左移运算符

按位左移运算符"<<"是双目运算符。其功能是把"<<"左边的操作数的各二进位全部左移若干位，"<<"右边的数指定移动的位数，高位丢弃，低位补 0。

例如：a<<4，是指把 a 的各二进位向左移动 4 位。如果 a=00000011（十进制 3），左移 4 位后为 00110000（十进制 48）。

在该数左移时被溢出舍弃的高位中不包含 1 时，左移 1 位相当于该数乘以 2，左移 2 位相当于该数乘以 4（2^2）。左移比乘法运算快得多，因此，在 C 程序中常将乘以 2 的运算用左移 1 位来实现，将乘以 2^n 的运算用左移 n 位来实现。

（6）按位右移运算符

按位右移运算符">>"是双目运算符。其功能是把">>"左边的操作数的各二进位全部右移若干位，">>"右边的数指定移动的位数，移到右端的低位被舍弃，对无符号数，高位补 0。如 a=15，a>>2 表示把 000001111 右移为 00000011（十进制 3），即结果为 3。

右移 1 位相当于除以 2，右移 n 位相当于除以 2^n。在右移时，对于无符号数，右移时左边空位补 0，称作逻辑移位；对于有符号数，左边空位补符号位上的值，称作算术移位。

【例 3-16】 输入一个整数，判断这个数中有几个二进制位 1。

```c
#include "stdio.h"
void main()
{
    int num,count=0,k;

    scanf("%d",&num);
    printf("这个数中有几个二进制位 1:");
    for(k=0;k<16;k++)
    {  if(num&1==1)  count++;     /* 判断最低位是不是 1 */
       num>>=1;                   /* num 右移 1 位 */
    }
    printf("%d\n", count);
}
```

程序运行结果如图 3-24 所示。

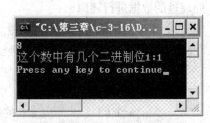

图 3-24 例 3-16 程序运行结果

3.5 运算符的优先级与结合性

C 语言的运算符极其丰富，除了以上介绍的一些常用运算符之外，还有一些其他很有用的运算符，在以后的各章中会陆续介绍。表 3-8 列出了所有 C 语言运算符的优先级和结合方向。注意所有的单目运算符（第 2 级）、赋值运算符（第 14 级）和条件运算符（第 13 级）都是从右至左结合的，要予以特别关注，其余均为从左至右结合的，与习惯一致。

表 3-8　　　　　　　　　　　C 语言运算符的优先级和结合方向

优先级别	运　算　符	运　算　形　式	结　合　方　向	名称或含义
1	( )	(e)	自左至右	圆括号
	[ ]	a[e]		数组下标
	.	x.y		成员运算符
	->	p->x		指针访问成员的指向运算符
2	+ -	-e	自右至左	负号和正号
	++ --	++x 或 x++		自增运算和自减运算
	!	! e		逻辑非
	~	~ e		按位取反
	(t)	(t)e		强制类型转换
	*	*p		指针运算，由地址求内容
	&	&x		求变量的地址，由内容求地址
	sizeof	sizeof(t)		求某类型变量的长度（字节运算）
3	* / %	e1*e2	自左至右	乘、除和求余
4	+ -	e1+e2	自左至右	加和减
5	<< >>	e1<<e2	自左至右	按位左移和按位右移
6	< <= > >=	e1<e2	自左至右	关系运算（比较）
7	== !=	e1= =e2	自左至右	等于和不等于比较
8	&	e1&e2	自左至右	按位与
9	^	e1^e2	自左至右	按位异或
10	|	e1|e2	自左至右	按位或
11	&&	e1&&e2	自左至右	逻辑与（且）
12	||	e1||e2	自左至右	逻辑或（或）
13	? :	e1?e2:e3	自右至左	条件运算
14	=	x=e	自右至左	赋值运算
	+= -= *= /= %= >>= <<= &= ^= \=	x+=e		复合赋值运算
15	,	e1,e2	自左至右	逗号运算

注：运算形式一栏中字母的含义如下：a—数组，e—表达式，p—指针，t—类型，x、y—变量。

【例 3-17】 程序举例。

```
#include "stdio.h"
#define  PRINTT(integera, integerb, integerc)  printf("integera=%d\tintegerb=%d\tintegerc=%d\n",integera, integerb, integerc)
void main()
{
    1: int integera, integerb, integerc;

    2: integera=integerb=integerc=2;

    3: ++integera||++integerb&&++integerc;PRINTT(integera, integerb, integerc);

    4: integera=integerb=integerc=2;

    5: ++integera&&++integerb||++integerc; PRINTT(integera, integerb, integerc);

    6: integera=integerb=integerc=2;

    7: ++integera&&++integerb&&++integerc; PRINTT(integera, integerb, integerc);

    8: integera=integerb=integerc=-2;

    9: ++integera&&++integerb||++integerc; PRINTT(integera, integerb, integerc);

    10: integera=integerb=integerc=-2;

    11: ++integera||++integerb&&++integerc; PRINTT(integera, integerb, integerc);

    12: integera=integerb=integerc=-2;

    13: ++integera&&++integerb&&++integerc; PRINTT(integera, integerb, integerc);
}
```

程序运行结果如图 3-25 所示。

第 3 行的语句"++integera||++ integerb&&++integerc;"执行过程如下：

① 自增运算符的优先级别高于逻辑运算符，首先执行自增运算 ++integera，则 integera=3。

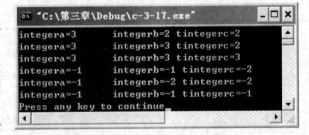

图 3-25 例 3-17 程序运行结果

② 逻辑或运算左侧的数据为 3，则可以断定整个表达式的值为 1，所以该表达式中的其他运算不再执行。故 integerb 和 integerc 的值不变。输出结果为 integera=3 integerb=2 integerc=2。

第 5 行的语句 "++integera&&++integerb||++integerc" 执行过程如下：

① 执行++integera 和++integerb,则 integera=3，integerb=3。

② 执行&&运算，3&&3=1,此时||运算左侧的数据为 1，可以断定整个表达式的值为 1，故||运算右侧的数据不再参与计算。输出结果为 a=3 b=3 c=2。

第 7 行、第 9 行、第 11 行、第 13 行的语句执行方式与此类似，不再赘述。

习 题 3

1. 字符常量与字符串常量有什么区别？

2. 写出下面程序的运行结果。

```
（1）#include "stdio.h"
void main()
{
    int integera1, integera2, integera3=258;

    integera1=97; integera2=98;
    printf("integera1=%c,   integera2=%c,   integera3=%c",integera1,   integera2,
integera3);
}
（2）#include "stdio.h"
void main()
{
    int integerx, integery, integerm, integern;

    integerx=10; integery=20;
    integerm=integerx++;integern=++integery;
    printf("integerx=%d,integery=%d,integerm=%d,integern=%d",integerx,  integery,
integerm, integern);
    integerm=integerx--;integern=--integery;
    printf("integerx=%d,integery=%d,integerm=%d,integern=%d",integerx,  integery,
integerm, integern);
}
（3）#include "stdio.h"
void main()
{
    int integerx=2, integery=0, integerz;

    integerx*=3+2;
    printf("%d", integerx);
    integerx*=integery=integerz=4; printf("%d", integerx);
}
（4）#include "stdio.h"
void main()
{
    int integerx;

    integerx=-3+4*5-6;printf("%d", integerx);
    integerx=3+4%5-6; printf("%d", integerx);
    integerx=-3*4%-6/5; printf("%d", integerx);
    integerx=(7+6)%5/2; printf("%d", integerx);
}
（5）#include "stdio.h"
void main()
{
    int integeri, integerj;

    integeri=16; integer j=(integeri++)+integeri;
    printf("%d", integerj);
    integeri=15;
    printf("%d  %d",++ integeri, integeri);
}
（6）#include "stdio.h"
void main()
{
```

```
    unsigned char chara, charb, charc;

    chara=0x3; charb=a10x8; char c=b<<1;
    printf(%d\t%d\n", charb, charc);
}
（7）#include "stdio.h"
void main( )
{
    char charx=040;

    printf("%0\n", charx<<1);
}
```

3. 求下面算术表达式的值，并编写程序运行，验证其结果。

（1）realx+integera%3*(int)(realx+realy)%2/4，其中 realx=2.5，integera=7，realy=4.7

（2）realx+'A'+(float)(integera+integerb)/2+(int)realx%(int)realy，其中 integera=2，integerb=3，realx=3.5，realy=2.5

4. 假设 integera=12，写出下面表达式中 a 的运算结果。

（1）integera+=integera　　　（2）integera-=2　　　（3）integera*=2+3

（4）integera/=integera+integera　　　　　（5）integera%=(5%2)

（6）integera+=integera-=integera*=integera

5. 写出下面各表达式的值（假设 integera=1, integerb=2, integerc=3, integerx=4, integery=3 ）。

（1）integera+integerb>integerc&&integerb==integerc

（2）! integera<integerb&&integerb!= integerc||integerx+integery<=3

（3）integera+(integerb>=integerx+integery)?integerc-integera:integery-integerx

（4）!(integerx=integera) &&(integery-integerb)&&0

（5）!(integera+integerb)+ integerc-1&&integerb+integerc/2

（6）integera||1+'a'&&integerb&&'c'

6. 从键盘上输入一个实数，把它强制转换为整型数据，并输出到屏幕上。

7. 已知 integera=15，计算 $\dfrac{integera*100}{8}$，并将结果赋给变量 realb。

8. 设计程序，输入实型数据 reala、realb，然后输出 reala、realb 的值。

9. 编写程序，完成对任一整数数据实现高、低位的交换（要求用位实现）。

第4章
输入/输出函数的使用

输入/输出数据是编程最常用的操作，该操作需要调用 C 语言的输入和输出函数。本章主要介绍 C 语言的格式输入函数 scanf()，格式输出函数 printf()，字符串输入函数 getchar()及字符串输出函数 putchar()。

4.1　按格式输出函数 printf()的使用

printf()函数称为按格式输出函数，其关键字最末一个字母 f 即为"格式"（format）之意。其功能是按用户指定的格式向显示器输出数据。

1. printf()函数的一般形式

printf()函数是一个标准的库函数，它的函数原型在头文件"stdio.h"中。printf()函数调用的一般形式为：

printf("格式控制字符串",输出项表列**);**

printf()函数由两部分组成，第一部为格式控制字符串，第二部分是输出项列表。其中第一部分格式"控制字符串"，必须用""""括起来，作用是控制输出项的格式和输出一些提示信息。格式控制字符串由格式字符串、普通字符串和转义字符三部分组成。

（1）格式字符串。以%开头的字符串，在%后面跟各种格式字符，即"%[修饰符]格式字符"构成，表示按规定的格式输出数据，从而说明输出数据的类型、形式、长度、小数位数等，如%5d，%c，%7.2f 等。

（2）普通字符。按原样输出，主要用于输出提示信息，主要是为了界面友好。如为了得到输出信息：sum=5050，需要在 printf()的格式控制部分加上"sum="，"sum="就是普通字符。此外，空格也是常用的普通字符。

（3）转义字符。用于控制输出，完成特定的操作。以"\"开头，后跟一个字母或数字的字符。如最常用的'\n'表示回车换行。

第二部分"输出项表列"是零个或多个常量、变量、表达式或函数返回值等构成，当输出项多于一个时，输出项之间需用逗号隔开。格式字符串和各输出项在数量和类型上应该一一对应。

【例 4-1】　printf()函数的使用。源程序如下：

```
#include <stdio.h>
void main()
{
```

```
        int integera=70,integerb=59;

        printf("please output integera,integerb\n");    /*普通字符，这样可以使界面更友好*/
        printf("%d %d\n",integera,integerb); /*输出的 integera、integerb 值之间有一个空格*/
        printf("%d,%d\n",integera,integerb); /*输出的 integera、integerb 值之间有一个逗号*/
        printf("%c,%c\n",integera,integerb); /*按字符型输出 integera、integerb 的值*/
        printf("integera=%d, integerb=%d\n",integera,integerb);
                                     /*输出的 integera、integerb 值前有提示字符*/
    }
```

程序运行结果如图 4-1 所示。

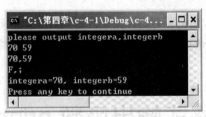

图 4-1　例 4-1 程序运行结果

2. printf()格式字符串

格式字符串的一般形式为：

%[标志] [输出最小宽度] [.精度] [长度] 类型

其中方框号[]中的项为可选项，各项的意义如下：

（1）类型。类型字符用于表示输出数据的类型，其格式符和意义如表 4-1 所示。

表 4-1　　　　　　　　　　　　　printf()类型字符

格 式 字 符	意　　　义
d	以十进制形式输出带符号整数（正数不输出符号）
o	以八进制形式输出无符号整数（不输出前缀 0）
X,x	以十六进制形式输出无符号整数（不输出前缀 0x，大小写作用相同）
u	以十进制形式输出无符号整数
f	以小数形式输出单精度实数
E,e	以指数形式输出单精度实数（大小写作用相同）
G,g	自动选择以%f 或%e 中较短的输出宽度输出单精度实数（大小写作用相同）
c	输出单个字符
s	输出字符串
%%	输出百分号本身

　　　　格式字符要用小写字母；格式字符与输出项个数应相同，按先后顺序一一对应；格式字符与输出项类型不一致时，自动按指定格式输出。

（2）标志。标志字符为-、+、#、0 四种，其意义如表 4-2 所示。

表 4-2   printf()标志字符

标 志	意 义
−	结果左对齐，右边填空格（默认右对齐）
+	指定在有符号数的正数前显示正号（+）
0	输出数值时指定左面不使用的空位置自动填 0
#	对于八进制数而言，在输出时加前缀 0；对于十六进制数而言，在输出时加前缀 0x

（3）指定输出宽度和精度。使用以下格式来输出宽度和精度：

m.n

m（为正整数）输出数据域宽，如果实际数据长度少于定义的宽度 m，右对齐，左补空格；若实际位数多于定义的宽度，则按实际位数输出。若输出的结果是实数，则 m 指定该数的总位数（包括小数点），n 指定该数的小数位数。若输出的结果是字符串，则 m 指定该字符串的总宽度，n 指定实际输出字符串的个数。

【例 4-2】　指定输出实数的位数。

```
#include <stdio.h>
void main()
{
    float reala=4.56;

    printf("%7.3f\n",reala);
}
```

程序运行结果如图 4-2 所示。

（4）长度。可以在字符 d、o、x、u 前面加字母 l（小写字母 L）或 h，来指定不同的输出精度。对于整数而言，h 表示按短整型数据输出，l 表示按长整型数据输出。对于实数而言，l 表示按 double 型数据输出。

【例 4-3】　指定输出长整型数据。源程序如下：

```
#include <stdio.h>
void main()
{
    long int integera=23456789;

    printf("%ld\n",integera);
}
```

程序运行结果如图 4-3 所示。

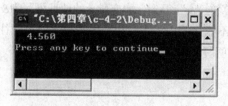

图 4-2　例 4-2 程序运行结果

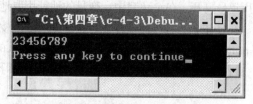

图 4-3　例 4-3 程序运行结果

【例 4-4】 printf()函数的使用。源程序如下：

```
#include <stdio.h>
void main()
{
    int integera=15;
    float realb=123.1234567;
    double realc=12345678.1234567;
    char chard='p';

    printf("integera=%d,%5d,%o,%x\n",integera,integera,integera,integera);
/*按不同格式显示整型变量*/
    printf("realb=%f,%lf,%5.4lf,%e\n",realb,realb,realb,realb);
/*按不同格式显示 float 型变量*/
    printf("realc=%lf,%f,%8.4lf\n",realc,realc,realc);
/*按不同格式显示 double 型变量*/
    printf("chard=%c,%8c\n",chard,chard);      /*按不同格式显示字符型变量*/
}
```

程序运行结果如图 4-4 所示。

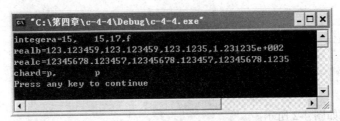

图 4-4 例 4-4 程序运行结果

4.2 按格式输入函数 scanf()的使用

scanf()函数称为按格式输入函数，即按用户指定的格式从键盘上把数据输入到指定的变量之中。

1. scanf()函数的一般形式

scanf()函数是一个标准的库函数，它的函数原型在头文件"stdio.h"中，scanf()函数调用的一般形式为：

scanf（"格式控制字符串"，地址表列）；

"格式控制字符串"的含义同 printf()函数。"地址表列"是由若干个变量的地址组成的，它们之间用逗号隔开。在 C 语言中，变量的地址用取地址运算符"&"得到，如变量 a 的地址可写为&a。

在具体编写程序时应注意，由于 scanf()函数本身不能显示提示串，故在编写程序时，往往先用 printf()函数在屏幕上输出提示，告诉要输入的信息项。

【例 4-5】 scanf()函数的使用。源程序如下：

```
#include <stdio.h>
void main()
{
    int integera, integerb, integerc;
```

```
    printf("input integera, integerb, integerc\n"); /*通过该输出语句提示用户输入 3 个整数*/
    scanf("%d%d%d",&integera,&integerb,&integerc); /*从键盘输入三个整数*/
    printf("integera=%d, integerb=%d, integerc=%d",integera,integerb,integerc);
}
```

程序运行结果如图 4-5 所示。

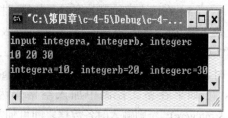

在本例中，由于 scanf()函数本身不能显示提示串，故先用 printf()函数语句在屏幕上输出提示，请用户输入 integera、integerb、integerc 的值。执行 scanf()函数语句时，则退出 Turbo C 屏幕状态进入用户屏幕状态等待用户输入数据。用户输入 1　5　7 后按回车键，此时，系统又将返回 Turbo C 屏幕状态。在 scanf()函

图 4-5　例 4-5 程序运行结果

数语句的格式串中由于没有非格式字符在 "%d%d%d" 之间作输入时的间隔，因此在输入时可以用一个以上的空格、Tab 键或回车键作为数据之间的间隔。如：1　5　7

或　1（Tab 键）5（Tab 键）7

或

1✓（回车）

5✓（回车）

7✓（回车）

2．scanf()格式字符串

scanf()格式字符串的一般形式为：

%[*] [输入数据宽度]类型

其中方括号[ ]中的项为可选项。使用 scanf 函数必须注意以下几点：

（1）指定输入数据宽度，遇空格或不可转换字符则结束。scanf()函数中没有精度控制，如 "scanf("%5.2f",&integera);" 是非法的。又如 "scanf("%4d%2d%2d",&yy,&mm,&dd);"，输入 19991015 则 1999=>yy, 10=>mm, 15 =>dd，即变量 yy 最多取 4 位数，所以 1999 赋给了变量 yy；变量 mm 最多取 2 位数，所以 10 赋给了变量 mm；变量 dd 最多取 2 位数，所以 15 赋给了变量 dd。

（2）scanf()中要求给出变量地址，如给出变量名则会出错。如 "scanf("%d",integera);" 是非法的，应改为 "scanf("%d",&integera);" 才是合法的，这是初学者常犯的错误。

（3）如果在 "格式控制" 中除了格式字符串以外，还有其他字符，则在输入时应将这些字符一起输入。如：

scanf("integera=%d, integerb=%f",&integera,&integerb);

scanf()函数中 "integera="、"integerb=" 都是普通字符，所以在实际运行输入时，应输入：

integera=3, integerb=5.6 ✓（回车），从而将 3 和 5.6 分别赋给了变量 integera 和 integerb。

建议在使用 scanf()函数时，在格式控制字符串中不要有普通字符，仅用格式字符串即可，这样输入数据时可以方便地使用空格、回车或 Tab 键分隔数据。

（4）输入分隔符的指定：一般以空格、Tab 键或回车键作为分隔符，也可以用其他字符做分隔符，如 ":"、","等，但输入时一定要以此为格式字符为分隔符。如：scanf("%d%o%x",&integera,& integerb,& integerc);

printf("integera=%d, integerb=%d, integerc=%d\n",integera, integerb, integerc);

输入　123　123　123✓　　　　　输出 integera=123, integerb=83, integerc=291

又如：scanf("%d,%d",&integera,&integerb)

输入　3,4✓　　　　则3赋给了变量integera，4赋给了变量integerb。

又如：scanf("%d:%d:%d",&integerh,&integerm,&integers);

输入　12:30:45✓　　　则12赋给了变量integerh，30赋给了变量integerm，45赋给了变量integers。

（5）在输入字符型数据时，若格式控制串中没有非格式字符，则认为所有输入的字符均为有效字符。如"scanf("%c%c%c",&integera,&integerb,&integerc);"输入为：d e f✓，则把'd'赋给integera，' '（空格）赋给integerb，'e'赋给integerc，这肯定不是编程者所希望的情况。只有当输入为：def✓时，才能把'd'赋给integera，'e'赋给integerb，'f'赋给integerc。

如果在格式控制中加入空格作为间隔。如"scanf("%c %c %c",&integera,&integerb,&integerc);"，则输入时各数据之间可加空格。

（6）可在格式字符前加附加格式说明符"l"，加在格式字符"d"、"o"、"x"前，表示输入一个长整型数据，加在格式字符"e"、"f"前，表示输入双精度实型数据。如"scanf("%ld%lf",&a,&b);"。

【例4-6】　scanf()函数的使用。源程序如下：

```c
#include <stdio.h>
void main()
{
    char cha,chb;

    printf("input character cha, chb\n");
    scanf("%c%c",&cha,&chb);            /*"%c%c"中没有空格*/
    printf("%c%c\n",cha,chb);
}
```

由于scanf()函数中"%c%c"中没有空格，输入K L，结果输出只有K。而输入改为KL时，则可输出KL两字符。程序运行结果如图4-6所示。

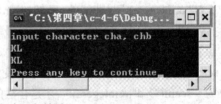

图4-6　例4-6程序运行结果

（7）*是抑制符，指定输入项读入后不赋给任何变量。如

scanf("%2d %*3d %2d",&integera,&integerb);

输入　12 345 67✓　　　则12赋给了变量integera；345读入内存，但不赋给任何变量；67赋给了变量integerb。

又如scanf("%3d%*4d%f",&integerk,&integerf);

输入　12345678765.43✓　　　则123赋给了变量integerk，8765.43赋给了变量integerf。

4.3　字符输入/输出函数的使用

在C标准I/O库函数中，有两个专门用来输入和输出字符型数据的函数，它们是putchar()函数和 getchar()函数，在使用时要将头文件 stdio.h 用#include 命令包含在程序文件的开头。

1. 字符输出函数 putchar()

putchar()函数的功能是将一个字符输出到显示器上显示。其一般调用形式为：

```
putchar(c);
```

其中，c 可以是一个字符型数据（普通字符或转义字符）、整型数据（0～255）、字符型变量或整型变量。

【例 4-7】 输出单个字符。源程序如下：

```
#include <stdio.h>
void main()
{
    int integera;
    char c1,c2;

    integera=71;
    c1='o';c2='y';
    putchar('\102');putchar(c1);putchar(c2);      /*最常使用的 putchar()函数格式*/
    putchar('\n');
    putchar(integera);putchar('i');putchar('r');putchar(108);
    putchar('\n');

}
```

程序运行结果如图 4-7 所示。

2. 字符输入函数 getchar()

getchar()函数的功能是从标准输入设备（通常是键盘）上输入一个字符。当程序执行到 gerchar()函数时，将等待用户从键盘上输入一个字符，并将这个字符作为函数结果值返回。getchar()函数没有参数。一般情况 getchar()函数得到的字符可赋给一个字符型变量或一个整型变量。

【例 4-8】 从键盘输入单个字符。源程序如下：

```
#include <stdio.h>
void main()
{
    int integera;
    char ch;

    printf("Enter a character:");
    ch = getchar();            /*最常使用的 getchar()函数格式*/
    integera = getchar();          /*最常使用的 getchar()函数格式*/
    putchar(ch);
    putchar(integera);
    putchar('\n');
}
```

程序运行结果如图 4-8 所示。

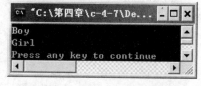

图 4-7　例 4-7 程序运行结果

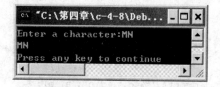

图 4-8　例 4-8 程序运行结果

编程技巧

getchar()与 getch()的区别

getchar()函数的返回值是用户输入的第一个字符的 ASCII 码，如出错返回-1，且将用户输入的字符回显到屏幕；getch()返回值是用户输入的 ASCII 码，出错返回-1，输入的字符不会回显在屏幕上。

习 题 4

1. 写出下面程序的运行结果。

（1）
```c
#include  <stdio.h>
void main()
{
    char c1='a',c2='b',c3='c',c4='\101',c5='\116';

    printf("a%cb%c\tabc\n",c1,c2,c3);
    printf("\t\b%c %c",c4,c5);
}
```

（2）
```c
#include  <stdio.h>
void main()
{
    int a=5,b=7;
    float x=67.8546,y=-789.124;
    char c='A';
    long n=1234567;
    unsigned u=65535;

    printf("%d%d\n ",a,b);
    priintf("%3d%3d\n ",a,b);
    printf("%f,%f\n ",x,y);
    printf("%-10f,%-10f\n ",x,y);
    printf("%8.2f,%8.2f,%.4f,%.4f,%3f,%3f\n ",x,y,x,y,x,y);
    printf("%e,%10.2e\n ",x,y);
    printf("%c,%d,%o,%x\n ",c,c,c,c);
    printf("%ld,%lo,%lx\n ",n,n,n);
    printf("%u,%o,%x,%d\n ",u,u,u,u);
    printf("%s,%5.3s\n ","computer","English");
}
```

（3）
```c
#include  <stdio.h>
void main()
{
    char c='a';
    int a=5,b=6;
    float f=12.345,g=56.789;

    printf("%c\n", c);
    printf("%c\n", c-32);
    printf("%d,%d\n", a, b);
    printf("%4d,%4d\n", a, b);
```

```
    printf("%f,%f\n", f, g);
    printf("%4.2f, %4.2f\n", f, g);
    printf("%-3.2f\n", (f+g));
}
```

(4)
```
#include <stdio.h>
void main()
{
    long y=-34567;

    printf("y=%-8ld\n",y);
    printf("y=%-08ld\n",y);
    printf("y=%08ld\n",y);
    printf("y=%+8ld\n",y);
}
```

(5)
```
#include <stdio.h>
void main( )
{
    printf("\n*s1=%8s*", "china");
    printf("\n*s2=%-5s*", "chi") ;
}
```

(6)
```
#include <stdio.h>
void main()
{
    int i=011,j=11,k=0x11;

    printf("%d,%d,%d\n",i,j,k);
```

(7)
```
#include "stdio.h"
main()
{
    char ch1='N', ch2='E', ch3='W';
    putchar(ch1); putchar(ch2); putchar(ch3);
    putchar('\n');
    putchar(ch1); putchar('\n');
    putchar('E'); putchar('\n');
    putchar(ch3); putchar('\n');
}
```

(8)
```
#include "stdio.h"
void main()
{
    char  ch;
    printf("Please input two character: ");       /*从键盘上的输入 ab*/
    ch=getchar();
    putchar(ch);putchar('\n');
    putchar(getchar());
    putchar('\n');
}
```

2. 程序填空：编制程序对实数 a 与 b 进行加，减，乘，除计算，要求显示如下结果。

```
jia=70.000000
jian=30.000000
cheng=1000.000000
chu=2.5000000
```

程序：
```
#include<stdio.h>
void main()
{
    _____

    a=50.0;b=20.0;
    printf("jia=%f\n",_____);
    printf("jian=%f\n", _____);
    printf("cheng=%f\n",_____);
    printf("chu=%f\n",_____);
}
```

3. 若 a=3,b=4,c=5,x=1.3,y=2.4,z=-3.6,u=52769,n=123456,c1='a',c2='b'。请编写程序输出以下结果。

```
a=  3,b=  4,c=  5
x=1.300000,y=2.400000,z=-3.600000
x+y=3.70,y+z=-1.2,z+x=-2.3
u=  52769  n=      123456
c1='a'  or  97(ASCII)
c2='b'  or  98(ASCII)
```

4. 下面的程序运行时在键盘上如何输入？如果 a=3,b=4,x=8.5,y=71.82,c1=A,c2=a，请写出对应每个scanf()函数的输入情况。

```
#include <stdio.h>
void main()
{
    int a,b;
    float x,y;
    char c1,c2;

    scanf("a=%d  b=%d ",&a,&b);
    scanf(" %f %e ",&x,&y);
    scanf(" %c%c ",&c1,&c2);
}
```

第5章
算法与结构化程序设计

程序是指计算机实现特定操作的指令的集合。一般包括两方面的内容：对数据的描述，在程序中要指定数据的类型和数据的组织形式，即数据结构；对数据操作的描述，即操作步骤，也就是算法。数据是操作的对象，操作的目的是对数据进行加工处理，以得到期望的结果。著名计算机科学家沃思（Niklaus Wirth）曾提出公式：程序=数据结构+算法。从而可以看出算法是灵魂，是解决"做什么"和"怎么做"的问题。本章简单介绍有关算法的初步知识，为后面各章的学习建立一定的基础。

5.1　算法的概念

5.1.1　程序设计的概念

我们做任何事情都有一定的方法和程序。如开会的议程、老师上课的教案、春节联欢晚会节目单等都是程序。在程序的指导下，人们可以有秩序、有效地完成一项工作。在计算机领域中，程序通常特指为让计算机完成某一特定任务（如解决某一算题或控制某一过程）而设计的指令的集合。

程序设计是人们关于现实问题求解的思维活动"代码化"的过程，是用计算机语言作为工具进行的创造性劳动。从程序设计的角度来看，每个问题都涉及两方面的内容：数据和操作。数据泛指计算机要处理的对象，包括数据的类型、数据的组织形式和数据之间的相互关系；操作是指处理的方法和步骤，也就是算法（algorithm）。而编写程序所用的计算机语言称为程序设计语言。一个程序应包括以下两方面的内容。

（1）对数据的描述：计算机处理的对象是数据，数据是描述客观事物的数、字符以及计算机能够接收和处理的信息符号的总称。数据结构（data structure）是指数据的类型、数据的组织形式和数据之间的相互关系。数据类型体现了数据的取值范围和合法的运算，数据的组织形式体现了相关数据之间的关系。

（2）对数据处理的描述：为解决一个确定的问题而采取的特定的方法和步骤，称为算法。算法反映了计算机的执行过程，是对解决特定问题的操作步骤的一种描述。

数据结构与算法有着密切的关系，只有明确了问题的算法，才能更好地构造数据结构；但选择好的算法，又常常依赖于好的数据结构。数据结构是对参与运算的数据及它们之间的关系所进行的描述，算法和数据结构是程序的两个重要方面。因此，著名的计算机科学家沃斯（Niklaus Wirth）对此提出了一个经典公式：

程序=数据结构+算法

即程序就是在数据的某些特定的表示方式和结构的基础上对抽象算法的具体描述。因此，编写一个程序的关键在于合理地组织数据和设计好的算法。事实上，一个程序除了以上两个要素外，还应当采用结构化程序设计方法进行程序设计，并且用某一种计算机语言表示出来。因此，可以这样表示：

$$程序=数据结构+算法+程序设计方法+语言工具和环境$$

上述4个方面是一个程序设计人员所应具备的知识。在设计一个程序时要综合运用这几方面的知识。在这4个方面中，算法是灵魂，数据结构是加工对象，语言是工具，编程需要采用合适的方法。程序设计方法是指使用某种计算机语言编写程序，指挥计算机解决具体的问题。本书主要讲解如何使用C语言进行程序设计，具体地说就是先分析清楚待解决的问题，清楚要处理的数据及如何组织、存储数据，然后想出解决的方法，形成具体的算法步骤，并使用C语言编写出相应代码。

5.1.2 程序的灵魂——算法

做任何事情都有一定的步骤。如你想从太原去北京开会，首先要去买火车票，然后按时乘公交车到太原站，登上火车，到北京站后乘地铁到会场，参加会议。这些步骤都是按一定的顺序进行的，缺一不可，次序错了也不行。当要编写一个程序的时候，首先确定这个程序实现的目标，然后确定应该如何实现这些目标，先进行什么处理，后进行什么处理，所处理的数据格式是什么。这一切都涉及一个专业名词——算法。

广义地说，所谓算法，就是指为解决特定问题而采取的有限操作步骤。对同一个问题，可以有不同的解题方法和步骤。很多时候，程序设计者所面临的问题就是寻找一个合适的算法。如一个熟练的程序员，要设计一个下"五子棋"的游戏程序，对他而言，C语言的编程规则已经清楚，他所面对的核心问题是寻找一种可以模拟人下棋的算法。因此，算法在软件设计中具有重要的地位。

计算机的算法可分为两大类：数值算法和非数值算法。数值算法的目的是求数值的解；特点是它有现成的数学模型，如求解一元二次方程的根，求一个函数的定积分等。非数值运算包括的范围十分广泛，其特点是没有固定的模式。它最常用于事物管理领域，如图书管理、人事管理、学生的成绩管理等。

5.1.3 算法的特征及优劣

在计算机科学中，算法有特殊的含义，特指计算机用来解决某一问题的方法。本书所关心的算法当然只限于计算机算法，即计算机能执行的算法。要成为一个计算机算法，必须满足以下3条准则。首先，算法必须用清楚的、明确的形式来表达，不具模糊性，以使人们能够理解其中的每一个步骤。其次，算法中的每一个步骤必须有效，以便人们在实践中能够执行它们。原则上使用笔和纸就可以实现。最后算法不能无休止地执行下去，而必须在有限的时间内给出一个答案，即一个算法应该具有以下特点：

1. 有穷性

一个算法要在有限的步骤内解决问题（这里所说的步骤是指计算机执行的步骤）。计算机程序不能无限地运行下去，甚至不能长时间地运行下去。如设计了一个算法是有限的，但按照目前计算机发展的水平要计算1000年才能完成，这样的算法没有实际意义，可以不当作算法，视为无穷。所以一个无限执行的方法不能成为程序设计中的"算法"。

如求某一自然数N的阶乘：$N! = 1 \times 2 \times 3 \times \cdots \times N$，这是一个算法。因为对任何一个自然数而言，无论这个数多大，总是有限的。用这个公式计算$N!$总是需要有限的步骤。

但是，下面的计算公式不能作为算法，因为其计算步骤是无限的：

$$SUM = 1 + \frac{1}{2} + \frac{1}{3} + \cdots + \frac{1}{n} + \cdots$$

2. 确定性

算法中操作步骤的顺序和每一个步骤的内容都应当是确定的，不应当是含糊不清的。算法中的每一步也不能有不同的解释存在，即不能具有"二义性"，不应当产生两种或两种以上的含义。

3. 有零个或多个输入

输入是指在执行算法时需要从外界取得必要的信息而进行的操作。一个算法可以有零个或多个输入。如输入一个年份，判断其是否是闰年。同时一个算法也可以没有输入，如计算 5!。

4. 有一个或多个输出

算法的目的就是为了求解，"解"就是想要得到的最终结果，即输出。输出是同输入有着某些特定关系的量。一个算法得到的最终结果就是算法的输出，至少有一个或多个输出，没有输出的算法是没有意义的。

5. 可执行性

算法中的每一步都能有效地被执行，并且能得到确定的结果。算法中描述的操作都可以通过计算机的运行来实现。

对于程序设计人员，必须会设计算法，并根据算法写出程序。如何来衡量一个算法的好坏，通常要从以下几个方面来分析：

（1）正确性：正确性是指所写的算法能满足具体问题的要求，即对任何合法的输入，算法都会得出正确的结果。

（2）可读性：可读性是指算法被写好之后，该算法被理解的难易程度。一个算法可读性的好坏十分重要，如果一个算法比较抽象，难于理解，那么这个算法就不易交流和推广，对于修改、扩展、维护都十分不利。所以在写算法的时候，要尽量将该算法写得简明易懂。

（3）健壮性：一个程序完成后，运行该程序的用户对程序的理解因人而异，并不能保证每一个人都能按照要求进行输入，健壮性就是指当输入的数据非法时，算法也会做出相应的判断，而不会因为输入的错误造成程序瘫痪。

（4）时间复杂度与空间复杂度：时间复杂度，简单地说就是算法运行所需要的时间。

5.2　算法的描述方法

算法的实质是一种逻辑关系，为了表示一个算法，可以用不同的方法。常用的有自然语言、传统流程图、N-S 流程图和伪代码等。

5.2.1　用自然语言表示算法

自然语言是人们日常使用的语言，如汉语、英语或其他语言来描述算法。用自然语言来描述和表示算法的优点是通俗易懂；缺点是文字冗长，容易出现"歧义性"。如"张先生对李先生说他的孩子考上了大学"这句话，请问是张先生的孩子考上了大学？还是李先生的孩子考上了大学？只从这句话本身难以判断。此外，用自然语言描述包含分支和循环的算法，不是很方便，如例 5-1。因此，除了很简单的问题以外，一般不用自然语言描述算法。

【例 5-1】　用欧几里德方法，求解两个正整数 num1 和 num2 的最大公约数 gcd。

自然语言表示如下。

步骤 1：如果 num1<num2，则交换 num1 和 num2。

步骤 2：令 ys 是 num1/num2 的余数。

步骤 3：如果 ys = 0，则令 gcd = num2，结束算法，gcd 即为求得的最大公约数；否则令 num1 = num2，num2 = ys，转向步骤 2。

【例 5-2】 计算并输出 t=s/v，用自然语言描述其算法。

自然语言如下。

步骤 1：输入 s 与 v。

步骤 2：判断 v 是否为 0，若 v=0，则输入错误信息；否则计算 s/v=>t。

步骤 3：输出 t。

5.2.2 用传统流程图描述算法

传统流程图表示法就是用一些图框表示各种操作，这种表示法的优点是直观形象、易于理解。美国国家标准化协会 ANSI 规定了一些常用的流程图符号，如图 5-1 所示。

流程图中的每一个框表示一段程序（包括一个或多个语句）的功能，各个框内必须简单明确地写明要做的事情。一般说来，用得最多的是处理框和判断框。

（1）起止框：表示程序的开始和结束，一个完整的流程图的首末两端必须是起止框。

（2）输入/输出框：表示输入或输出操作，即代表数据的输入与输出的操作。

（3）判断框：表示对一个给定的条件进行判断，根据给定的条件是否成立来决定如何执行其后的操作。应该在框中标明判断条件。判断结果标注在出口的流线上。它有一个入口，两个出口，如图 5-2 所示。

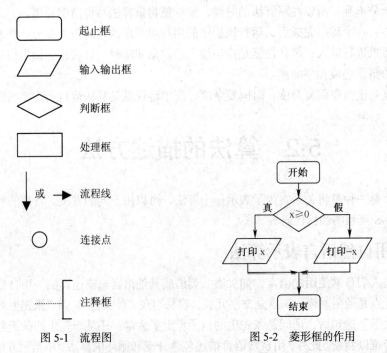

图 5-1 流程图　　　　　图 5-2 菱形框的作用

（4）处理框：用于表示一些操作所实现的某种功能，即代表各种形式的数据处理。应在框中对该功能进行简单标记和说明。它只有一个入口和出口。

（5）流程线：连接各个框图，表示流程的路径和方向，即代表执行顺序。

（6）连接点（小圆圈）：用于将画在不同地方的流程线连接起来。当程序流程图较复杂或分布在多张纸上时，用连接符表示各图之间的联系，相同符号的连接符表示它们是相互连接的。实际上，连接点是同一个点，只是画不下才分开来画。用连接点可以避免流程线的交叉或过长，使流程图清晰。

（7）注释框：它不是流程图的一部分，不反映流程和操作，只是对流程图中某些框的操作做必要的补充说明，帮助阅读流程图的人更好地理解流程图的作用。

例 5-1 的传统流程图表示如图 5-3 所示。

【例 5-3】　用以下公式：

$$\frac{\pi}{4} = 1 - \frac{1}{3} + \frac{1}{5} - \frac{1}{7} + \cdots$$ 求 π 的近似值，直到最后一项的绝对值小于 10^{-6} 为止。用传统流程图表示如图 5-4 所示。

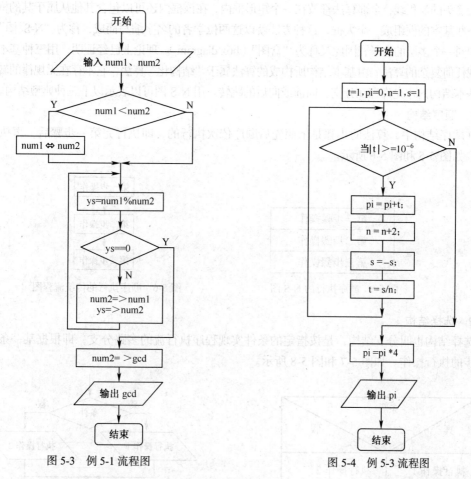

图 5-3　例 5-1 流程图　　　　图 5-4　例 5-3 流程图

通过以上几个例子可以看出流程图是表示算法的较好的工具。一个流程图包括以下几部分。

（1）表示相应操作的框；

（2）带箭头的流程线；

（3）框内外必要的文字说明。

用流程图表示算法直观形象，比较清楚地显示出各个框之间的逻辑关系。但是，这种流程图占用篇幅较大，尤其当算法比较复杂时，画流程图既费时又不方便。而且传统的流程图用流程线指出各框的执行顺序，对流程线的使用没有严格限制。因此，使用者可以不受限制地使流程随意地转来转去，使流程图变得毫无规律。阅读者要花很大精力去追踪流程，使人难以理解算法的逻辑。这种如同乱麻一样的算法称为 BS 型算法，意为一碗面条（a bowl of spaghetti），乱无头绪。

为了提高算法的质量，使算法的设计简洁和阅读方便，必须节约篇幅和限制流程线的滥用，即不允许无规律地使流程随意转向，只能按序执行下去，从而克服了传统流程图的两大缺点。

为了解决上述问题，人们设想规定出几种基本结构，然后由这些基本结构按一定的规律组成一个算法结构。整个算法的结构就是由上而下地将各个基本结构按序排列起来的。如果能做到这一点，算法的质量就能得到保证和提高。

5.2.3　用 N–S 图表示算法

1973 年美国学者 I.Nassi 和 B.Shneiderman 提出了一种新的流程图形式。在这种流程图中，完全去掉了带箭头的流程线，全部算法都放在一个矩形框内，在该框内还可以包含其他从属于其的框，或者说由一些基本的框组成一个大框，这种方法就以这两位学者的名字缩写而成，称为 "N-S 图"。"N-S 图" 如同一个多层的盒子，因此又称为 "盒图"（box diagram）。理论上已经证明，用三种基本结构可以实现任何复杂的算法。由基本结构所构成的算法属于 "结构化" 算法，它不存在无规律的转向，只在本基本结构内才允许存在分支、向前或向后的跳转。用 N-S 图可以表示以下三种典型结构。

1．顺序结构

在顺序结构中，算法的步骤是依照先后顺序依次执行的，即执行完第一步骤后，再执行第二步骤。如图 5-5 和图 5-6 所示。

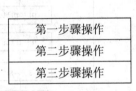

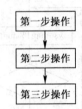

图 5-5　顺序执行的 N-S 图　　　　图 5-6　顺序执行的传统流程图

2．选择结构

选择结构也叫分支结构，是按指定的条件实现程序执行流的多路分支，即根据某一条件选择下一步的执行操作。如图 5-7 和图 5-8 所示。

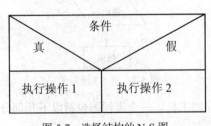

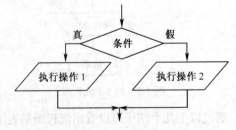

图 5-7　选择结构的 N-S 图　　　　图 5-8　选择结构的传统流程图

3．循环结构

循环结构的程序是按给定的条件重复地执行指定的程序段或模块。它可以再细分为以下两种循环结构。

（1）当型循环结构

先判断条件，当某一条件满足时，执行循环体，循环体执行完后，再去判断条件是否满足，满足再次执行循环体。直到不满足条件，退出循环，如图 5-9 和图 5-10 所示。

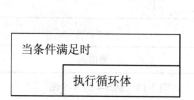

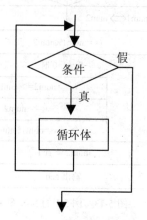

图 5-9　当型条件的 N-S 图

图 5-10　当型条件的传统流程图

（2）直到型循环结构。

先执行循环体，再去判断条件是否满足，直到某一条件不满足时为止，如图 5-11 和图 5-12 所示。

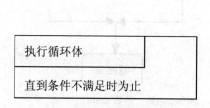

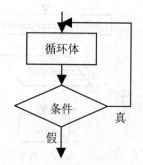

图 5-11　直到型条件的 N-S 图

图 5-12　直到型的传统流程图

例 5-1 的 N-S 图表示如图 5-13 所示。

【例 5-4】　用公式 $\frac{\pi}{4}=1-\frac{1}{3}+\frac{1}{5}-\frac{1}{7}+\cdots$，求 π 的近似值，直到最后一项的绝对值小于 10^{-6} 为止。用 N-S 图表示如图 5-14 所示。

【例 5-5】　求两整型数中的较小的那个数的值。将其处理流程用传统流程图表示出来。

传统流程图如图 5-15 所示。本例中将传统流程图按模块化来画，请大家试着将其画成一个图型，比较一下两种画法上的不同。接着再将其转化为 N-S 图表示，亲身体验一下两种表示算法图型的优缺点。

通过以上几个例子，可以看出用 N-S 图表示算法的优点。它比文字描述直观、形象、易于理解；比传统流程图紧凑易画，尤其是它废除了流程线，整个算法结构是由各个基本结构按顺序组成的。N-S 流程图中的上下顺序就是执行时的顺序，即图中位置在上面的先执行，位置在下面的后执行，写算法和看算法只需从上到下进行就可以了，十分方便。用 N-S 图表示的算法都是结构化的算法（它不可能出现流程无规律的跳转，而只能自上而下地顺序执行）。

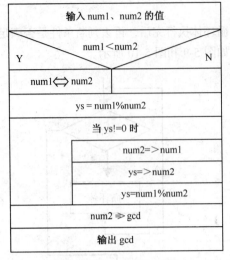

图 5-13　例 5-1 的 N-S 图

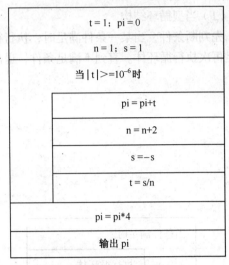

图 5-14　例 5-4 的 N-S 图

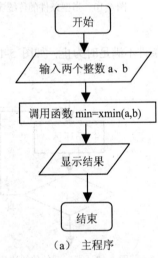

（a）　主程序

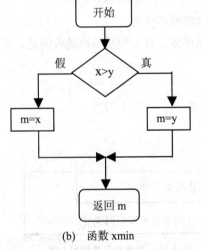

（b）　函数 xmin

图 5-15　例 5-5 的传统流程图

　　归纳起来可知，一个结构化的算法是由一些基本结构顺序组成的；每个基本结构又可以包含其他的基本结构；在基本结构之间不存在向前或向后的跳转，流程的转移只存在于一个基本结构范围之内（如循环中流程的跳转）；一个非结构化的算法（如图 5-3 所示）可以用一个等价的结构化算法（如图 5-13 所示）代替，其功能不变。如果一个算法不能分解为若干个基本结构，则它必然不是一个结构化的算法。

5.2.4　用伪代码表示算法

　　伪代码（pseudo code）是用介于自然语言和计算机程序设计语言之间的文字和符号来描述算法，即用计算机程序设计语言中的关键字和汉字相结合的方法表示算法的操作流程。它不同于自然语言（比自然语言简单），也不同于任何一种具体的计算机语言（这样才有广泛性）。用伪代码表示算法，并无固定的、严格的语法规则，只要求把意思表达清楚即可，但书写的格式要写成清晰易懂的形式。用伪代码表示算法可以很方便地向计算机语言过渡。

用 C 语言的控制结构语句和自然语言结合起来的伪代码方式来描述算法比画流程图省时、省力，且更容易转化为程序，但不能运行。并不是每一个程序员都需要也都可以定义伪代码，因为自己定义一套伪代码供自己一个人使用没有太大的意义。一般而言，一个伪代码体系是由很大的软件公司定义，供全公司的程序员使用。

【例 5-6】　打印出 x 的绝对值，可以使用以下形式的伪代码表示：

```
if  x>=0  then   输出 x;
else      输出-x;
```

【例 5-7】　判断并输出 3 到 1000 之间的素数。可以用伪代码描述如下：

```
开始
for(n=3;n<=1000;n++)
{
    for(m=2;m<=n-1;m++)
    {
        n/m 的余数=>r;
        if(r==0) break;
    }
    if(m>=n)  输出 n;
}
结束
```

5.3　结构化程序设计

5.3.1　三大基本结构

1966 年，Bohra 和 Jacopini 提出了三种基本结构，理论证明使用顺序结构、分支结构（也叫选择或条件结构）和循环结构这三种基本结构可以解决任何复杂的问题。由基本结构组成的算法属于"结构化"的算法，它不存在无规律的转向，只在本基本结构内才允许存在分支和向前或向后的跳转。

整个算法都是由 3 种基本结构组成的，所以只要规定好 3 种基本结构流程图的画法，就可以画出任何算法的流程图。

1. 顺序结构

顺序结构是简单的线性结构，在顺序结构的程序里，各操作是按照它们出现的先后顺序执行的，如图 5-16 所示。

程序首先执行 A 框，等到 A 框内的程序执行完毕后，程序继续执行 B 框，完成 B 框内的程序后，继续向下执行。这个结构只有一个入口点 A 和一个出口点 B。

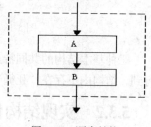

图 5-16　顺序结构

2. 选择结构

选择结构也叫分支结构，在生活中时常能够用到选择结构，例如，如果明天是晴天，我就步行上班，否则我就坐公交车上班，这就是选择结构。

选择结构在编写 C 语言程序中经常会使用到，在后面的章节中我们会详细讲解选择结构的相关知识，在此我们先大致了解一下选择结构的流程图，如图所示。

选择结构中必须包含一个判断框。上图所代表的含义是根据给定的条件 P 是否成立，选择执行 A 框或者是 B 框。如果条件成立，按照流程线 Y（Yes）执行，执行处理框 A 中的程序代码；如果条件不成立，按照流程线 N（No）执行，执行处理框 B 中的程序代码。

图 5-17 所代表的含义是根据给定的条件 P 进行判断，如果条件成立，就执行 A 框，否则什么也不做。左图和右图都是选择结构。

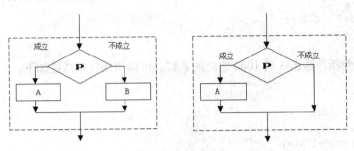

图 5-17　选择结构

3. 循环结构

在循环结构中，程序反复地执行一系列操作，直到条件不成立时才终止循环。按照判断条件出现的位置，可将循环结构分为"当型循环结构"和"直到型循环结构"。当型循环结构如图 5-18 所示。当型循环结构是先判断条件 P 是否成立，如果成立，则执行 A 框，执行完 A 框后，再判断条件 P 是否成立，如果成立，接着再执行 A 框，如此反复，直到条件 P 不成立为止，此时不执行 A 框，跳出循环。

直到型循环结构如图 5-19 所示。直到型循环结构是先执行 A 框，然后再判断条件 P 是否成立，如果条件 P 成立，则再执行 A，然后再判断条件 P 是否成立，如果成立，接着再执行 A 框，如此反复，直到条件 P 不成立，此时不执行 A 框，跳出循环。

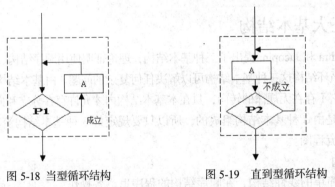

图 5-18　当型循环结构　　　　　图 5-19　直到型循环结构

三种基本结构的共同特点：只有一个入口，只有一个出口，结构内的每一部分都有机会被执行到，结构内不存在"死循环"。

5.3.2　实现结构化程序设计的方法

一个结构化程序就是用高级语言表示的结构化算法，是由顺序结构、选择结构和循环结构组成的程序，这种程序便于编写、阅读、修改和维护，减少了程序出错的机会，提高了程序的可靠性，保证了程序的质量。

结构化程序设计的基本思路是把一个复杂问题的求解过程分阶段进行，每个阶段处理的问题都控制在人们容易理解和处理的范围内。采取以下的方法可确保得到结构化的程序。

（1）自顶向下，逐步细化（求精）。这种设计方法的过程是将问题求解由抽象逐步具体化的过程。自顶向下是将复杂、大的问题划分为若干个较小的、容易处理的子任务，如果分解好的子任务本身还很复杂，可以再细分为许多更小的子任务，一个子任务只完成一项简单的任务。用精确的思维定性、定量地去描述问题。逐步求精是将现实世界的问题经抽象转化为逻辑空间或求解空间的问题。

（2）模块化设计。在程序设计中常采用模块设计的方法，尤其是当程序比较复杂时，更有必要。模块化设计是从要解决的问题出发，将问题按照功能划分为若干个模块，模块功能单一、结构简单，模块由三种基本程序结构组成。

（3）结构化编码。在设计好一个结构化的算法之后，还要善于进行结构化编码。即用高级语言语句正确地实现三种基本结构，如果所用的语言是结构化的语言（如 PASCAL、C、QBasic 等），则直接有与三种基本结构对应的语句。进行结构化编程比较简单，程序一般是由函数、子程序来实现。

（4）结构化程序设计就是要求程序设计者按一定的规范书写程序，不能随心所欲地设计程序。即按照"工程化"生产方法来组织软件生产，每个人都必须按照同一规则，同一方法进行工作，使生产出的软件具有统一的标准，统一的风格，成为"标准产品"，便于推广，便于生产和维护。

采用结构化程序设计方法设计程序时，是一个结构一个结构地写下来，整个程序结构如同一串珠子一样次序清楚，层次分明。在修改程序时，可以将某一基本结构单独取出来进行修改，而不致过大地影响到其余部分。

采用结构化程序设计方法编制的程序从基本模块到整个程序，都必须满足结构化程序的标准。该标准简述如下。

（1）程序符合"清晰第一，效率第二"的质量标准。

（2）具有良好的特性。由"模块"串成而无随意的跳转，不论模块大小，均应满足：

① 只有一个入口。

② 只有一个出口（有些分支结构很容易写成多个出口）。

③ 无死语句（永远执行不到的语句），也就是说，结构中的每一部分都应当有执行到的机会，即每一部分都应当有一条从入口到出口的路径通过它（至少一次）。

④ 没有死循环（无终止的循环）。

一个结构化程序是由具有以上特点的基本结构组成，也就是说，一个结构化程序不仅本身具有如上特性，而且也必定能分解为三种基本结构的模块。

【例 5-8】　将 1 到 1000 之间的素数打印出来。

求素数的方法有多种，在本章前面讨论的判别素数的方法是传统方法，现在采用"筛法"来求素数。所谓"筛法"指的是"埃拉托色尼（Eratosthenes）筛法"。埃拉托色尼是古希腊著名的数学家。他采取的方法是，在一张纸上写上 1 到 1000 全部整数，然后逐个判断它们是否是素数，当找出非素数时，就把它挖掉，最后剩下的就是素数，如图 5-20 所示。

具体做法如下：

（1）先将 1 挖掉（因为 1 不是素数）。

（2）用 2 去除它后面的各个数，把能被 2 整除的数挖掉，即把 2 的倍数挖掉。

（3）用 3 去除它后面各数，把 3 的倍数挖掉。

（4）分别用 4、5…各数作为除数去除这些数以后的各数。这个过程一直进行到除数后面的数已全被挖掉为止。如图 5-20 中，如果要找出 1～51 之间的素数，只要一直进行到除数为 50 为止。事实上，如果需要找 1～n 范围内的素数，只需进行到除数为 $\sqrt{n}$（取其整数）即可。如对 1～51 范围内的数，只需进行到将 7 作为除数即可。

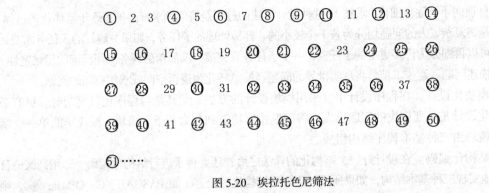

图 5-20　埃拉托色尼筛法

解题的基本思路有了，但要变成计算机的操作，还要做进一步的分析。用自顶向下逐步细化的方法来处理这个问题，先进行"顶层设计"，如图 5-21 所示。图 5-21 表示流程的粗略情况，把要做的三部分工作分别用 A、B、C 表示。

这三部分不够具体，要进一步细化。A 部分可以细化为如图 5-22 所示。先输入 n，然后将 1 输入给 x1，2 输入给 x2……1000 输入给 x1000。

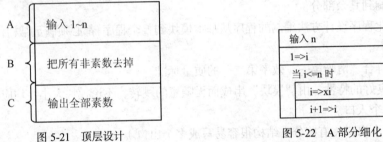

图 5-21　顶层设计

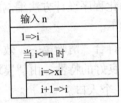

图 5-22　A 部分细化

B 部分可以细化为如图 5-23 所示。图 5-23 中的 B1 与 B2 不能再分了。B1 处理的方法是使 x1=0，即哪个数不是素数，就使它等于 0，以后把不等于零的数打印出来就是所求的素数。B3 中的循环体内以 D 标志的部分还要进一步细化，对 D 细化为如图 5-24 所示。图 5-24 中的 E 部分还不够具体，再一步细化为如图 5-25 所示。图 5-25 中的 F 部分还不够具体，又细化为如图 5-26 所示。因为首先要判断某一个 xj 是否已被挖掉，如已被挖掉则不必考虑是否被 xi 整除。至此，就不需要再分解了。

图 5-21 中的 C 部分不够具体，进行细化如图 5-27 所示。图 5-27 中的 G 部分还不够具体，再进一步细化为如图 5-27 所示。

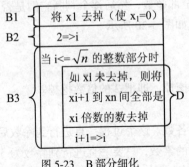

图 5-23　B 部分细化

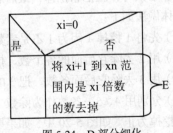

图 5-24　D 部分细化

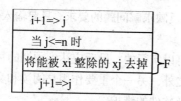

图 5-25　E 部分细化

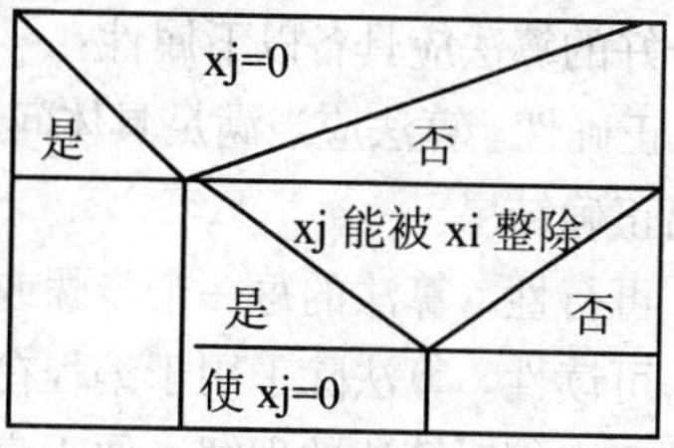

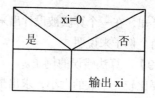

图 5-26　F 部分细化

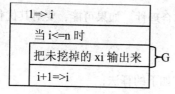

图 5-27　C 部分细化

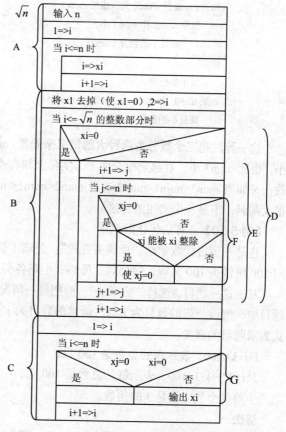

图 5-28　G 部分细化

　　至此，已将图 5-21 分解成为能用三种基本结构表示的基本操作了。将以上这些图合起来得到总的流程图，如图 5-29 所示。

　　本例为了说明问题把细化过程分解得比较细，如果技巧熟悉些，可以精简一些步骤。如从图 5-21 的 C 部分可以直接画出图 5-29 的 C 部分，不必经过图 5-27 和图 5-28。这样，根据这个细化了的流程图就可以用任何高级语言编写出源程序了。

　　程序中的子模块在 C 语言中通常用函数来实现。如在上例中，可以将图 5-21 的 A、B、C 三部分分别作为三个子模块，用三个函数来实现（有关函数的概念将在第 8 章中介绍）。

　　程序中的子模块一般不超 50 行，即打印时不超过一页，这样的规模便于组织，也便于阅读。划分子模块时应注意模块的独立性，即使一个模块完成一项功能，耦合性愈少愈好。模块化设计的思想实际上是一种"分而治之"的思想，把一个大任务分为若干个子任务，每一个子任务就相对简单了。

图 5-29　总流程图

5.3.3　算法的合理性与优化

　　一个问题往往可以使用不同的算法来解决，有的复杂，有的简洁。所以在编写最终程序之前，往往需要在多个算法中做出选择，以便从中找出最佳算法。在选择一个好的算法时，首先应考虑其正确性，其次是效率、可读性和可维护性等。

一个好的算法应具备以下属性：

（1）正确性。算法应当满足具体问题的需求，正确反映求解问题的要求。只要输入合法数据，就应输出正确结果。

（2）可行性。算法的每一个步骤或动作都必须是可以实行的，最后应达到预期的目的。

（3）可读性。算法除了用于编程在计算机上执行之外，另一个重要作用是阅读和交流。可读性好有助于人们对算法的理解，便于交流与推广，以及软件的维护。

（4）经济性。若解决一个问题有多种算法，则执行时间短的算法效率高，占用存储空间少的算法好。

由此可知，在一个算法被设计出来之后，要考虑其合理性。如果可能，要对其优化。为此，通过以下两个例子来说明。

【例 5-9】 算法错误的例子。

假定要比较三个数的大小，求出最小的数。设计了如下的算法：

> 首先用 num1，num2，num3 表示这三个数；
>> 如果 num1 比 num2 大，也比 num3 大；
>>> 如果 num2 比 num3 小，
>>>> 则最小的数是 num2；
>>> 否则
>>>> 最小的数是 num3；
>> 如果 num1 比 num2 小，也比 num3 小；
>> 则最小的数是 num1；

这一算法把三个数分为两种大的情况来处理：num1 比 num2 大，也比 num3 大；num1 比 num2 小，也比 num3 小。看起来很全面了，实际上却有遗漏。如当 num1=num2=num3 时，这一算法失效；又如当 num3<num1<num2 或者 num2<num1<num3 时，这一算法也失效。因此，这一算法有很大漏洞，不是一个实用的算法。

【例 5-10】 算法优化的例子。

这是一道古代数学题"百钱买百鸡"：公鸡 1 只 5 块钱、母鸡 1 只 3 块钱、小鸡 3 只 1 块钱。问 100 块钱买 100 只鸡，则公鸡、母鸡、小鸡各买多少只？

对于这一题目，选择"穷举法"。即把每一情况都列出来，然后找出合乎题目的情况。在这个题目中，假设公鸡的数目为 i 只、母鸡的数目为 j 只、小鸡的数目为 k 只；那么，可以用以下公式表示题目的意义：

i+j+k=100，表示鸡的总数是 100 只；

5*i+3*j+k/3=100，表示钱的总数是 100 元；

小鸡的个数应该是 3 的倍数。

解决一：

如果 100 元全部买公鸡，最多买 20 只，即 0<i<=20；

如果 100 元全部买母鸡，最多买 33 只，即 0<j<=33；

如果 100 元全部买小鸡，最多买 100 只（因为最多买 100 只鸡，所以小鸡的数目不能多于 100 只）；即 0<k<=100。

在这个题目中，使用三重循环，则循环执行的总数为 20×33×100=66000 次，如图 5-30 所示。

解法二：

经过研究发现，由于公鸡、母鸡、小鸡必须都至少有 1 只，则 i<=20-2，即 i<=18；
同理，j<=31；这样可以调整循环次数。

而 k=100-i-j，通过这个公式，使得整个算法减少了一次循环。

这样一来，循环的次数为 18×31=558 次，大大减少了循环次数，提高了算法的效率，如图 5-31
所示。

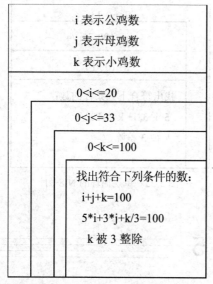

图 5-30　三重循环的 N-S 图

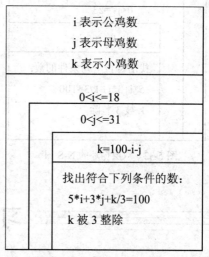

图 5-31　双重循环的 N-S 图

解法三：

根据题目的意思，发现要找到的 i、j、k 应符合以下公式：

i+j+k=100

5*i+3*j+k/3=100

从这两方程中消去 k 可以得到：7*i+4*j=100，那么，i=(100-4*j)/7；而 j≥1，作为整数，i≤
(100-4)/7，即 i≤13；

同理，j≤23。

这样一来，循环的次数为 13×23=299 次，进一步减少了循环次数，提高了算法的效率，
如图 5-32 所示。

解法四：

通过对解法三中的公式 j=(100-4*j)/7 的研究，可以参照解法二的思路，再消除一层循环，得
到如图 5-33 所示的算法。在这一算法中，只需要进行 13 次循环。

通过对以上问题的深入研究可以发现：一个问题可能有多种算法，但算法是有优劣的。因此，
一个优秀的程序员一定要寻找和选择优秀的算法。尤其在比较常用、被反复调用以及占用计算机
时间较多或空间较大的模块中，一定要努力寻找最优的算法。那些容易被程序员寻找到的算法往
往不一定是最好的算法，如本例中的解法一。

本章内容十分重要，是学习后面各章的基础。学习程序设计的目的不只是学习一种特定的语
言，而是学习进行程序设计的一般方法。掌握了算法就是掌握了程序设计的灵魂，再学习有关的
计算机语言知识，就能顺利地编写出任何一种语言的程序。C 语言是一种结构化程序设计语言，
它直接提供了三种基本结构的语句，提供了定义"函数"的功能，允许对函数单独进行编译，从

而可以实现模块化，另外还提供了丰富的数据类型，这些都为结构化程序设计提供了有力的工具。

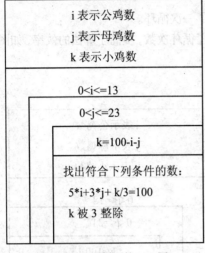

图 5-32　双层循环的 N-S 图

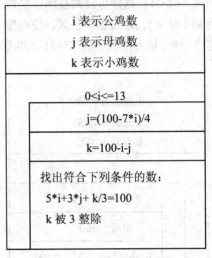

图 5-33　单层循环的 N-S 图

习 题 5

1. 什么叫算法？它具有哪些特点？

2. 程序设计的一般步骤是什么？

3. 试述三种基本结构的特点，你能否自己另外设计两种基本结构（要符合基本结构的特点）？

4. 什么叫做结构化程序设计？它的主要内容是什么？

5. 为下列问题设计算法，分别用传统流程图、N-S 流程图和伪代码表示出来。

（1）输入一个圆的半径，计算圆的周长和面积。

（2）有两个瓶子 A 和 B，分别盛放醋和酱油，要求将它们互换（即 A 瓶原来盛醋，现在改盛酱油，B瓶则相反）。

（3）求方程式 $ax^2 + bx + c = 0$ 的根。分别考虑：①有两个不等的实根；②有两个相等的实根。

（4）有 3 个数 num1、num2、num3，要求按大小顺序把它们打印出来。

（5）判断一个数 n 能否同时被 3 和 5 整除。

（6）1～1000 之间 3 的倍数的整数有多少个？

（7）求 $1+2+3+\cdots+100$ 的和。

（8）将 100～200 之间的所有素数打印出来。

（9）任意输入 10 个数，打印输出最大数。

第6章
C语言程序的基本控制结构

C语言是结构化程序设计语言，结构化程序的基本思想是用顺序结构、选择结构和循环结构三种基本结构来构造程序；限制使用无条件转向语句（goto 语句）。在结构化程序设计中，可采用结构化流程图。C语言的所有基本语句按照它们在运行时的结构可分为四类：顺序结构语句、选择结构语句、循环结构语句以及转向结构语句。在编写程序时，力求使用前三种基本结构语句，尽可能不用转向语句，因为转向语句会破坏程序结构中的单入口、单出口特性，从而影响程序的清晰度和易读性。

6.1　C 语句分类

高级语言程序是由若干条语句构成的，每条语句用来完成一个特定的操作。通过每条语句的执行，使程序完成一个特定的功能。

C语句是以"；"作分隔符，编译后产生机器指令。C语言所提供的语句按其功能特性可分为五大类：

1. 表达式语句

表达式语句是 C 语言程序中最常用的语句。表达式的后面加上分号"；"就构成了表达式语句。表达式能构成语句是C语言的一个特色。其一般形式如下：

表达式；

如"a=b+c；"、"y++；"、"x*y；"，都是表达式语句。表达式语句的作用主要是计算和为变量赋值。表达式语句在最后必须出现分号，分号是语句中不可缺少的一部分，如：

```
i = i+1            /*是赋值表达式，不是语句，没有分号*/
i = i+1;           /*是赋值语句，有分号*/
```

2. 函数调用语句

C 语言中函数是用来实现一定功能的程序，这类语句由函数调用加分号构成。如"printf("%d",x)；"就是一个函数调用语句。其一般形式如下：

函数名(实际参数表)；

3. 空语句

只有一个分号"；"组成的语句称为空语句，空语句不执行任何操作，但仍然有一定的用途，如用来预留位置或用来作空循环体。如"while(getchar()!='\n')；"语句的作用是：等待键盘输入一个字符，若输入非 Enter 键则继续等待重新输入，只有输入 Enter 键才结束。循环体只有一个空语句，如果没有这个空语句，则会出现错误。再如 "for(i=0;i<10;i++);" 语句，也是一个空循环体，该循环体也不执行任何语句，只是 i 自增了 10 次。

4. 控制语句

这类语句都具有控制和改变程序流向的功能。根据条件的真假来选择程序的执行方向。利用控制语句可以选择执行某些语句，或重复执行某些语句。必须说明：C 语言的控制语句只有一个入口和一个共同的出口，完全符合结构化程序设计要求。C 语言有九种控制语句，它们是：

（1）if()～else　　　　　　　　　　（条件语句）
（2）for()　　　　　　　　　　　　　（循环语句）
（3）while()　　　　　　　　　　　　（循环语句）
（4）do～while()　　　　　　　　　　（循环语句）
（5）continue　　　　　　　　　　　（结束本次循环语句）
（6）break　　　　　　　　　　　　　（中止执行 switch 或循环语句）
（7）switch　　　　　　　　　　　　　（多分支选择语句）
（8）goto　　　　　　　　　　　　　（转向语句）
（9）return　　　　　　　　　　　　　（从函数返回语句）

上面 9 种语句中，括号的内容表示是一个条件，～表示内嵌的语句。如 "if()～else" 的具体语句可以写成 "if(x>y)　z=x; else z=y;"。

5. 复合语句

将若干个连续的语句用 "{}" 括起来就构成了复合语句，又称为分程序。无论复合语句中所包含的语句多么复杂，系统都将其视为一个语句。如 "{z=x;x=y;y=z;printf("%d",x);}" 就是一个复合语句。

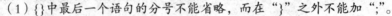

（1）{} 中最后一个语句的分号不能省略，而在 "}" 之外不能加 ";"。

（2）若在复合语句中声明的变量是局部变量，它的作用范围只限于该复合语句中，一旦退出复合语句，在其中声明的变量将不能发挥作用。

（3）若复合语句中的变量与复合语句外的变量重名，则会屏蔽掉外部的变量，退出复合语句后，外部的变量继续发挥作用。

【例 6-1】　复合语句的使用。

```
#include  <stdio.h>
void main()
{
    int integeri=10,integerj=9;

    printf("\nintegerj=%d,integeri=%d",integerj,integeri);
    {
        int integerj=8, integeri=7;
        printf("\nintegerj=%d,integeri=%d",integerj,integeri);
    }            /*退出复合语句, integerj,integeri 的值自动消失*/
    printf("\nintegerj=%d, integeri=%d\n",integerj,integeri);
}            /*退出复合语句, 外部定义的 integerj,integeri 继续发挥作用*/
```

程序运行结果如图 6-1 所示。

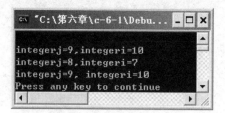

图 6-1　例 6-1 程序运行结果

6.2　顺序结构程序设计举例

顺序结构是结构化程序设计中最简单、最常见的一种程序结构。在顺序结构程序中，程序的执行是按照各语句出现的先后次序顺序执行的，并且每个语句都会被执行到。从常规上来说，一般组成顺序结构的最基本语句是赋值语句和输入输出语句。

【例 6-2】　计算两个整数的差并输出结果。

该算法的伪代码如下：

输入 integera、integerb；integera-integerb=>result；输出 result。

这个算法很简单，却有普遍意义。它表示任何一个算法都是由输入数据、对数据进行处理、输出结果三部分构成。对于较复杂的算法也是从这三部分开始向下逐步分解的。源程序如下：

```c
#include <stdio.h>
void main()
{
    int integera, integerb,result;

    printf("Enter two integers:\n");
    scanf("%d,%d",&integera,&integerb);          /*输入数据*/
    result=integera-integerb;                     /*处理数据*/
    printf("integera-integerb=%d\n",result);      /*输出数据*/
}
```

程序运行结果如图 6-2 所示。

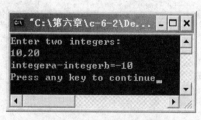

图 6-2　例 6-2 程序运行结果

【例 6-3】　从键盘输入一个小写字母，输出其对应的大写字母及其相应的 ASCII 码值。

分析：从 ASCII 码表中得知，大写字母的 ASCII 码值和小写字母的 ASCII 码值相差 32，而 C 语言允许字符型数据和整型数据混合运算，因此，一个小写字母减去 32 即得到相应的大写字母。源程序如下：

```
#include <stdio.h>
void main()
{
    char ch1,ch2;

    ch1=getchar();
    ch2=ch1-32;
    printf("\n letter:%c,ASCII=%d",ch1,ch1);
    printf("\n letter:%c,ASCII=%d\n",ch2,ch2);
}
```

程序运行结果如图 6-3 所示。

用 getchar()函数从键盘上输入小写字母'b'，赋给变量 ch1，将 ch1 经过运算（与 32 相减）将字符'b'转换为大写字母'B'赋给变量 ch2，然后分别用字符形式和整数形式输出变量 ch1 和 ch2 的值。

图 6-3　例 6-3 程序运行结果

【例 6-4】　对于随机输入的半径 r，计算圆的直径 D、圆周长 L、圆面积 S、圆球表面积 M 和圆球体积 V。输出计算结果及必要的提示字符，取小数点后 2 位数字，试编写程序。

分析：

已知半径 r，则求直径 D、周长 L、面积 S、球表面积 M 和球体积 V 的公式分别为：$D=2r$、$L=2\pi r$、$S=\pi r^2$、$M=4\pi r^2$、$V=\dfrac{4.0}{3.0}\pi r^3$。若要使半径 r 的值可变化，应该用 scanf()函数语句，对半径值随机输入。源程序如下：

```
#include <stdio.h>
#define  PI  3.14159
void main()
{
    float r,d,l,s;
    double m,v;

    printf("Input r:");
    scanf("%f",&r);
    d=2*r;
    l=2*PI*r;
    s=PI*r*r;
    m=4*PI*r*r;
    v=m*r/3;
    printf("D=%6.2f  L=%6.2f  S=%6.2f\n",d,l,s);
    printf("M=%6.2f  V=%6.2f\n",m,v);
}
```

程序运行结果如图 6-4 所示。

程序中用到"#define PI 3.14159"，这是预处理命令，定义一个符号常量 PI，代表程序中出现的常量 π。

【例 6-5】　输入三角形的三条边长，求三角形的面积。设输入三角形的三条边能构成三角形。

分析：三角形面积的计算公式如下：$s=\dfrac{a+b+c}{2}$，$area=\sqrt{s(s-a)(s-b)(s-c)}$。根据此公式可

编程如下：

```c
#include <stdio.h>
#include  <math.h>                              /*文件包含预处理命令*/
void main()
{
    float sidea,sideb,sidec,s,area;              /*变量定义*/

    scanf("%f,%f,%f",&sidea,&sideb,&sidec);      /*输入数据*/
    s=1.0/2*(sidea+sideb+sidec);
    area=sqrt(s*(s-sidea)*(s-sideb)*(s-sidec));
    printf("sidea=%.2f, sideb=%.2f, sidec=%.2f\n",sidea,sideb,sidec); /*输出数据*/
    printf("area=%.2f\n",area);                  /*输出数据*/
}
```

程序运行结果如图 6-5 所示。

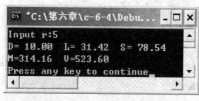

图 6-4　例 6-4 程序运行结果

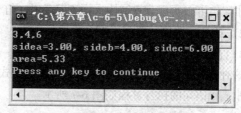

图 6-5　例 6-5 程序运行结果

其中 sqrt() 是开平方根函数，属于数学函数，该函数原型在 <math.h> 头文件中。所以在程序头部必须使用文件包含命令 "#include <math.h>"。语句 "s=1.0/2*(sidea+sideb+sidec)；" 不能写成 "s=1/2*(sidea+sideb+sidec)；"，因为 1/2 的结果为 0（整数 1 和整数 2 相除，得到的结果仍然是整数）。

6.3　选择结构程序设计及其语句

在实际生活中，经常遇到需要判断的问题，在程序设计中将这一类问题归结为分支（选择）问题。因此需要我们掌握在 C 语言中如何表示条件及在 C 语言中用什么语句来实现选择。在 C 语言中，用关系表达式或逻辑表达式来表示条件；通过条件语句（if）和开关语句（switch）实现选择结构。这两条语句的特点是根据给出的条件，在给定的操作中选择一组语句执行。

6.3.1　选择结构程序设计思想

选择结构也称为分支结构，是结构化程序设计的基本结构之一。它的作用是判定是否满足指定的条件来决定从给定的两组或多组操作中选择其一执行。图 6-6 给出了顺序结构与选择结构的流程对照图。

由图 6-6（b）中可以看出，用"逻辑判断"引出问题，答案有两种："真"或者"假"，两者只能取其一。当答案为"真"时，执行"动作 1"的相应语句，否则执行"动作 2"的相应语句。而在图 6-6（a）中，无论什么情况，"动作 1"和"动作 2"都要执行。本节将详细介绍完成选择结构的语句以及如何在 C 程序中实现选择控制。

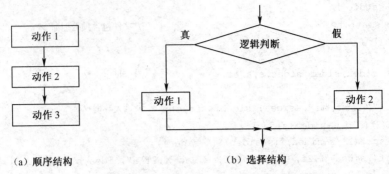

（a）顺序结构 （b）选择结构

图 6-6　顺序结构与选择结构的流程对照图

6.3.2　if 语句的应用

if 语句可以实现分支结构。在 C 语言中，if 语句有三种基本形式。

1. 单分支选择 if 语句（if）

if(表达式)　语句;

这种形式的 if 语句执行过程是：如果表达式的值为真，则执行其后的语句，否则什么也不执行转出，if 语句的执行过程如图 6-7 所示。

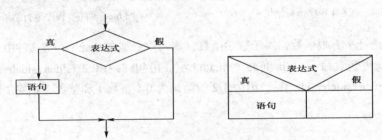

图 6-7　if 语句的执行过程

注意：

（1）if 后面的表达式必须用括号括起来，该表达式通常是逻辑或关系表达式。如 "if(a==b&&x==y)　printf("a=b,x=y");"。但也可以是其他表达式，甚至可以是一个变量。如。

if(a=5)　printf("a=b,x=y");

if(b)　　printf("%d",'a');

（2）正确使用赋值符号 "=" 和等号 "=="。如

if(a=5)　printf("a=b,x=y");

it(a==5)　printf("a=b,x=y");

区分以上两条语句的含义：

第一条 if 语句中的表达式 "a=5" 是一条赋值表达式，将 5 的值赋给变量 a，所以该语句与 "if(5) printf("a=b,x=y");" 功能相同。由于 if 后的表达式始终是 "非 0"，所以其后的语句总会被执行。

第二条 if 语句中的表达式 "a==5" 是一条关系表达式，判断变量 a 的值是否与 5 相等，只有相等时 if 后的表达式的值才是 "非 0"，其后的语句才能被执行，否则不执行。

（3）对表达式的书写要在逻辑上必须正确，否则会出现不正确的结果。如 "1≤x≤10"，若写成 "1<=x<=10"，在语法上是正确的，但在逻辑上是错误的。正确的写法是：1<=x&&x<= 10。

（4）图 6-7 中的 "语句" 称为 if 的内嵌语句，可以是一条语句，也可以是多条语句，但当是多条语句时，应用一对{}将其括起来构成一条复合语句，如例 6-6 所示。

【例 6-6】　输入两个实数，按代数值从小到大的顺序输出这两个数。源程序如下：

```c
#include <stdio.h>
void main()
{
    float reala,realb,realt;

    printf("input two numbers:\n");
    scanf("%f,%f",&reala,& realb);
    if(reala>realb)
    {
        realt=reala;
        reala=realb;
        realb=realt;
    }
    printf("reala =%5.2f, realb =%5.2f\n",reala,realb);
}
```

程序运行结果如图 6-8 所示。

在这个程序中出现了分支语句，程序将不能按照语句的顺序一步步执行下去，而是先做判断 "reala>realb?"，然后才决定是否执行内嵌语句。可见 if 语句在程序中起到了改变语句执行顺序的作用。

图 6-8　例 6-6 程序运行结果

2. 二分支选择 if 语句（if...else）

if(表达式**)**
　　语句 **1**；
else
　　语句 **2**；

这种形式的 if 语句执行过程是：如果表达式的值为真，则执行语句 1，否则执行语句 2，其执行过程如图 6-9 所示。

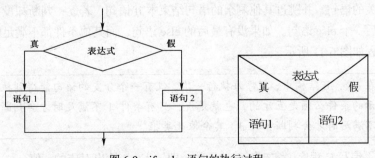

图 6-9　if...else 语句的执行过程

注意

（1）if 和 else 同属于一个 if 语句，else 不能作为语句单独使用，它只是 if 语句的一部分，必须与 if 配对使用，因此程序中不可以没有 if 语句而只有 else 语句。

（2）if 和 else 的内嵌语句可以是一条语句，也可以是用{}括起来的一条复合语句。

【例6-7】 从键盘输入两个整数，并输出较大的数。源程序如下：

```c
#include <stdio.h>
void main()
{
    int integera,integerb,max;

    printf("please input 2 numbers integera, integerb:\n");
    scanf("%d,%d",&integera,&integerb);
    if(integera>integerb)
        max=integera;                    /*语句1*/
    else
        max=integerb;                    /*语句2*/
    printf("\nmax=%d\n",max);
}
```

程序运行结果如图 6-10 所示。

在这个程序中有两个分支，必须选择其一执行。即该程序执行的过程是：比较两个数 integera、integerb 的大小，如果 integera>integerb，执行语句 max=integera，否则执行语句 max=integerb。

3. 多分支选择 if 语句（else…if 语句）

当有多种选择时，可采用 if 语句的嵌套。其一般形式为：

if(表达式1)
　　语句1;
　　else　if(表达式2)
　　　　　　语句2;
　　　　else　if(表达式3)
　　　　　　　语句3;
　　　　　　…
　　　　　　　else　if(表达式n)
　　　　　　　　　语句n
　　　　　　　else　语句n+1;

该结构执行过程是按从上到下的顺序逐个进行判断，一旦发现条件满足时（表达式值为非零）就执行与它有关的语句，并跳过其他剩余的语句结束本 if 语句，若逐一判断却没有一个条件被满足，则执行最后一个 else 语句。如果没有最后的 else 语句，而其他条件都不满足时，什么也不执行。其执行过程如图 6-11 所示。

在 else…if 结构中，程序每执行一次，仅有一个分支的语句能得到执行。各个表达式所表示的条件必须是互斥的，也就是说，只有条件 1 不满足时才会判断条件 2，只有条件 2 不满足时才会判断条件 3，其余依此类推。

【例6-8】 编写 C 程序，实现下面的函数。即输入 x，输出对应的 y 值。

$$y = \begin{cases} -1 & (x < 0) \\ 0 & (x = 0) \\ 1 & (x > 0) \end{cases}$$

图 6-10　例 6-7 程序运行结果

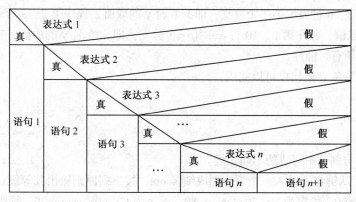

（a）N-S图

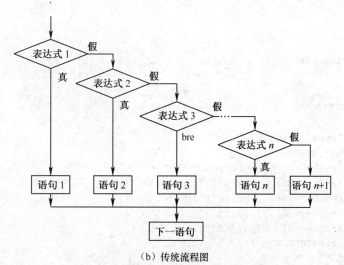

（b）传统流程图

图 6-11　else…if 语句执行过程

源程序如下：

```
#include <stdio.h>
void main()
{
    float x;
    int y;

    printf("please input number x:");
    scanf("%f",&x);
    if(x<0)
        y=-1;
    else  if(x==0)
            y=0;
    else
            y=1;
    printf("x=%f,y=%d\n",x,y);
}
```

程序运行结果如图 6-12 所示。

在该例中，y 的取值有三种可能性，所以采用多分

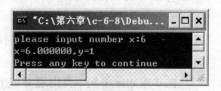

图 6-12　例 6-8 程序运行结果

支结构。程序第 5、6 行表示第一个分支，即 x<0 时 y 的取值，程序第 7、8 行表示第二个分支，即 x==0 时 y 的取值，程序第 9、10 行表示第三个分支，即 x>0 时 y 的取值。三个分支，完整的判断了 y 取值的所有可能性。

该程序，用三条 if 语句也可以完成：

if(x<0)　　y=-1;

if(x==0)　　y=0;

if(x>0)　　y=1;

体会该写法与例子中写法的不同之处。

【例 6-9】　从键盘上输入一个百分制成绩 score，按下列原则输出其等级：score≥90，等级为 A；80≤score<90，等级为 B；70≤score<80，等级为 C；60≤score<70，等级为 D；score<60，等级为 E。

源程序如下：

```
#include <stdio.h>
void main()
{
    int  score;

    printf("Input a score(0～100):");
    scanf("%d",&score);
    if(score>=90)     printf("grade=A\n");
    else if(score>=80)    printf("grade=B\n ");
    else if(score>=70)    printf("grade=C\n ");
    else if(score>=60)    printf("grade=D\n ");
    else if(score>=0)     printf("grade=E\n ");
    else printf("ERROR\n ");
}
```

程序运行结果如图 6-13 所示。

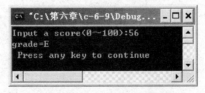

图 6-13　例 6-9 程序运行结果

该程序同样可以使用多条 if 语句完成：

```
if(score>=90 && score<=100)      printf("grade=A\n");
if(score>=80 && score<90)        printf("grade=B\n ");
if(score>=70 && score<80)        printf("grade=C\n ");
if(score>=60 && score<70)        printf("grade=D\n ");
if(score>=0  && score<60)        printf("grade=E\n ");
```

仔细观察以上写法与例子中的不同，尤其是 if 后的条件语句，体会 else 的含义。

4. if 语句的嵌套

在 if 或 else 子句中再出现 if 或 if...else 语句的形式称为 if 语句的嵌套，如例 6-8 的程序可以改为：

```
if(x>=0)
    if(x>0)
        y=1;
    else
        y=0;
else
    y=-1;
```

（1）并非只有 if 和 else 子句中同时出现 if 语句才叫嵌套，只要两个子句中有一个出现 if 或 if...else 语句，就是 if 语句的嵌套。如

```
if(表达式 1)
    if(表达式 2)
            语句 2;
    else  语句 3;
```

或

```
if(表达式 1)
    语句 1;
else
    if(表达式 2)
        语句 2;
```

（2）当 if 语句中出现多个 if 与 else 的时候，要特别注意它们之间的匹配关系，否则可能导致程序逻辑错误。C 语言规定，else 与 if 的匹配原则是"就近一致原则"，即 else 总是与它前面最近的 if 相匹配，与程序书写格式无关。

【例 6-10】　以下源程序的执行结果是什么？

```
#include <stdio.h>
void main()
{
    int integerx=2,integery=-1,integerz=2;

    if(integerx<integery)
        if(integery<0)
            integerz=0;
    else
            integerz+=1;
    printf("%d\n",integerz);
}
```

程序运行结果如图 6-14 所示。

该例中，根据 else 与 if 的匹配原则"就近一致原则"，else 应该与第二条 if 语句"if(integery<0)"匹配。虽然在写法上，else 与一条 if 语句是左对齐的，但这不能决定两者是匹配的，也就是说，else 与哪个 if 匹配，与书写格式无关。

经过以上分析，该例中的 if 语句结构为：在第一条 if 语句中，嵌套了一个 if...else 结构。由于第一条 if 语句后的条件"integerx<integery"不成立，所以该 if 语句没有执行，其中嵌套的 if...else 结构当然也不会被执行，因此 integerz 的值没有发生任何改变。

通过例 6-10 本想输出 integerz 的值为 3，但结果却输出了 2。即如果 if 与 else 的数目不一样，为实现程序设计者的企图，可以加花括号来确定 else 语句的配对关系。如将例 6-10 的 if 语句改为：

```
if(integerx<integery)
{
    if(integery<0)
        integerz=0;
}
else
    integerz+=1;
```

这时{}限定了内嵌 if 语句的范围，因此 else 与第一个 if 配对，程序运行结果如图 6-15 所示。

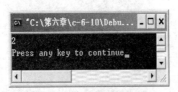

图 6-14 例 6-10 程序运行结果

图 6-15 例 6-10 程序修改后的运行结果

6.3.3 switch 开关语句的应用

switch 语句是多分支选择语句，也叫开关语句。在上一节中介绍了如何用嵌套的 if 语句来解决多路选择问题，还可以利用本节将要介绍的开关语句来解决多路选择问题。其一般形式为：

```
switch(表达式)
{
    case 常量表达式1:语句组1；
    case 常量表达式2:语句组2；
    …
    case 常量表达式n:语句组n；
    default:          语句组n+1；
}
```

其执行过程是：当执行到 switch 语句时，首先计算表达式的值，并逐个与 case 后面的常量表达式的值比较，当表达式的值与某个常量表达式的值相等时，即执行 case 后面所有的语句，不再进行判断；如果表达式的值与所有 case 后的常量表达式的值均不相等时，则执行 default 后面的语句，其执行过程如图 6-16 所示。

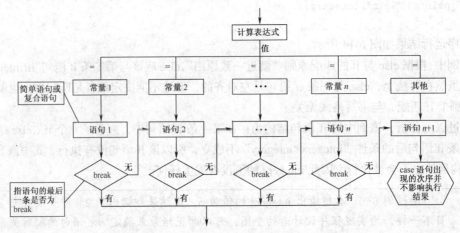

图 6-16 switch 语句的执行过程

【例 6-11】　输入一个数字，输出一个有关星期几的英文单词。如输入数字 3，要求输出星期三。

源程序如下：

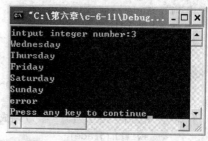

```
#include <stdio.h>
void main()
{
    int weekday;

    printf("intput integer number:");
    scanf("%d",&weekday);
    switch(weekday)
    {
        case 1:  printf("Monday\n");
        case 2:  printf("Tuesday\n");
        case 3:  printf("Wednesday\n");
        case 4:  printf("Thursday\n");
        case 5:  printf("Friday\n");
        case 6:  printf("Saturday\n");
        case 7:  printf ("Sunday\n");
        default: printf("error\n");
    }
}
```

图 6-17　例 6-11 程序运行结果

程序运行结果如图 6-17 所示。

本程序要求输入一个数字，输出一个有关星期几的英文单词，但是当输入 3 之后，却执行了 case 3 以后的所有语句，输出了 Wednesday 及以后的所有单词，这当然是不希望的。为什么会出现这种情况呢？这是因为在 switch 语句中，"case 常量表达式"只相当于一个语句标号，表达式的值和某标号相等则转向该标号执行，但不能在执行完该标号的语句后自动跳出整个 switch 语句，而是继续执行所有后面的 case 语句。为了避免上述情况，C 语言提供了 break 语句，专用于跳出 switch 语句，break 语句只有关键字 break，没有参数。修改例 6-11 的程序，在每个 case 语句之后增加 break 语句，使执行某一 case 语句之后即可跳出 switch 语句，从而避免输出不应有的结果。

在使用 switch 语句时还应注意以下几点：

（1）switch 后面的"表达式"可以是整型表达式、字符型表达式或枚举类型的数据，不能接";"号。

（2）每个 case 的常量表达式的值不能相同，否则执行时将出现矛盾。

（3）在 case 后可以有多条语句，不用{}括起来。

（4）多个 case 可以共用一组执行语句，如例 6-12 所示。当 grade 的值为 5、4、3、2、1、0 时都执行同一组语句 "printf("grade=E\n"); break;"。

（5）switch 语句中的 case 和 default 出现次序是任意的，即 default 也可位于 case 之前，且 case 的次序也不要求按常量表达式值的大小顺序排列。

（6）default 子句可以省略不写。

【例 6-12】　用 switch 改写例 6-9：从键盘上输入一个百分制成绩 score，按下列原则输出其等级：score≥90，等级为 A；80≤score<90，等级为 B；70≤score<80，等级为 C；60≤score<70，等级为 D；score<60，等级为 E。

源程序如下：

```
#include <stdio.h>
void main()
{
    int  score,grade;

    printf("Input a score(0~100):");
    scanf("%d",&score);
    grade=score/10;        /*将成绩整除 10，转化成 switch 语句中的 case 标号*/
    switch(grade)
    {
        case 10:
        case 9: printf("grade=A\n"); break;
        case 8: printf("grade=B\n"); break;
        case 6: printf("grade=D\n"); break;
        case 7: printf("grade=C\n"); break;
        case 5:
        case 4:
        case 3:
        case 2:
        case 1:
        case 0: printf("grade=E\n"); break;
        default: printf("The score is out of range!\n");
    }
}
```

程序运行结果如图 6-18 所示。

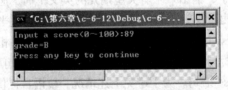

图 6-18　例 6-12 程序运行结果

6.4　选择结构程序举例

【例 6-13】　　已知某公司员工的保底薪水为 500，某月所接工程的利润 profit（整数）与利润提成的关系如下（计量单位：元），计算该公司员工某月所得薪水。

profit≤1000	没有提成；
1000 < profit≤2000	提成 10%；
2000 < profit≤5000	提成 15%；
5000 < profit≤10000	提成 20%；
10000 < profit	提成 25%。

算法设计要点：

为使用 switch 语句，必须将利润 profit 与提成的关系转换成某些整数与提成的关系。分析本题可知，提成的下限都是 1000 的整数倍，即 1000、2000、5000……如果将利润 profit 整除 1000，则

profit≤1000　　　　　　　　　　　对应 0、1

1000 < profit≤2000　　　　　　　　对应 1、2

2000 < profit≤5000　　　　　　　　对应 2、3、4、5

5000 < profit≤10000　　　　　　　对应 5、6、7、8、9、10

10000 < profit　　　　　　　　　　对应 10、11、12……

为解决相邻两个区间的重叠问题，最简单的方法就是将利润 profit 先减 1（最小增量），然后再整除 1000 即可。

Profit≤1000　　　　　　　　　　　对应 0

1000 < profit≤2000　　　　　　　　对应 1

2000 < profit≤5000　　　　　　　　对应 2、3、4

5000 < profit≤10000　　　　　　　对应 5、6、7、8、9

10000 < profit　　　　　　　　　　对应 10、11、12……

对于大于 12 的数，按 12 来对待。

源程序如下：

```c
#include <stdio.h>
void main()
{
    long profit;
    int grade;
    double salary=500;

    printf("Input profit: ");
    scanf("%ld",&profit);
    grade=(profit-1)/1000;/*将利润减 1 再整除 1000，转化成 case 中的标号*/
    if(grade>12)
        grade=12;
    switch(grade)
    {
    case 0: break;                           /*profit≤1000 */
    case 1: salary=salary+(profit-1000)*0.1; break; /*1000<profit≤2000 */
    case 2:
    case 3:
    case 4: salary=salary+1000*.1+(profit-2000)*0.15; break; /*2000 < profit ≤
5000*/
    case 5:
    case 6:
    case 7:
    case 8:
    case 9: salary=salary+1000*.1+3000*.15+(profit-5000)*0.2; break;
            /*5000<profit≤10000*/
    case 10:
    case 11:
    case 12: salary=salary+1000*0.1+3000*0.15+5000*.2+(profit-10000)*0.25;
            /*10000 < profit*/
    }
    printf("salary=%.2lf\n",salary);
}
```

程序运行结果如图 6-19 所示。

【例 6-14】 输入三个整数 integerx、integery、integerz，把这三个数由小到大输出。

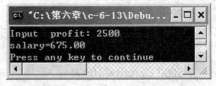

图 6-19 例 6-13 程序运行结果

分析：把最小的数放到 integerx 上，先将 integerx 与 integery 进行比较，如果 integerx>integery 则将 integerx 与 integery 的值进行交换，然后再用 integerx 与 integerz 进行比较，如果 integerx>integerz 则将 integerx 与 integerz 的值进行交换，这样使得 integerx 的值最小。最后判断 integery 与 integerz 的值，如果 integery>integerz，则将 integery 与 integerz 的值进行交换，这样能使 integery 的值居中，integerz 的值最大。

源程序如下：

```c
#include <stdio.h>
void main()
{
    int integerx,integery,integerz,integert;

    printf("intput 3 integer numbers:\n");
    scanf("%d%d%d",&integerx,&integery,&integerz);
    if(integerx>integery)
    {
        integert=integerx;
        integerx=integery;
        integery=integert;
    }
    if(integerx>integerz)
    {
        integert=integerz;
        integerz=integerx;
        integerx=integert;
    }
    if(integery>integerz)
    {
        integert=integery;
        integery=integerz;
        integerz=integert;
    }
    printf("from small to big numbers:\n");
    printf("%d,%d,%d\n",integerx,integery,integerz);
}
```

程序运行结果如图 6-20 所示。

【例 6-15】 编程输入三角形的三条边 a，b，c。判断它们能否构成三角形。若能构成三角形，判断是等腰三角形、直角三角形还是一般三角形。

源程序如下：

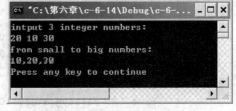

图 6-20 例 6-14 程序运行结果

```c
#include <stdio.h>
void main()
{
    float a,b,c;
```

```
    printf("请输入三角形的边长 a\b\c:");
    scanf("%f%f%f",&a,&b,&c);
    if(a+b>c&&a+c>b&&b+c>a)
    {
        if(a==b||a==c||b==c)
            printf("等腰三角形! \n") ;
        else if(a*a+b*b==c*c|| a*a+c*c==b*b||b*b+c*c==a*a)
            printf("直角三角形! \n");
        else
            printf("一般三角形! \n");
    }
    else
        printf("不能构成三角形! \n");
}
```

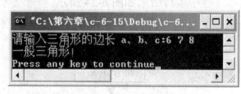

程序运行结果如图 6-21 所示。

图 6-21　例 6-15 程序运行结果

6.5　循环结构程序设计及其语句

循环结构是结构化程序设计的基本结构之一。其特点是，在给定条件成立时，反复执行某程序段，直到条件不成立为止。给定的条件称为循环条件，被反复执行的程序段称为循环体。

C 语言提供了三种形式的循环语句，分别是当型循环 while 语句直到型循环 do…while 语句和 for 语句。

6.5.1　while 循环语句的应用

while 语句用于实现"当型"循环结构。其一般形式如下：

while(表达式)
　　循环体语句

如果循环体中只有一条语句时，可以省略"{}"。其执行过程如下：首先计算 while 之后圆括号内表达式的值。如果其值为"真"（非零值），则执行循环体语句，执行完成后，再次返回计算表达式的值，若其值为非零值，则再次执行循环体语句；当表达式的值为"假"（零值）时，退出循环执行 while 循环结构之后的下一条语句。其执行过程如图 6-22 所示。while 语句的特点是：先判断表达式的值，后执行循环体语句。

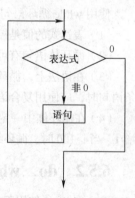

图 6-22　"当型"循环结构

【例 6-16】　利用 while 循环求 1+2+3+4+…+100。

该程序的流程图如图 6-23 所示。其中虚线框中为循环结构。

源程序如下：

```
#include <stdio.h>
void main()
{
    int  i,sum;

    i=1;            /*循环变量赋初值*/
```

```
        sum=0;
        while(i<=100)
/*循环条件：当 i 小于或等于 100 时执行循环体*/
        {
            sum=sum+i;
            i++;                    /*循环变量增值*/
        }
        printf("sum=%d\n",sum);
}
```

程序运行结果如图 6-24 所示。

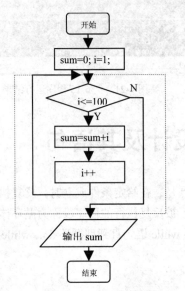

图 6-23　例 6-16 流程图

图 6-24　例 6-16 程序运行结果

使用 while 循环语句需要注意的是：

（1）表达式的值是控制循环的条件，可以是任何类型的表达式。

（2）循环体语句有可能一次也不执行。

（3）在语法上，循环体语句可以是一条空语句、一个单一语句或一个语句组；若循环体有多条语句时，应使用复合语句格式。

（4）在循环体中一定要有使循环趋向结束的操作，以上循环体内的语句"i++;"使 i 的值不断增 1，当 i>100 时，循环结束。如果没有"i++;"这一语句，则 i 的值始终不变，循环将无限进行。

6.5.2　do…while 循环语句的应用

do…while 语句用于实现"直到型"循环结构。其一般形式如下：

```
do
{
    循环体语句
}while(表达式);
```

其执行过程如下：先执行循环体语句，再判断表达式的值，若表达式的值为非 0，则再次执行循环体语句，如此反复，直到表达式的值为 0 时结束循环，执行过程如图 6-25 所示。do…while

语句的特点是先执行循环体语句，然后判断循环条件是否成立，因此，do…while 循环至少要执行一次循环体语句。

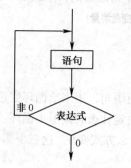

图 6-25　"直到型"循环结构

 　　（1）while(表达式)后面要有分号。
　　（2）当 do…while 的循环体中只有一条语句时，"{}"可以省略。

【例 6-17】　　利用 do…while 循环求 1+2+3+4+…+100。源程序如下：

```
#include <stdio.h>
void main()
{
    int integeri,sum;

    integeri=1;                          /*循环变量赋初值*/
    sum=0;
    do
    {
        sum+=integeri;
        integeri++;                      /*循环变量增值*/
    }while(integeri<=100);               /*注意分号*/
    printf("sum=%d\n",sum);
}
```

程序运行结果与图 6-24 一样。

6.5.3　for 循环语句的应用

for 语句是 C 语言中使用最灵活、功能最强大的循环语句。它不仅可以用于循环次数已经确定的情况，而且可以用于循环次数不确定的情况。其一般形式如下：

for(表达式 1;表达式 2;表达式 3)
{
　　循环体语句;
}

如果循环体中只有一条语句时，可以省略写"{}"。它的执行过程如下：求解表达式 1 的值（只执行一次）；判断表达式 2 的值，若为真（非 0），执行循环体语句，然后求解表达式 3 的值，完成一次循环；再次求解表达式 2 的值，若为真，则执行循环体语句，直到表达式 2 的值为假（0），结束循环，流程转到 for 循环结构之后的下一条语句继续执行。for 语句流程如图 6-26 所示。

for 语句最简单的应用形式也是最易理解的，形式如下：

for(循环变量赋初值；循环条件；循环变量增量)

｛

　　循环体语句；

｝

循环变量赋初值一般是一条赋值语句，用来给循环变量赋初值；循环条件一般是关系或逻辑表达式，决定什么时候退出循环；循环变量增量定义循环变量，每循环一次后按什么方式变化。这三个部分之间用"；"分开。如

```
int i,sum=0;
for(i=1;i<=100;i++)
    sum+=i;
```

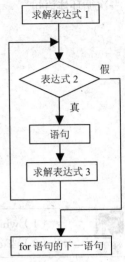

图 6-26　for 语句流程图

这段程序的意义是计算 1 到 100 的和。其执行过程是，先给循环变量 i 赋初值 1，然后判断 i 的值，当小于等于 100 时，就执行"sum+=i;"，每循环一次，i 的值就加 1，直到 i 大于 100 时为止。它的执行过程与图 6-24 完全一样。显然，用 for 语句更简单、方便。

说明如下。

（1）for 语句可以改写为 while 语句的形式。从 for 语句的流程图图 6-26 可以看出，该流程图如果用 whlie 语句实现，则结构为：

```
表达式1;
while(表达式2)
{
    循环体语句;
    表达式3;
}
```

（2）for 语句中"表达式 1"可以省略，此时应在 for 语句之前给循环变量赋初值。注意省略表达式 1 时，其后的分号不能省略。如"for(;i<=100;i++)　sum=sum+i;"执行时，跳过"求解表达式 1"这一步，其他不变。

（3）for 语句中"表达式 2"可以省略，此时不判断循环条件，循环无终止地进行下去。即认为表达式 2 的值始终为真。如"for(i=1; ;i++)　sum=sum+i;"执行时会进入死循环。它相当于 while 语句：

```
i=1;
while(1)
{
    sum=sum+1;
    i++;
}
```

（4）for 语句中"表达式 3"也可以省略，但此时程序设计者应另外设法保证循环能正常结束。如

```
for(i=1;i<=100;)
{
    sum=sum+i;
    i++;    //保证退出循环的条件
}
```

在上面的 for 语句中只有表达式 1 和表达式 2，而没有表达式 3。i++的操作不放在 for 语句的表达式 3 的位置处，而是作为循环体的一部分，效果是一样的，都能使循环正常结束。

（5）可以省略表达式 1 和表达式 3，只有表达式 2，即只给循环条件。如

```
for(;i<=100;)
{
    sum=sum+i;
    i++;
}
```
相当于
```
while(i<=100)
{
    sum=sum+i;
    i++;
}
```

在这种情况下，完全等同于 while 语句。可见 for 语句比 while 语句功能强，除了可以给出循环条件外，还可以赋初值，使循环变量自动增值等。

（6）3 个表达式都可以省略，如

```
for(; ;)
    语句;
```

相当于

```
while(1)
    语句;
```

即不设初值、不判断条件（认为表达式 2 的值为真）、循环变量不增值，无终止地执行循环体。

（7）表达式 1 可以是设置循环变量初值的赋值表达式，也可以是与循环变量无关的其他表达式。如 "for(sum=0;i<=100;i++) sum=sum+i;"。表达式 3 也可以是与循环变量控制无关的任意表达式。

表达式 1 和表达式 3 可以是一个简单的表达式，也可以是逗号表达式，即包含一个以上的简单表达式，中间用逗号间隔。如：

```
for(sum=0,i=1;i<=100;i++)  sum=sum+i;
```
或
```
for(i=0,j=100;i<=j;i++,j--)  k=i+j;
```

表达式 1 和表达式 3 都是逗号表达式，各包含两个赋值表达式，即同时设两个初值，使两个变量增值，执行情况如图 6-27 所示。

在逗号表达式内按自左至右顺序求解，整个逗号表达式的值为其中最右边的表达式的值。如

```
for(i=1;i<=100;i++,i++)  sum=sum+i;
```

相当于

```
for(i=1;i<=100;i=i+2)  sum=sum+i;
```

（8）表达式 2 一般是关系表达式（如 i<=100）或逻辑表达式（如 a<b&&x<y），但也可以是数值表达式或字符表达式，只要其值为非零，就执行循环体。分析下面两个例子：

① for(i=0;(c=getchar())!='\n';i+=c) ;

在表达式 2 中先从终端接收一个字符赋给变量 c，然后判断赋值表达式的值是否不等于'\n'（换行符），若是就执行循环体。此 for 语句的执行过程如图 6-28 所示，它的作用是不断输入字符，将它们的 ASCII 码值相加，直到输入一个换行符为止。

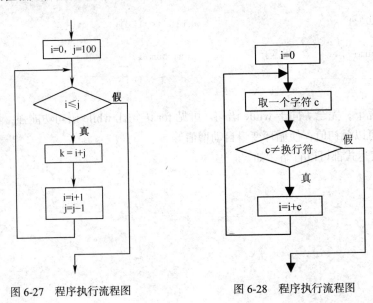

图 6-27   程序执行流程图   图 6-28   程序执行流程图

注意

　　　　　　此 for 语句的循环体为空语句，把本来要在循环体内处理的内容放在了表达式 3 中，作用是一样的。可见 for 语句功能强大，可以在表达式中完成本来应在循环体内完成的操作。

② for(;(c=getchar())!='\n';)

　　　　printf("%c",c);

只有表达式 2，而无表达式 1 和表达式 3。其作用是每读入一个字符后立即输出该字符，直到输入一个换行符为止。请注意，从终端键盘向计算机输入时，是在按 Enter 键以后才送到内存缓冲区中去的。运行情况：

Computer✓   （输入）

Computer   （输出）

而不是

CCoommppuutteerr

即不是从终端敲入一个字符马上输出一个字符，而是按 Enter 键后数据送入内存缓冲区，然后每次从缓冲区中读一个字符，再输出该字符。

从上面介绍可以知道 C 语言中的 for 语句比其他语言（如 Basic、PASCAL）中的 for 语句功能强得多。可以把循环体和一些与循环控制无关的操作也作为表达式 1 或表达式 3 出现，这样程序可以短小简洁。但过分地利用这一点会使 for 语句显得杂乱，可读性降低，建议不要把与循环控制无关的内容放到 for 语句中。

6.5.4　循环的嵌套

循环的嵌套又称多重循环语句，即一个循环体中又包含了另外一个完整的循环结构。三种循环结构可以互相嵌套，层数不限。外层循环可包含两个以上的内循环，但不能相互交叉。

【例 6-18】　输出下列图案。

```
******

******

******
```

分析：本例如果把一行"******"看作一个输出整体，则循环输出三次即可完成，主要代码为 for(i=1;i<=3;i++)　printf("******\n");。

本例如果把一个"*"作为一个输出单位，则需要使用循环的嵌套。首先用一个循环控制输出一行"*": for(i=1;i<=6;i++)　printf("*"); 该循环语句还需执行三次，才能完成图案，因此在该循环的外部在嵌套一个循环，用来确定该循环语句执行的次数：

```
for(j=1;j<=3;j++)
    for(i=1;i<=6;i++)
printf("*");
```

输出完一行"******"后，需要输出"\n"，否则所有的图案都会在一行输出。因此上面的代码还需做如下修改，注意花括号的添加位置。

```
for(j=1;j<=3;j++)
{ for(i=1;i<=6;i++)
        printf("*");
  print("\n");              //注意该输出语句属于外层的 for。
}
```

源程序如下：

```
#include <stdio.h>
void main()
{
    int i,j;

    for(j=1;j<=3;j++)
     { for(i=1;i<=6;i++)
            printf("*");
    print("\n");
     }
}
```

【例 6-19】　输出数学中的九九乘法口诀表。

分析：本例与上例有相同之处，上例中是重复输出"*"，本例中是重复输出九九乘法表达式，程序的结构类似，只是循环体语句不同。

本例使用两个 for 循环变量来控制乘法中的乘数（行）和被乘数（列），构成了循环结构的嵌套，第一层循环控制乘数（行）的变化，第二层循环控制被乘数（列），并在第二层循环中用变量来计算乘法的结果，将第一层的循环变量和第二层的循环变量以及两个循环变量的乘积按格式输出，即可得到一条乘法口诀；重复上述过程可得到乘法口诀表。源程序如下：

```c
#include <stdio.h>
void main()
{
    int i,j,result;

    printf("\n");
    for(i=1;i<10;i++)
        {for(j=1;j<10;j++)
            {result=i*j;
            printf("%d*%d=%-3d",i,j,result);      /*-3d 表示左对齐，占 3 位*/
            }
        printf("\n");                             /*每一行后换行*/
        }
}
```

程序运行结果如图 6-29 所示。

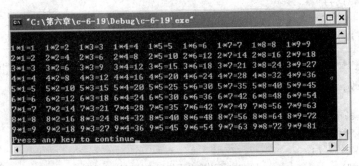

图 6-29   例 6-19 程序运行结果

不管三种循环语句如何搭配，编写循环嵌套结构的程序时要注意以下几点：

（1）必须是外层循环"包含"内层循环，不能发生交叉。

（2）书写形式上一定要正确使用"缩进式"的形式来明确层次关系，以增强程序的可读性。

（3）要注意优化程序，尽量节省程序的运行时间，提高程序的运行速度。循环嵌套写得不好，会增加很多次循环，造成不必要的时间浪费。

6.5.5   几种循环的比较

C 语言提供的几种循环结构各有其特点，在不同的地方应选择不同的循环，以便更好地实现程序的功能。现对几种循环结构加以比较如下：

（1）三种循环都可以用来处理同一类问题，一般情况下它们可以互相代替。

（2）三种循环都能用 break 结束循环，用 continue 开始下一次循环。

（3）while 和 do...while 只判断循环条件。循环变量赋初值要放在循环语句之前，在循环体中还应包含修改循环条件的语句（如 i++、j++ 等）。

（4）三种循环之间的不同之处是 while、for 循环是先判断表达式的值，后执行循环体语句，而 do...while 循环则是先执行一次循环体语句，后判断表达式的值。正因为在形式上存在这一区别，因此在处理同一问题时，当一开始表达式的值就为 0 的情况下，会造成不同的运行结果。

（5）for 循环可以在表达式 3 中包含使循环趋于结束的操作，甚至可以将循环体中的操作全部放到表达式 3 中。因此，for 语句的功能更强，凡用 while 循环能完成的，用 for 循环都能实现。

6.6 辅助控制语句及循环结构程序举例

6.6.1 辅助控制语句的应用

1. break 语句

break 语句有两个用途。

（1）在 switch 语句中终止某个 case 语句，在前面已经有过介绍，这里不再重复。

（2）迫使一个循环立即结束。当在一个循环体中遇到 break 语句时，循环立即终止，程序转到循环体后的语句继续执行。break 语句的一般形式如下：

```
break;
```

在三种循环语句中使用 break 语句时的流程图如图 6-30 所示。

 当循环为多层嵌套时，break 语句仅结束包含该语句的内层循环。break 不能用于循环语句和 switch 语句之外的任何其他语句之中。

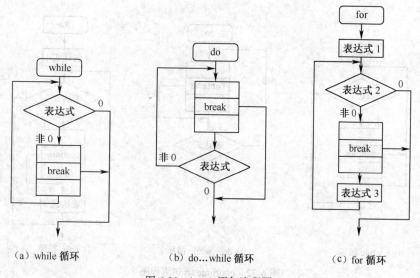

图 6-30 break 语句流程图

（a）while 循环　　　　（b）do...while 循环　　　　（c）for 循环

【例 6-20】 判断数 n 是否是质数。

分析：本例可以采用穷举法，可令 n 被 2 到 n-1 之间的任何一个整数去除，若 n 能被其中任何一个数整除，则非质数；若都不能整除，则是质数。源程序如下：

```
#include <stdio.h>
void main()
{
```

```
    int num,i;

    scanf("%d",&num);
    for(i=2;i<=num-1;i++)
        if(num%i==0) break;
    if(i>num-1)
        printf("%d is a prime.\n",num);
    else
        printf("%d is not a prime.\n",num);
}
```

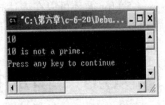

图 6-31　例 6-20 程序运行结果

程序运行结果如图 6-31 所示。

2. continue 语句

continue 语句只用在 for、while、do…while 等循环体中，continue 语句的一般形式如下：

continue;

continue 语句的作用是结束本次循环，跳过循环体中尚未执行的语句，进行下一次是否执行循环体的判断。它常与 if 条件语句一起使用，用来加速循环。continue 语句在三种循环流程中的作用，如图 6-32 所示。

break 语句和 continue 语句的区别如下：

（1）continue 语句只能用于循环结构的循环体语句中；而 break 语句既可以用于循环结构的循环体语句中，又可以用于 switch 语句中。

（2）break 语句终止它所在的循环体语句的执行；而 continue 语句并不终止它所在的循环体，而是结束本次循环，转而开始下一次循环。

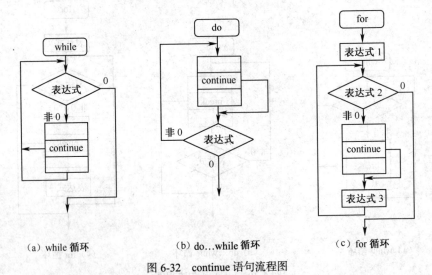

（a）while 循环　　　　（b）do…while 循环　　　　（c）for 循环

图 6-32　continue 语句流程图

【例 6-21】　把 100～200 之间的不能被 3 整除的数输出。源程序如下：

```
#include <stdio.h>
void main()
{
    int num;

    for(num=100;num<=200;num++)
```

```
{if(num%3==0)
continue;
printf("%d ",num);
}
}
```

程序运行结果如图 6-33 所示。

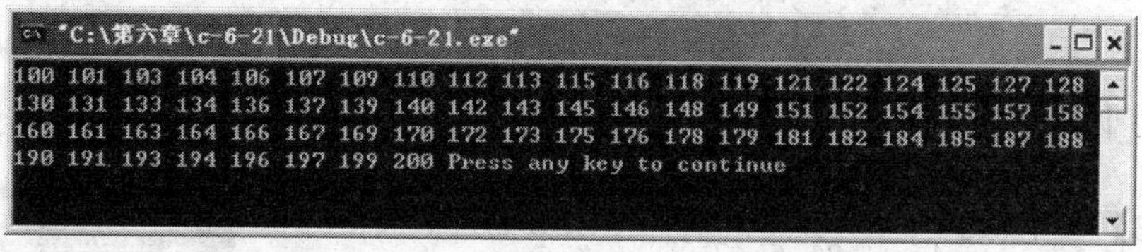

图 6-33　例 6-21 程序运行结果

在程序中，如果 *n* 能被 3 整除，则执行 continue 语句，结束本次循环（即跳过 printf()函数语句），执行 n++，进入下一轮循环，只有 *n* 不能被 3 整除时才执行 printf()函数。

3. goto 语句

goto 语句为无条件转向语句，goto 语句的一般形式如下：

goto　语句标号；

语句标号只能加在可执行语句前面，语句标号用标识符表示，它的命名规则与变量名相同，不能用整数来作标号，如

goto　abc_c;　　　是合法的

goto　52;　　　　是非法的

结构化程序设计方法主张限制使用 goto 语句。如果过多地使用，会使得程序的执行情况变得错综复杂，可读性差。在程序设计时，即使要使用 goto 语句，也要有控制地使用，尽可能少用。一般来说，goto 语句可以有两种用途：

（1）与 if 语句一起构成循环结构。

（2）从循环体中跳到循环体外。在 C 语言中，由于可以用 break 语句跳出本层循环和 contnue 语句结束本次循环，因此使用 goto 语句的机会大大减少，注意不能用 goto 语句直接进入循环体。

【例 6-22】　计算整数 1 到 100 的和。源程序如下：

```
#include <stdio.h>
void main()
{
    int i,sum=0;

    i=1;                        /*循环变量赋初值*/
    loop:if(i<=100)             /*循环条件*/
    { sum=sum+i;
      i++;                      /*循环变量增值*/
      goto loop;
    }
    printf("sum is %d\n",sum);
}
```

程序运行结果如图 6-34 所示。

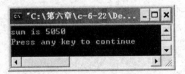

图 6-34　例 6-22 程序运行结果

6.6.2　循环结构程序举例

【例 6-23】　用公式 $\dfrac{\pi}{4}=1-\dfrac{1}{3}+\dfrac{1}{5}-\dfrac{1}{7}\cdots\cdots$，求 π 的近似值，

图 6-35　例 6-23 程序运行结果

直到最后一项的绝对值小于 10^{-6} 为止。源程序如下：

```c
#include <stdio.h>
#include <math.h>
void main()
{
    int s;
    float n,t,pi;

    t=1,pi=0,n=1,s=1;
    while(fabs(t)>1e-6)
    { pi=pi+t;
      n=n+2;
      s=-s;
      t=s/n;
    }
    pi=pi*4;
    printf("pi=%10.6f\n",pi);
}
```

程序运行结果如图 6-35 所示。

【例 6-24】　求 ij+ji=154 的 i、j 的值，i、j 是不同的数字。源程序如下：

```c
#include <stdio.h>
void main()
{
    int i,j,x;

    for(i=1;i<=9;i++)
      for(j=1;j<=9;j++)
      { if(j==i)                        /*判断 j 是否等于 i*/
          continue;                     /*如果 j 等于 i，直接进行下次内循环*/
        x=10*i+j+10*j+i;
        if(x==154)
          printf("%d%d+%d%d=%d\n",i,j,j,i,x);
      }
}
```

程序运行结果如图 6-36 所示。

【例 6-25】　猴子吃桃问题：猴子第一天摘下若干个桃子，当即吃了一半，还不瘾，又多吃了一个，第二天早上又将剩下的桃子吃掉一半，又多吃了一个。以后每天早上都吃了前一天剩下的一半零一个。到第 10 天早上想再吃时，见只剩下一个桃子了。求第一天共摘了多少桃子。

程序分析：采取逆向思维的方法，从后往前推断。桃子的数量用 x 表示，则最后一天时 x=1，前一天的桃子个数为 x=2(x+1)。

源程序如下：

```c
#include <stdio.h>
void main()
{
    int day,x;

    day=9;
    x=1;
    while(day>0)
    {  x=(x+1)*2;/*第一天的桃子数是第 2 天桃子数加 1 后的 2 倍*/
       day--;
    }
    printf("the total is %d\n",x);
}
```

程序运行结果如图 6-37 所示。

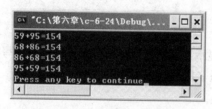

图 6-36　例 6-24 程序运行结果

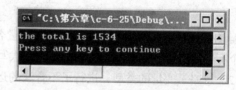

图 6-37　例 6-25 程序运行结果

6.7　程序的调试

6.7.1　编译出错信息理解与调试

1．编译出错信息分类

程序编写完成后，接下来就要进行编译处理，编译处理主要是检查程序中的语法错误。在编译阶段，有 3 种类型的错误：严重错误、一般错误和警告。对程序中所有导致"错误"的因素必须全部排除，对"警告"则要具体分析，做到既无错误又无警告最好，而有的警告并不说明程序有错，可以不处理。

严重错误通常是内部编译出错，一般很少出现。一旦发生严重错误，编译立即停止。一般错误（也称为致命错误）是指程序的语法错误、磁盘或内存存取错误、命令行错误等，会阻止编译的进行。警告则是指出一些值得怀疑的情况，而这些情况本身又可以合理地作为源程序的一部分。它们不阻止编译的进行，只是产生警告信息。如在 VC 环境中，当编译某个源程序时，编译信息窗口显示如下信息：

Error　xxx　Undefined　symbol　'x'　in　function　main

这是致命性的错误：在 main()函数中，xxx 行的符号'x'未定义。这种错误只有修改了才能编译成功，也才能做随后的连接和运行功能。

Warning xxx Possible use of 'x' before definition in function main

这是警告性的信息：在 main()函数中 xxx 行在定义前可能使用了变量' x '。这种信息不用修改，会生成目标程序代码，也可以做随后的连接和运行功能，但可能会产生错误也可能不会。

在编译出错时，编译程序首先输出错误信息的性质，如上例中的"Error"（致命性）、"Warning"（警告性）；然后指出源文件名和出错的行号；最后输出错误信息的内容。

经常浏览这些出错信息，不仅可以在程序调试时快速查出错误原因和位置，而且有助于正确地掌握 C 语言语法知识。

2. C 语言语法错误

语法错误是指不符合 C 语言的语法规定，如括号不匹配、语句最后漏了分号等。发生语法错误的程序，编译不通过，用户可以根据提示出错信息来修改程序。C 语言中常见的语法错误有如下几种情况。

（1）书写标识符时，忽略了大小写字母的区别。

```
void main()
{
    int a=5;
    printf("%d",A);

}
```

编译程序把 a 和 A 认为是两个不同的变量名，而显示出错信息。C 认为大写字母和小写字母是两个不同的字符。习惯上，符号常量名用大写，变量名用小写表示，以增加可读性。

（2）忽略了变量的类型，进行了不合法的运算。

```
void main()
{
    float a,b;
    printf("%d",a%b);
}
```

%是求余运算，得到 a/b 的整余数。整型变量 a 和 b 可以进行求余运算，而实型变量则不允许进行"求余"运算。

（3）括号不配对。如

```
while((b=getchar()!='a')
    putchar(b);
```

While 后面的表达式出现了括号不配对的现象，需要在 getcharc()后面再添加一个括号。

（4）输入变量时忘记加地址运算符"&"或在不应加地址运算符&的位置加了地址运算符。如

```
void main()
{
  int a,b;
  scanf("%d%d ",a,b);     //该句错误
}
```

scanf 函数的作用是：按照 a、b 在内存的地址将 a、b 的值存进去。"&a"指 a 在内存中

的地址。

（5）将字符常量与字符串常量混淆。

```
char c;
c="a";
```

混淆了字符常量与字符串常量，字符常量是由一对单引号括起来的单个字符，字符串常量是一对双引号括起来的字符序列。C 规定以 "\0" 作字符串结束标志，它是由系统自动加上的，所以字符串 "a" 实际上包含两个字符：'a' 和 '\0'，而把它赋给一个字符变量是不行的。

（6）忽略了 "=" 与 "==" 的区别。

在许多高级语言中，用 "=" 符号作为关系运算符 "等于"，如 Basic 程序。但 C 语言中，"=" 是赋值运算符，"==" 是关系运算符。

（7）忘记加分号。

分号是 C 语句中不可缺少的一部分，语句末尾必须有分号。

```
a=1
b=2
```

编译时，编译程序在 "a=1" 后面没发现分号，就把下一行 "b=2" 也作为上一行语句的一部分，这就会出现语法错误。改错时，有时在被指出有错的一行中未发现错误，就需要看一下上一行是否漏掉了分号。

（8）输入输出的数据类型与所用格式说明符不一致。

```
void main()
{
    int a=3,b=4.5;
    printf("%f %d\n",a,b);
}
```

调试语法错误时，编译时会自动定位到第一条错误处，双击错误信息即可自动定位到相应错误处，注意：

① C 语言语法比较自由、灵活，错误信息定位不是特别精确。如当提示第 10 行发生错误时，如果在第 10 行没有发现错误，从第 10 行开始往前查找错误并修改之。

② 一条语句错误可能会产生若干条错误信息只要修改了这条错误，其他错误会随之消失。特别提示：一般情况下，第一条错误信息最能反映错误的位置和类型，所以调试程序时应根据第一条错误信息进行修改，修改后立即运行程序，如果还有很多错误，要一个一个地修改，即每修改一处错误要运行一次程序。

3. 逻辑错误及调试

逻辑错误是指用户编写的程序已经没有语法错误，也能正常运行，但程序执行结果与原意不符，得不到所期望的结果（或正确的结果），也就是说程序并没有按照程序设计者的思路来运行。这是由于程序设计人员设计的算法有错或编写程序有错，传达给系统的指令与解题的原意不相同，即出现了逻辑上的错误。如

```
sum=0;i=1;
while(i<=100)
  sum=sum+i;
  i++;
```

此例中语法并无错误，但 while 语句通知给系统的信息是当 i<=100 时，执行 "sum=sum+i;"。C 系统无法辨别程序中此语句是否符合原意，而只能执行这一指令。

常见的逻辑错误有：运算符使用不正确、语句的先后顺序不对、条件语句的边界值不正确、循环语句的的初值与终值有误等。发生逻辑错误的程序是不会产生错误信息，需要程序设计者细心地分析阅读程序，并具有程序调试经验。

监视循环体时，只要监视循环开始的几次和最后几次循环和循环体内的条件语句成立与否时的各变量的值，就可以知道该循环是否有逻辑错误，监视选择语句时关键是看条件成立与否的分界值。

6.7.2　Visual C++ 6.0 中的程序调试

调试是程序员最基本的技能，其重要性甚至超过学习一门语言。不会调试的程序员意味着他不能编制出任何好的软件。Visusl C++ 和 Turbo C 的调试区别不大，只是 Visusl C++ 更趋近于 Windows 系统，支持复制、粘贴等操作，更方便打开和保存文件，有编译、链接、运行的工具栏选项。

1. 设置

为了增加调试信息，可以按照下述步骤进行：打开 Project settings 对话框（可以通过快捷键 Alt+F7 打开，也可以通过 IDE 菜单 Project→Settings 打开），选择 C/C++选项卡，在 Category 中选择 general，则出现一个 Debug Info 下拉列表框，可供选择的调试信息方式如表 6-1 所示。

表 6-1　　　　　　　　　　　　　供选择的调试信息方式

命令行	Project settings	说　　明
无	None	没有调试信息
/Zd	LineNumbersOnly	目标文件或者可执行文件中只包含全局和导出符号以及代码行信息，不包含符号调试信息
/Z7	C7.0-Compatible	目标文件或者可执行文件中包含行号和所有符号调试信息，包括变量名及类型、函数及原型等
/Zi	ProgramDatabase	创建一个程序库(PDB)，包括类型信息和符号调试信息
/ZI	Program Database for Edit and Continue	除了前面/Zi 的功能外，这个选项允许对代码进行调试过程中的修改和继续执行。这个选项同时使#pragma 设置的优化功能无效

选择 Link 选项卡，选中复选框 Generate Debug Info，这个选项将使连接器把调试信息写进可执行文件和 DLL。如果 C/C++页中设置了 Program Database 以上的选项，则 Link incrementally 可以选择。选中这个选项，将使程序可以在上一次编译的基础上被编译（即增量编译），而不必每次都从头开始编译。

2. 断点

断点是调试器设置的一个代码位置。当程序运行到断点时，程序中断执行，回到调试器。断点是最常用的程序调试技巧。调试时，只有设置了断点并使程序回到调试器，才能对程序进行在线调试。

（1）设置断点：可以通过下述方法设置一个断点。首先把光标移动到需要设置断点的代码行上，然后按 F9 快捷键弹出 Breakpoints 对话框，方法是按快捷键 Ctrl+B 或 Alt+F9，或者通过菜单 Edit→Breakpoints 打开。打开后单击 Break at 编辑框的右侧的箭头，选择合适的位置信息。一般情况下，直接选择 line xxx 就足够了，如果想设置不是当前位置的断点，可以选择 Advanced，然后填写函数、行号和可执行文件信息。

（2）去掉断点：把光标移动到给定断点所在的行，再次按 F9 键就可以取消断点。同前面所述，打开 Breakpoints 对话框后，也可以按照界面提示去掉断点。

（3）条件断点：可以为断点设置一个条件，这样的断点称为条件断点。对于新加的断点，可以单击 Conditions 按钮，为断点设置一个表达式。当这个表达式发生改变时，程序被中断执行。

（4）数据断点：数据断点只能在 Breakpoints 对话框中设置。选择 Data 选项卡，就显示了设置数据断点的对话框。在编辑框中输入一个表达式，当表达式的值发生变化时，数据断点就到达。一般情况下，这个表达式应该由运算符和全局变量构成，如在编辑框中输入 g_bFlag 全局变量的名字，那么当程序中有 g_bFlag= !g_bFlag 时，程序就将停在这个语句处。

（5）消息断点：Visual C++也支持对 Windows 消息进行截获。它有两种方式进行截获：窗口消息处理函数和特定消息中断。在 Breakpoints 对话框中选择 Messages 页，就可以设置消息断点。如果在上面那个对话框中写入消息处理函数的名字，那么每次消息被这个函数处理，断点就到达。

习　题　6

1. C 语言中的语句有哪几类？
2. 怎么区分表达式和表达式语句？什么时候用表达式，什么时候用表达式语句？
3. C 语言中如何实现输入、输出功能？
4. 写出下面程序的运行结果。

```c
(1)#include  <stdio.h>
void main()
{
    int i,j;
    i=j=2;

    if(i==1)
        if(i==2)
            printf("%d",i=i+j);
        else
            printf("%d",i=i-j);
    printf("%d",i);
}
(2)#include  <stdio.h>
void main()
{
    int x=3;

    switch(x)
    {
        case 1:
        case 2: printf("x<3 \n ");
        case 3: printf("x=3 \n ");
        case 4:
        case 5: printf("x>3 \n ");
```

```
            default:printf("x unknow\n ");
        }
    }
(3) #include  <stdio.h>
    void main()
    {
        int  a = 1, b = 3 , c = 5, d = 4 ;

        if  (a<b)
            if  (c<d)  x=1 ;
            else
            if  (a<c)
                if  (b<d) x=2 ;
                else  x=3 ;
            else  x=6 ;
        else  x=7 ;
        printf("x=%d",x);
    }
(4) #include  <stdio.h>
    void main()
    {
        int x=3;

        do
        { printf("%3d",x-=2);
        } while(--x);
    }
(5) #include  <stdio.h>
    void main()
    {
        int i;

        for(i=1;i<=5;i++)
          { if(i%2)printf("#");
            else continue;
            printf("*");
          }
        printf("$\n");
    }
(6)#include  <stdio.h>
    void main()
    {
        int a=0,i;

        for(i=;i<5;i++)
        {  swich(i)
           { case 0:
             case 3:a+=2;
             case 1:
             case2:a+=3;
             default:a+=5;
           }
        }
        printf("%d\n",a);
    }
```

5. 指出下面程序段中的错误。

```
void main()
{
    int a,b,c,t;

    scanf("%d,%d,%d ",&a,&b,&c);
    if(a>b)&&(a>c)
        if(b<c)
            printf("min=%d\n",b)
        else
            printf("min=%d\n",c)
    if(a<b)&&(a<c)
            printf("min=%d\n",a)
}
```

6. 如果下列程序执行后 t 的值是 4，则执行时输入 a、b 值的范围是什么？

```
#include <stdio.h>
void main()
{
    int a,b,s=1,t=1;

    scanf("%d,%d",&a,&b);
    if(a>0)     s+=1;
    if(a>b)     t+=s;
    else if(a==b)     t=5;
    else        t=2*s;
    printf("s=%d, t=%d\n", s, t);
}
```

7. 程序完成的功能是：从键盘输入若干个学生的成绩，统计并输出最高成绩和最低成绩，当输入负数时结束输入。填空，使程序完成操作。

```
#include <stdio.h>
void main()
{
    float f, max, min;

    scanf("%f", &f);
    max=f;
    min=f;
    while(【1】)
    { if(f>max)    max=f;
      if(【2】)      min=f;
      scanf("%f", &f);
    }
    printf("\nmax=%f, min=%f\n", max, min);
}
```

8. 从 5～100 之间找出能被 5 或 7 整除的数。

9. 有 3 个整数 *a*，*b*，*c*，由键盘输入，输出其中最大的数。

10. 试编程判断输入的正整数是否既是 5 又是 7 的整倍数，若是，则输出 yes；否则输出 no。

11. 任意输入 10 个数，计算所有正数的和、负数的和以及 10 个数的和。

12. 用 40 元钱买苹果、西瓜和梨共 100 个，且三种水果都有。已知苹果 0.4 元一个，西瓜 4 元一个，梨 0.2 元一个。问可以各买多少个？请编写程序输出所有购买方案。

13. 一个数如果恰好等于它的因子之和，则这个数称为"完数"。如 6 的因子是 1、2、3，而 6=1+2+3。因此 6 是一个完数。编写程序找出 1000 之内的所有完数。

14. 打印出所有的"水仙花数"。所谓"水仙花数"是指一个 3 位数，其各位数字的立方和等于该数本身。如 $153=1^3+5^3+3^3$，所以 153 是水仙花数。

15. 编写程序，从键盘输入 6 名学生的 5 门课成绩，分别统计出每位学生的平均成绩。

16. 每个苹果 0.8 元，第一天买 2 个苹果，第二天开始，每天买前一天的 2 倍，直到购买的苹果个数不超过 100 的最大值，编写程序求每天花多少钱。

第7章
数组

数组是程序设计中最常用的数据结构，用于处理大量数据的问题，合理使用数组。数组属于C语言的构造类型。所谓构造类型，是由基本类型按一定的规则组合而成的。同时，一个数组元素可以是基本类型数据，也可以是构造类型数据。

本章主要介绍一维数组的定义、引用和初始化方法，与一维数组有关的基本算法（如排序、查找等）的程序设计，二维数组的定义、引用、初始化方法和应用，字符数组和C语言中字符串数据的处理方法。

7.1　问题的提出

生活中，面对杂乱无章物品摆设，我们总是想要用一些收纳盒将其整理整齐，在整理过程中，为了便于查找，总是将同一类的放于一起，这样不仅整齐还便于查找，如图书馆中书籍的摆放是分门别类存放在书架上。

计算机中，我们经常需要在程序里存储某种类型的大量数据值。例如，如果编写一个程序，记录学生的期末考试成绩，就要存储一个班级20人的C语言成绩，然后输出C语言课程的平均成绩，或统计高于平均成绩的学生人数。

根据前面各章知识的学习可以解决该问题，不用数组的程序设计如下：

```
/* 主函数功能：输入20个学生的成绩，并计算平均成绩后输出*/
#include <stdio.h>
void main()
{
    /*定义20个简单变量存放学生成绩，假定成绩为整数*/
    int score01,score02,score03,score04,score05;
    int score06,score07,score08,score09,score10;
    int score11,score12,score13,score14,score15;
    int score16,score17,score18,score19,score20;
    int sum,average;  /*定义整型变量sum存放20个成绩之和，average存放平均成绩*/
    /*输入函数完成20个学生成绩的输入*/

    scanf("%d%d%d%d%d",&score01,&score02,&score03,&score04,&score05);
    scanf("%d%d%d%d%d",&score06,&score07,&score08,&score09,&score10);
    scanf("%d%d%d%d%d",&score11,&score12,&score13,&score14,&score15);
    scanf("%d%d%d%d%d",&score16,&score17,&score18,&score19,&score20);
    /*计算20个学生成绩之和sum及平均值average*/
    sum = score01+score02+score03+score04+score05
```

```
                     +score06+score07+score08+score09+score10
                     +score11+score12+score13+score14+score15
                     +score16+score17+score18+score19+score20;
    average = sum / 20;
    printf("学生的平均成绩为: %d\n",average); /*输入函数完成 20 个学生成绩的输入*/
}
```

程序中看到求平均值的代码量已经比较繁琐了，统计大于平均值的学生人数的程序代码会十分冗长。在程序中，如何组织数据，对算法的复杂性和程序的处理效率有着非常重要的影响。在 C 语言中提出了数组。可以和生活中的书架相比。

在 C 语言中，由若干相同类型的相关数据按顺序存储在一起而形成的数据集合称为数组（Array）。可以说数组就是一段连续可用的内存，即同一数组中的数组元素按顺序占有一块连续的存储空间，最低地址对应于数组的第 1 个元素，最高地址对应于最后一个元素。数组中的所有元素必须属于相同的数据类型。

数组相关术语如下。

（1）数组名：程序中，使用同一个名字来引用这些数据，这个名字称为数组名。

（2）数组元素：构成数组的每个数据项称为数组元素。

（3）数组的下标：是数组元素的位置的一个索引或指示， C 语言中数组下标从 0 开始。

（4）数组的维数：数组元素下标的个数。根据数组的维数可以将数组分为一维、二维、三维、多维数组。

在上述成绩处理问题中，学生成绩是相同类型的数据，假设用整型数组 score 来存放，程序设计如下。

```
/* 主函数功能: 输入 20 个学生的成绩，并计算平均成绩后输出*/
#include <stdio.h>
void main()
{
    int score[20]; /*定义整型数组 Score 存放学生成绩*/
    int sum=0,average; /*定义整型变量 sum 存放 20 个学生成绩*/
    int i; /*循环变量 i*/

    /*for 循环结构完成 20 个学生成绩的输入*/
    for(i=0;i<20;i++)
    {
        scanf("%d",&score[i]);
        sum += score[i];
    }
    average = sum / 20;      /*计算 20 个学生成绩之和 sum 及平均值 average*/
    printf("学生的平均成绩为: %d\n",average); /*输出函数完成平均成绩的输出*/
}
```

由此可以看出，在程序中使用数组处理成批的数据，可使得程序书写简洁，结构清晰。

7.2 一 维 数 组

7.2.1 一维数组的定义

所谓一维数组，是数组名后只有一对方括号[]的数组。在 C 语言中，使用数组也必须遵循"先定义，后使用"的原则。

【定义】

格式：数据类型　数组名[整型常量表达式];

例如：

```
int arrayInt[10];      /* 说明整型数组 arrayInt，有 10 个元素 */
float arrayFloat[10];  /* 说明实型数组 arrayFloat，有 10 个元素*/
char arrayChar[20];    /* 说明字符数组 arrayChar，有 20 个元素 */
```

声明一个数组时，要给编译器提供为数组分配内存所需的所有信息，包括值的类型和元素的个数，而值的类型决定了每个元素需要的字节数。数组名称指定了数组从内存的什么地方开始存储，索引值指定了从开头到所需的元素之间有多少个元素。

【说明】

（1）数据类型：类型说明符，可以是 int、char、float …，指数组元素取值的类型。对于同一个数组，其所有元素的数据类型都是相同的。

（2）数组名：合法标识符，不能和同一函数中的其他变量名相同。

例如：

```
void main()
{
    int data;
    float data[10];   /*与同一函数中其他变量名相同，是错误的*/
    …
}
```

（3）[]：数组运算符，单目运算符，优先级(1)，左结合，不能用( )。定义时[]中的数据为整型常量或整型常量表达式，表数组的长度。

例如：

```
void main()
{
    int i = 15;
    int dataVar[i];         /*不能用变量定义数组维数*/
    int dataConst[3+2];     /*正确，可是整型常量表达式*/
    …
}
```

（4）数组下标从 0 开始。

例如：int array[5];/*元素为 array [0]、 array [1]、array [2]、array [3]、array [4]，没有 array [5]*/

（5）允许在同一个类型说明中，说明多个数组和多个变量。

例如：int count,array1[10],array2[20]; /*定义了变量 count，数组 array1，array2*/

（6）内存分配：编译时分配连续内存，内存字节数=数组维数×sizeof(元素数据类型) 且数组元素在内存中存放的顺序是下标大小的顺序。

例如：char str[7]; /*定义了一个名为 str 且拥有 7 个元素的字符数组*/

数组元素分别是 str[0]、str[1]、str[2]、str[3]、str[4]、str[5]、str[6]，每个元素的类型都是 char 型的，这 7 个数组元素占有连续的 7 个内存单元。图 7-1 所示为数组 str 在内存中的情形，假定起始地址为 1000。

元素	str[0]	str[1]	str[2]	str[3]	str[4]	str[5]	str[6]
地址	1000	1001	1002	1003	1004	1005	1006

图 7-1　起始地址为 1000 的字符数组

（7）数组名表示内存首地址，是地址常量。C 语言规定：数组名 array 或&array[0]表示数组首地址。其中&是取地址运算符。

（1）建立一个新的数组时，必须指明数组的元素类型和数组大小。数组大小必须用整型常量或整型常量表达式，特别注意不能用变量。

（2）数组的下标是从 0 开始的，对于数组 int a[5]来说，其 5 个元素分别是 a[0]、a[1]、a[2]、a[3]、a[4]，特别注意没有 a[5]这个元素。

7.2.2　一维数组的引用

在 C 语言中，对数组的使用是通过对单个数组元素的引用来实现的。

【引用形式】

数组名[下标]；其中：下标可以是常量，整型表达式，也可以是含变量的整型表达式。

例如：int i=3,j=5,array[10]; /*定义下标 i，j 数组 array*/

　　　array [5], array [i+j], array [i++], array [i+2] ;/*合法引用*/

【引用】只能逐个引用数组元素，不能一次引用整个数组。

例如：int array[10]; /*定义数组 array*/

　　　printf("%d",array);　　/*输出数组元素采用数组名整体引用是错误的*/

正确语法：for(j=0;j<10;j++)

　　　　　　printf("%d\t",array[j]);

【注意】

（1）引用时的下标可以是整型常量表达式，也可以是含变量的整型表达式。数组元素的实质为该数组所属数据类型的一个具有下标的变量，故又称为下标变量。因此，数组元素与相同类型的普通变量的使用是完全相同的。

例如：

```
int i=5,j=3,arrayA[10],arrayB[10]; /*定义下标 i，j，数组 arrayA，arrayB*/
arrayA[5],arrayA[i+j],arrayA[i++],arrayB[7],arrayB[i+2] /*都是合法的数组元素引用*/
arrayA[1] = arrayA[2]+arrayB[1]+5; /*取数组元素运算，并将结果赋值给一个数组元素*/
```

（2）数组元素的引用和数组定义在形式上有些相似，但两者具有完全不同的含义。数组定义的方括号中给出的是某一维的长度，即表示元素的个数；而数组元素中的下标是该元素在数组中的位置标识。前者只能是整型常量，后者可以是整型常量、整型变量或整型表达式。

7.2.3　一维数组的初始化

数组初始化是指在数组定义时给数组元素赋予初值。数组初始化是在编译阶段进行的。这样将减少运行时间，提高效率。与其他变量一样，数组定义后，如果没有给元素赋值，其值是不定值。

【定义初始化形式】

　[static]　类型说明符 数组名[常量表达式]={value-list};

说明：

（1）static　静态存储类型　/*静态存储变量通常是在变量定义时就分定存储单元并一直保持不变，直至整个程序结束，即生命周期和普通变量不一样。*/

（2）{value-list}由逗号分隔的常量表，类型与说明类型相同。

例如：int stuNum[5] = {101,102,103,104,105}; /*定义整型数组 stuNum 存放学生学号*/

【使用赋值语句初始化】

方法一：采用简单变量赋值方法，逐个对数组元素进行赋值，示例如下。

```
void main
{
    int array[3];
    array[0] = 5;  /*第一个元素赋值*/
    array[1] = 8;  /*第二个元素赋值*/
    array[2] = 9;  /*第三个元素赋值*/
    ……
}
```

问题：（1）数组较大时如何初始化？

（2）数组如何动态赋值？

方法二：for 循环语句循环动态赋值，示例如下。

```
void main()
{
    float price[10];                /*定义 float 类型数组 price*/
    printf("Enter prices of 10 books\n");
    for (i = 0;i <= 9;i++)
    {
        scanf("%f",&price[i]);     /*动态输入价格元素*/
    }
    …
}
```

【注意】

（1）C 语言中，编译和执行时，系统并不自动检查数组下标是否越界，程序员使用循环控制变量作数组下标时，特别要注意越界问题。

（2）数组定义时没有初始化，其元素值为随机数。

（3）对 static 数组元素不赋初值，系统会自动赋以 0 值。

（4）只给部分数组元素赋初值，其他元素组自动赋 0 值。

（5）当全部数组元素赋初值时，可不指定数组长度。

（6）只能给元素逐个赋值，不能给数组整体赋值。

例如：

int arr[10] = {10,9,8,7,6,5,4,3,2,1,0};   /*错误！越界了*/

int arr[10] = {9,8,7,5};   /*正确，后面的 6 个元素自动赋 0 值*/

```
int arr[] = {9,8,7};    /*正确：元素个数为 3*/
int arr[]={};    /*错误，到底是几个元素？ */
int arr[10]={1,1,1,1,1,1,1,1,1,1};  /*正确，10 个元素都为 1*/
int arra[10]=1;    /*错误，不能整体赋值*/
```

【例 7-1】 下面通过一段程序代码介绍初学者在应用数组时经常出错的地方，请注意分析下面代码中的错误，以避免自己在编程中出现类似的错误。

```
#include <stdio.h>
void main()
{
    printf("Example 1: Calculate the sum of array elements");
    ①int k=0, n;
    ②float x[n], sum=0.0;

    ③scanf("%d", &n);
    ④scanf("%f", x);
    ⑤while (k<n)
    ⑥{
    ⑦   sum+=x[k];
    ⑧   k++;
    ⑨}
    ⑩for(k=0;k<=n;k++)
        printf("%f+",x[k]);
        printf("=%f\n",sum);
}
```

以上代码在应用数组完成数组元素求和计算时存在下面错误：

（1）语句②定义数组时使用变量作下标是错误的；

（2）语句④对数组整体输入是错误的；

（3）语句⑩下标越界也是错误的。

请读者思考如何改正这些错误。

　　　　在 C 语言中，编译和执行程序时，系统并不自动检查数组下标是否越界，因此可能访问到数组所占的内存空间以外的存储单元，而这种访问往往是十分危险的。程序员使用循环控制变量作数组下标时，特别要注意越界的问题。

7.2.4　一维数组的应用

【例 7-2】 编程：输入 5 件商品的价格，计算商品总价，并求平均值。

分析：5 件商品为同样的数据类型，可使用数组，先输入 5 件商品价格，累加，输出。

源程序：

```
/* 文件名: c-7-2.c*/
/* 功能: 计算商品价格总和, 及其平均值*/
# include <stdio.h>
# define N 5
```

```
void main()
{
    int i;
    /*定义商品价格数组 itemRate,总价格 total,平均价格 average*/
    float itemRate[N],total=0,average=0;

        printf("Example 7-2: Calculate the average of 5 item.\n");
    printf("Input item price: ");
    for(i=0;i<N;i++)
    {
        scanf("%f",&itemRate[i]);/*输入商品价格数组 itemRate*/
        total = total+itemRate[i];/*计算商品总价 total*/
    }
    average = total/N;        /*计算商品总价 total*/
    printf("Item total: %f,average price: %f\n",total,average);
}
```

程序结果如图 7-2 所示。

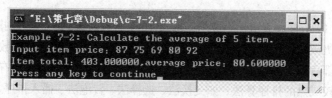

图 7-2 例 7-2 运行结果

练习：读入一个学生的 6 门课程的成绩，然后求平均成绩。

【例 7-3】 编程：输入 10 个整数，找到其中的最大值和最小值并输出。

分析：采用一维数组存放这 10 个整数，为了程序的通用性，可以将 10 设置为符号常量。首先将第一个元素作为最大值或最小值的初值，同其他元素逐一比较，并根据比较结果不断更新当前最高值和最小值的值，直到比较完毕，输出。

源程序

```
/* 文件名：c-7-3.c*/
/* 功能：输入 10 个整数，找到其中的最大值和最小值并输出*/
#include <stdio.h>
#define SIZE 10                 /*能处理的数据个数符号常量*/
void main()
{
    int numInt[SIZE],i;         /*定义整型数组 numInt,循环变量 i */

    int max,min;                /*定义最大值 max,最小值 min*/
    printf("Example 7-3: Calculate the max and min.\n");
    printf("Enter 10 integers:\n");
    for(i=0;i<SIZE;i++)
            scanf("%d",&numInt[i]);      /*循环输入十个整数*/
        max=min=numInt[0];              /*最大值和最小值的初值为 numInt[0]*/
    for(i=1;i<SIZE;i++)
    {
```

```
        if(max<numInt[i])  max=numInt[i];
        if(min>numInt[i])  min=numInt[i];
    }
    printf("Maximum value is %d\n",max);
    printf("Minimum value is %d\n",min);
}
```

程序结果如图 7-3 所示。

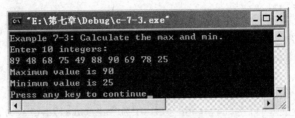

图 7-3　例 7-3 运行结果

练习：读入某班学生的 C 语言成绩（每班人数不超过 40 人，实际人数由键盘输入），然后求最高分、最低分。

【例 7-4】输入 10 个整数表示学生成绩，对这 10 个数按从大到小的顺序排序输出。

分析：在计算机领域，排序和查找是两种最基本的操作，在几乎所有的数据库程序、操作系统、编译程序等中都有广泛的应用。排序即是将一个无序的数据序列调整为有序序列的过程。至今已产生了许多比较成熟的排序算法，如交换法、选择法、冒泡法、插入排序、快速排序等算法。本题采用冒泡排序设计。

算法思想：将相邻两个数进行比较。

① 比较第一个数与第二个数，若为逆序 a[0]>a[1]，则交换；然后比较第二个数与第三个数；依次类推，直至第 n-1 个数和第 n 个数比较为止——第一趟冒泡排序，结果最大的数被安置在最后一个元素位置上。

② 对前 n-1 个数进行第二趟冒泡排序，结果使次大的数被安置在第 n-1 个元素位置。

③ 重复上述过程，共经过 n-1 趟冒泡排序后，排序结束。

例如：　49　　38　　65　　97　　76　　13　　27　　30
第一次：38　　49　　65　　97　　76　　13　　27　　30
第二次：38　　49　　65　　97　　76　　13　　27　　30
第三次：38　　49　　65　　97　　76　　13　　27　　30
第四次：38　　49　　65　　76　　97　　13　　27　　30
第五次：38　　49　　65　　76　　13　　97　　27　　30
第六次：38　　49　　65　　76　　13　　27　　97　　30
第七次：38　　49　　65　　76　　13　　27　　30　　97

第一趟排序结束，将最大值 97 确定。以此类推。

第二趟排序结束，38　49　65　13　27　30　76　97
第三趟排序结束，38　49　13　27　30　65　76　97
第四趟排序结束，38　13　27　30　49　65　76　97
第五趟排序结束，13　27　30　38　49　65　76　97

…

如有 n 个数, 则要进行 $n-1$ 趟比较, 在第 i 趟比较中要进行 $n-i$ 次两两比较。流程图如下所示:

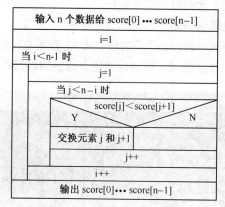

图 7-4 冒泡法程序流程图

源程序如下。

```
/* 文件名: c-7-4.c*/
/* 功能: 输入 10 个整数, 按从大到小的顺序排序输出*/
#include <stdio.h>
#define N 10

void main()
{
    int i,j,temp;
    int score[N],n;                /*score 数组可存放 N 个学生的成绩, n 为实际学生人数*/

    printf("Example 7-4: Bubble Sort.\n");
    printf("Please enter the actual number of the classmates:\n");
    scanf("%d",&n);                /*输入实际学生人数 n*/
    printf("Please enter %d students' scores:\n", n);
    for(j = 0;j<n;j++)             /*循环输入 n 个学生的成绩*/
        scanf("%d",&score[j]);
    for(i=1;i<n;i++)              /*排序处理, 外循环控制比较轮数*/
    {
        for(j= 0;j < n-i;j++)      /*内循环控制每轮比较次数*/
            if(score[j] < score[j+1]) /*若后面的元素比前面的元素大, 就交换顺序*/
            {
                temp = score[j];
                score[j] = score[j+1];
                score[j+1] = temp;
            }
        printf("\n第%d 轮:",i);
        for (j=0; j<n; j++)         /*输出每轮比较的处理结果*/
            printf("%d ",score[j]);
    }
}
```

程序结果如图 7-5 所示。

从图 7-5 中可以看出: 第 3 轮排序后, 整个序列就已经排列完毕。为提高排序效率, 如果某轮扫描过程中没有发生交换，说明整个序列已经排列完毕了，可以把这个作为判断条件来提前结束排序过程。请读者试试改进上面的冒泡排序程序。

练习：①查资料认识其他算法的基本思想和算法步骤。

②为参加智力竞赛的比赛选手评分，计算方法：从 10 名评委的评分中扣除一个最高分，扣除一个最低分，然后统计总分，并除以 8，最后得到这个选手的最后得分（打分采用百分制）。

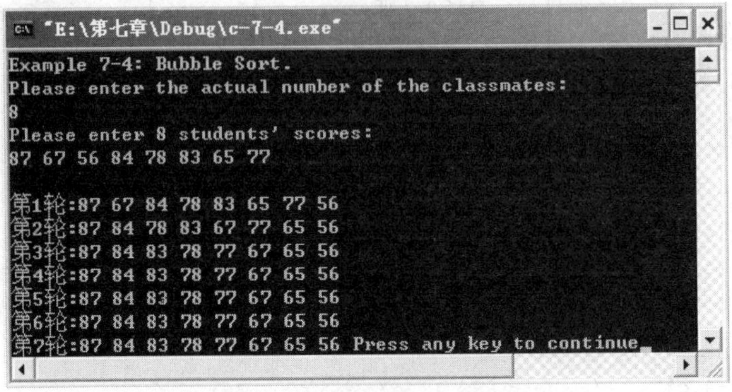

图 7-5　例 7-4 运行结果

【例 7-5】　从键盘输入 10 个整数存入一维数组，然后将该数组中的各元素按逆序存放后显示出来，例如，原来数组中的存放顺序为 1，2，3，4，5；按逆序存放后的顺序为 5，4，3，2，1。

分析：要将数组中的各元素按逆序存放，只要分别交换数组中对称位置的各元素，有 n 个元素的数组 array，其对称位置元素的下标为 i 和 n-i-1。

源程序如下。

```
/* 文件名: c-7-5.c*/
/* 功能: 输入 10 个整数, 按逆序方式输出*/

#include <stdio.h>
#define N 10

void main()
{
    int array[N],i,temp;

    printf("Example 7-5: inverted sequence.");
    printf("\nPlease input %d numbers:\n",N);
    for(i=0;i<N;i++)
    {
        scanf("%d",&array[i]);/*输入数组元素*/
    }
    for(i=0;i<N/2;i++)
    {
        /*对应元素, 即对称元素 array[i],array[N-i-1]进行交换*/
        temp = array[i];
        array[i] = array[N-i-1];
        array[N-i-1] = temp;
    }
    printf("after inverted sequence:\n");
```

```
    for(i=0;i<N;i++)
    {
        printf("%d ",array[i]);
    }
    printf("\n");
}
```

程序运行结果如图 7-6 所示。

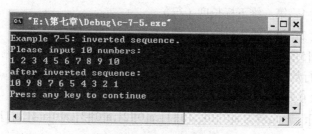

图 7-6 例 7-5 运行结果

7.3 二维数组和多维数组

一维数组只有一个下标，称为一维数组，其数组元素也称为单下标变量。在实际问题中有很多量是二维的或多维的，例如：一个班有 40 个学生，每个学生选修了 5 门课程，如果存储每个学生各门课程的成绩，需要用 40 个一维数组，显然很不方便，因此需要定义一个二维数组来表示。C 语言允许构造多维数组。多维数组元素有多个下标，以标识它在数组中的位置，所以也称为多下标变量。最常见的多维数组是二维数组，它主要用于表示二维表和矩阵。本节只介绍二维数组，多维数组可由二维数组类推而得到，请读者做延伸考虑。

例如，表 7-1 所示的成绩表表示了 3 个学生的 5 门课程成绩。表中每个数据都有两层含义，如表中数据 78 是第 2 个人的第 3 门课成绩。

表 7-1   3 个学生 5 门课的成绩表

72	83	74	85	69
65	84	78	77	93
75	86	92	87	81

又如数学中的矩阵问题，如矩阵 a 中：

$$a = \begin{vmatrix} 1 & 2 & 3 \\ 4 & 5 & 6 \\ 7 & 8 & 9 \end{vmatrix}$$

每个元素需要两个下标（分别表示行、列）来确定位置，矩阵 a 中值为 6 的元素的行是 1（以 0 开始），列是 2，它们共同确定了 6 在矩阵 a 中的位置。

当我们用数组来存储该矩阵时，每个元素都需要用行、列两个下标来描述，如矩阵 a 中值为 6 的元素可用 a[1][2] 表示，数组 a 就是二维数组。

同理，有 3 对方括号 [] 的数组叫三维数组，通常把三维及三维以上的数组称为多维数组。

7.3.1 二维数组的定义

【定义】

格式：数据类型 数组名[常量表达式 1] [常量表达式 2]；

例如：int a[3][5]；/*定义了一个二维数组 a，元素个数为 15，数组元素类型为整型。*/

【说明】

（1）常量表达式 1：第一维下标长度（行）。

（2）常量表达式 2：第二维下标长度（列）。

例如：　int a[3][5]；　/*3 行 5 列，可以描述 3 个学生的 5 门成绩。*/

（3）元素个数=行数*列数。

（4）数组下标从 0 开始。

例如：int a[3][5]；/*元素为 a[0][0],a[0][1],a[0][2],a[0][3],a[0]a[4],a[1][0]…a[1][4]…a[2][4]，没有 a[3][5]。*/

（5）内存分配：连续内存（内存一维），因此按行排列，占内存字节数=元素个数 × sizeof(数据类型)。

例如，int a[2][3]；　内存映像如表 7-2 所示。

表 7-2　　　　　　　　　　　　　　数组 a 在内存中的映像

数 组 单 元		地　　址
a[0]	a[0][0]	2000
	a[0][1]	2004
	a[0][2]	2008
	a[0][3]	2012
	a[0][4]	2016
a[1]	a[1][0]	2020
	a[1][1]	2024
	a[1][2]	2028
	a[1][3]	2032
	a[1][4]	2036
a[2]	a[2][0]	2040
	a[2][1]	2044
	a[2][2]	2048
	a[2][3]	2052
	a[2][4]	2056

实际上，a[0]、a[1]、a[2]代表了各行的起始地址。

（6）数组名表示内存首地址，是地址常量。C 语言规定：数组名 array 或&array[0][0]表示数组首地址。

实际上，二维数组可理解为由多个　维数组为元素构成的数组。如图 7-7 所示，二维数组 a 可看成 3 个元素：a[0]、a[1]、a[2]，而 a[0]、a[1]、a[2]又分别是有 5 个元素的一维数组。

```
     ┌ a[0] ── a[0][0],a[0][1],a[0][2],a[0][3],a[0][4]
   a │  a [1] ── a[1][0],a[1][1],a[1][2],a[1][3],a[1][4]
     └ a[2] ── a[2][0],a[2][1],a[2][2],a[2][3],a[2][4]
```

图 7-7　二维数组理解为由多个一维数组组成

7.3.2 二维数组的引用

【引用形式】数组名[下标 1][下标 2]；其中：下标从 0 开始，可以是常量或整型表达式。

例如：数组 int a[3][5];

合法引用：a[2][4]、a[i][j](0<=i<3,0<=j<5)

错误引用：a(0,3)，a[2,4]

【引用】只能逐个引用数组元素，不能一次引用整个数组。

例如：int a[3][5];

```
     printf("%d",a);  /*错误引用*/
必须  for(i=0;i<3;i++)
       for(j=0;j<5;j++)
           printf("%d\t",a[i][j]);  /*正确引用*/
```

7.3.3 二维数组的初始化

同一维数组一样，定义二维数组的同时，可对数组进行初始化，即为二维数组中的各个元素指定适当的初始值，每当数组变量获得存储区时，这些初始值将被存储到数组的元素中。二维数组可按行分段赋值，也可按行连续赋值。

【初始化】

（1）按行分段赋值

例如：int a[2][3]={{ 72,35,19},{28,37,23}};

则在定义数组的同时，数组元素初始化为：

a[0][0]=72, a[0][1]=35, a[0][2]=19

a[1][0]=28, a[1][1]=37, a[1][2]=23

（2）按行连续赋值

例如：int a[2][3]={72,35,19,28,37,3};

这两种赋初值的结果是完全一样的。

（3）动态赋值

采用双重循环来输入，外层循环控制行数，内层循环控制列数。

例如：int a[2][3];

```
for(i=0;i<2;i++)
   for(j=0;j<3;j++)
           scanf("%d",&a[i][j]);
```

【说明】

（1）可以只对部分元素赋初值，其他自动取 0 值。

例如：int a[2][3]={12,23,25}; /*连续部分赋值*/

赋值后：

$$\begin{vmatrix} 12 & 23 & 25 \\ 0 & 0 & 0 \end{vmatrix}$$

例如：int a[2][3]={{12,23},{25}}; /*分段部分赋值*/

赋值后：

$$\begin{vmatrix} 12 & 23 & 0 \\ 25 & 0 & 0 \end{vmatrix}$$

（2）全部元素赋初值，省略第一维长度。

例如：`int a[][3]={12,23,25,36};` /*连续全部赋值*/

赋值后：

$$\begin{vmatrix} 12 & 23 & 25 \\ 36 & 0 & 0 \end{vmatrix}$$

例如：`int a[][3]={{12},{25,36}};` /*分段全部赋值*/

赋值后：

$$\begin{vmatrix} 12 & 0 & 0 \\ 25 & 36 & 0 \end{vmatrix}$$

（3）其他初始化情况。

```
int arr[2][ ] = { {1,2,3}, {4,5,6}}; //错误
```

【例 7-6】 下面是一段关于二维数组的代码，指出其中的错误并改正。

```
#include <stdio.h>
void main()
{
①   int j,k,sum1=0,sum2=0;
②   int a[3],[ ]={{1,2,4},{},{5,7}};
③   int b[3],[3];
printf("\nExample 6-7: 2 Dimension array");

④   for(j=1;j<=3;j++)
⑤     for (k=1;k<=3;k++)
⑥         scanf("%d",&b[j][k]);
⑦   for(k=1;k<=3;k++)
⑧   {
⑨         sum1+=a[k][k];
⑩         sum2+=b[k][k];
     }
printf("sum1=%d  sum2=%d\n",sum1,sum2);
}
```

分析：上述代码存在如下错误。

语句②中数组第二维下标不能省略，且两个下标间不能有逗号，应为"int a[][3]={{1, 2, 4},{},{5,7}};"。语句③应为"int b[3][3];"。

语句④、⑤、⑦的循环控制变量用于控制二维数组的下标变化，下标应从零开始，且下标不能越界。应改为：④for (j=0;j<3;j++)、⑤for (k=0;k<3;k++)、⑦for (k=0;k<3;k++)。

7.3.4 二维数组的应用

【例 7-7】 输入一组学生两门课的成绩，并按照学号，语文，数学的格式输出学号和成绩。

分析：采用宏定义确定学生人数，采用二维数组来存储两门课的成绩，双重循环实现输入和输出，学号可以采用行下标加 1 表示。

源程序：

/* 文件名：c-7-7.c*/

/* 功能：输入一组学生两门课的成绩，并按照学号，语文，数学的格式输出学号和成绩*/

```
#include <stdio.h>
#define N 3
void main()
{
    int i,j,student[N][2];

    printf("Example 7-7: input student score");
    /*双层循环完成数组元素, 学生两门课程成绩的输入*/
    for(i = 0;i < N;i++)
    {
        printf("\n 输入学号 %d 两门课的成绩: ",i+1);
        for(j = 0;j < 2;j++)
            scanf("%d",&student[i][j]);
    }
    printf("\n 学生的学号及其两门课成绩为: \n ");
    printf("\n \t 学号\t 语文\t 数学");
    /*双层循环完成数组元素, 学生两门课程成绩的输出*/
    for(i = 0;i < N;i++)
    {
        printf("\n\t");
        printf("%d\t",i+1);
        for(j = 0;j < 2;j++)
            printf("%d\t",student[i][j]);
        printf("\n ");
    }
}
```

程序运行结果如图 7-8 所示。

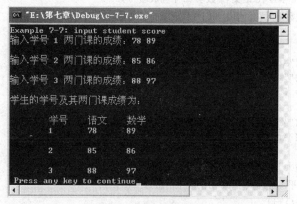

图 7-8 例 7-7 运行结果

【例 7-8】 在例 7-7 基础上, 计算每个人的平均成绩, 并查找平均分大于 90 分的同学, 若找到, 输出其各科成绩; 若没有找到, 给出相应提示信息。

分析: 查找是计算机程序中很重要的操作。所谓查找就是在数据集合中寻找满足某种条件的元素。在无序的序列中查找满足给定条件的元素, 那只能从序列的第一个元素开始扫描, 直到找到一个符合要求的元素, 或扫描完最后一个元素而没有找到符合要求的元素。这就是顺序查找算法的思想。首先计算出每个学生的平均值, 存放于一维数组 average 中, 从下标为 0 的第 1 个平均分开始逐个查找平均分大于 90 的同学, 若找到, 输出其各科成绩; 若所有元素查找完毕, 没有找到, 给出相应提示信息。

源程序：
/* 文件名：c-7-8.c*/
/* 功能：输入一组学生两门课的成绩，计算每个人的平均成绩，并查找平均分大于 90 分的同学，若找到，输出各科成绩；没有找到，给出相应提示信息*/

```c
#include <stdio.h>
#define N 3
#define SCORE 90

void  main()
{
    int i,j,sum=0,find=0,score[N][2];
    float average[N];
    printf("Example 7-8: Find the average score > %d.\n", SCORE);
    /*双层循环完成数组元素，学生两门课程成绩的输入*/
    for(i = 0;i < N;i++)
    {
        printf("\n 输入学号 %d 两门课的成绩: ",i+1);
        sum = 0;
        for(j = 0;j < 2;j++)
        {
            scanf("%d",&score[i][j]);
            sum += score[i][j];
        }
        average[i] = sum/2.0;

    }
    printf("\n 学生的学号及其两门课成绩,平均成绩为: \n ");
    printf("\n\t 学号\t 语文\t 数学\t 平均成绩");
    /*双层循环完成数组元素，学生两门课程成绩的输出*/
    for(i = 0;i < N;i++)
    {
        printf("\n\t");
        printf("%d\t",i+1);
        for(j = 0;j < 2;j++)
            printf("%d\t",score[i][j]);
        printf("%9.2f\t",average[i]);
        printf("\n ");
    }
    /*输出平均成绩大于 90 分的学生信息*/
    printf("\n 平均成绩大于 90 分的学生信息为: \n ");
    for(i=0;i<N;i++)
    {
        if(average[i]>SCORE)
        {
            find++;
            if(find==1)
                printf("\n \t 学号\t 语文\t 数学\t 平均成绩");
            printf("\n \t");
            printf("%d\t",i+1);
            for(j = 0;j < 2;j++)
                printf("%d\t",score[i][j]);
            printf("%9.2f\t",average[i]);
            printf("\n ");
```

```
        }
    }
    if(find==0)
        printf("没有找到平均成绩大于 90 分的学生");
}
```

程序运行结果如图 7-9 所示。

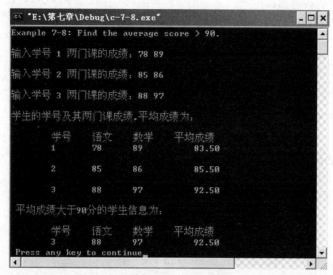

图 7-9 例 7-8 运行结果

思考：

如果不使用一维数组 average，只用一个二维数组处理本问题，可将每个学生的平均成绩存放在二维数组的第 4 列，即数组 a 定义为 "int a[N][4];"，上述程序如何修改？

【例 7-9】 数据表处理：从下面 3 行 4 列的数据表中找出最大元素值及其行列号。

1	2	3	4
9	8	7	6
-10	10	5	0

分析：可采用二维数组 array[3][4]存储数据，用变量 max 存放最大值，用变量 row、column 分别存放最大值所在行和列的号，查找思路同一维数组，采用双重循环遍历数组，查找最大值。

源程序：

```
/* 文件名: c-7-9.c*/
/* 功能: 查找二维数据表数据中的最大值，并将最大值对应的行号和列号输出*/
#include <stdio.h>
void main()
{
    int array [3][4]={{1,2,3,4},{9,8,7,6},{-10,10,-5,2}};/*数组按行初始化*/
    int i,j,row = 0,column =0,max;/*定义循环变量 i,j, 最大值 max, 行号 row, 列号 column*/

    printf("Example 7-9: find max ");
    for(i=0;i<=2;i++)/*按行输出二维数组*/
    {
```

```
        for(j=0;j<=3;j++)
            printf("%d ",array[i][j]);
        printf("\n");
    }
    max = array [0][0]; /*假定 array [0][0]为最大值*/
    /*双重循环查找最大值，并将其下标赋值给对应的行列变量 row, column*/
    for(i = 0;i<=2;i++)
      for(j = 0;j<=3;j++)
        if(array [i][j]>max)/*查找新的最大值*/
        {
            max = array [i][j];
            row = i;
            column = j;
        }
    printf("max=%d,row=%d,column=%d\n",max,row,column);
}
```

程序运行结果如图 7-10 所示。

图 7-10　例 7-9 运行结果

练习：输入整型数据到 x[3][4]，分别求各行之和。

【例 7-10】　矩阵问题：求 N 行 N 列正方阵的两条对角线元素之和（每个元素不得重复加）。

分析：一个 N 阶方阵两条对角线包含主对角线和副对角线，主对角线为所有第 i 行第 i 列元素的全体（i=0,1,2,3...N-1），即从左上到右下的一条斜线；副对角线为所有第 i 行第 N-i-1 列元素的全体（i=0,1,2,3...N-1），即从右上到左下的一条斜线；使用一个循环对两条对角线的元素进行累加，但当 N 为奇数时，matrix[N/2][N/2]加了两次，所以最后要减去。

源程序：

```
/* 文件名：c-7-10.c*/
/* 功能：求 N 行 N 列正方阵的两条对角线元素之和（每个元素不得重复加）*/
#include <stdio.h>
#define N 5

void main()
{
    int matrix[N][N] = {{1,2,3,4,5},{6,7,8,9,10},{11,12,13,14,15},{16,17,18,19,20},
                    {21,22,23,24,25}};
    int i,j,sum=0;

    printf("Example 7-10: sum of all elements on 2 diagnal\n ");
    printf("The %d x %d matrix:\n",N,N);
    for(i=0;i<N;i++)
    {
    for(j=0;j<N;j++)
        printf("%4d",matrix[i][j]); /*双重循环输出正方阵元素*/
```

```
printf("\n");
}
for(i=0;i<N;i++)
{
sum += matrix[i][i]+matrix[i][N-i-1]; /*主副对角线元素进行求和*/
}
if(N%2 !=0)
sum -= matrix[N/2][N/2]; /*N 为奇数, 去掉重复相加的数*/
printf("\nThe sum of all elements on 2 diagnal is %d :\n",sum);
}
```

程序运行结果如图 7-11 所示。

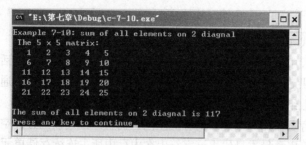

图 7-11 例 7-10 运行结果

7.3.5 多维数组的定义和引用

在处理三维空间问题及其他复杂问题时要使用到三维及三维以上的数组。如在例 7-8 中, 如果不是一个组, 而是一个班多个组, 就要用到三维数组, 用第 1 个下标表示组号, 第 2 个下标表示学生序号, 第 3 个下标代表学生的课程序号。通常把三维及三维以上的数组称为多维数组。

【定义】

数据类型　数组名[常量表达式 1][常量表达式 2]][常量表达式 3]…… ;

例如:

数组 int a[2][3][2]; /*三维数组, 存放 $2 \times 3 \times 2$ 个整数, 多重循环操作, 一重循环控制一维下标。*/

此三维数组有 12 个元素, 它们分别是:

a[0][0][0], a[0][0][1], a[0][1][0], a[0][1][1], a[0][2][0], a[0][2][1]

a[1][0][0], a[1][0][1], a[1][1][0], a[1][1][1], a[1][2][0], a[1][2][1]

多维数组的使用与二维数组的使用类似, 只要确定各维的下标值, 就可以使用多维数组的元素。操作多维数组常常用多重循环, 一般每一重循环控制一维下标。要注意下标的位置和取值范围, 避免出现下标越界问题。

7.4　字符数组和字符串

7.4.1 字符数组的定义、初始化和引用

前面我们学习了字符型常量、字符串。单引号括起来的普通字符或转义字符称为字符型常量。

双引号括起来的一个或多个字符，结束标志'\0'，称为字符串。什么是字符数组呢？

1. 一维字符数组的定义、初始化和引用

【定义】用来存放字符量的数组称为字符数组。

char   数组名[常量表达式]

例如：char str[10];

【初始化】两种初始化方式如下。

（1）以字符常量形式初始化

例如：char str1[6]={'s','t','r','i','n','g'};

内存存放形式

s	t	r	i	n	g

（2）以字符串形式初始化

字符串在实际编程中用途非常大，如人的姓名、地址、身份证号、电话号码等信息都是字符串。在 C 语言中只提供 char 字符数据类型，没有专门的字符串数据类型，通常字符串用字符型数组来存储，作为字符数组来处理。

每个字符串在内存都占用一串连续的存储空间，而且这段连续的存储空间有唯一确定的首地址，C 语言中规定字符串常量本身代表该字符串在内存中所占连续存储单元的首地址。

例如：char str[6]={"Shang"};，也可写成 char str[ ]= "Shang";。

字符数组 c 中存放字符串"Shang"，在内存单元中的存放形式如下所示。

S	h	a	n	g	\0
str[0]	str[1]	str[2]	str[3]	str[4]	str[5]

注意下面数组使用的区别：

```
char str1[ ]="Shang";
char str2[ ]={'S','h','a','n','g'};
```

（3）初始化数据少于数组长度，自动赋 0 值

例如：char str1[6]={'s','t','r'};

　　　其中 str1[3]=0; str1[4]=0; str1[5]=0;

（4）可以使用赋值语句逐个赋值，也可以采用循环语句循环动态赋值

例如：char str1[6];

str1[0]='s'; str1[1]='t'; str1[2]='r'; str1[3]='i'; str1[4]='n'; str1[5]='g';

或 for(i=0;i<6,i++)

　　　scanf("%c",str1[i]);

【说明】

（1）当对全体元素赋初值时也可以省去长度说明。

（2）字符常量初始化和字符串常量初始化不同，字符串常量初始化，C 编译系统会自动在该字符串最后加入字符串结束标志'\0'。

（3）字符串常量只能在定义字符数组是赋给字符数组，不能将以一个字符串常量直接赋给一个数组。

（4）用字符数组存储长度为 N 的字符串，数组长度至少定义为 N+1。

【引用】

引用字符数组的一个元素，得到一个字符，其引用形式与数值型数组相同。

形式：数组名[下标];

例如：

```
void main()
{
    int i,j;
    char a[][5]={{'V','I','S','U','A'},{'B','A','S','I','C'}};

    for(i=0;i<=1;i++)
    {
        for(j=0;j<=4;j++)
            printf("%c",a[i][j]);
        printf("\n");
    }
}
```

输出结果为：VISUA

BASIC

本例的二维字符数组由于在初始化时全部元素都赋以初值，因此一维下标的长度可以不加以说明。

2．二维字符数组的定义、初始化和引用

【定义】

char　数组名[常量表达式 1] [常量表达式 2]

例如：char name[5][20];

【初始化】

```
char name[4][20]={"wangwu","zhangsan","liliu","zhaosi" };
```

形象理解：若干个一维数组组成。

	0	1	2	3	4	5	6	7						
0	w	a	n	g	w	u								
1	z	h	a	n	g	s	a	n						
2	l	i	l	i	u									
3	z	h	a	o	s	i								

【引用】同普通数组。

特殊之处：一行输入。

例如：for(i=0;i<4;i++)

scanf("%s",name[i]);//对第 i 行输入

for(i=0;i<4;i++)

printf("%s",name[i]);//对第 i 行输出

字符串常量只能在定义字符数组时赋值给字符数组，不能将一个字符串常量直接赋值给一个字符数组。下面的使用方法是错误的。

```
char str[5];
str="good!";
```

这是因为 str 是数组名，表示数组的起始地址，不能直接被赋值。

（1）一维字符数组可存放一个字符串，二维数组可用于存放多个字符串；
（2）用字符数组存储长度为 N 的字符串，数组长度至少定义为 N+1。

7.4.2 字符数组的输入/输出

字符数组可采用两种方式输入、输出。一种方式是用"%c"格式控制符逐个输入、输出字符，另一种方式是用"%s"格式控制符，将字符串作为一个整体输入、输出，示例对比如表 7-3 所示。

表 7-3   %c，%s 输入输出对比

%c	%s
``void main()
{
char str[5];
int i;
for(i=0;i<5;i++)
scanf("%c", &str[i]);
for(i=0;i<5;i++)
printf("%c", str[i]);
}```	```void main()
{
char str[5];
scanf("%s", str);
printf("%s", str);
}```

【例 7-11】 逐个输入和输出字符数组中的字符。

源程序：

```
/* 文件名：c-6-11.c*/
/* 功能：逐个输入和输出字符数组中的字符*/
#include <stdio.h>
void main()
{
    char str[10];
    int i;

    printf("Example 7-11: Input or Output string(10 char) by %%c\n");
    printf("Input 10 characters:");
    for(i=0;i<10;i++)
        scanf("%c",&str[i]);          /*逐个输入字符*/
    printf("Output 10 characters:");
    for(i=0;i<10;i++)
        printf("%c",str[i]);          /*逐个输出字符*/
    printf("\n");
}
```

程序运行时，若由键盘输入：helloworld<Enter>，则输出结果如图 7-12 所示。

```
"E:\第七章\Debug\c-7-11.exe"
Example 7-11: Input or Output string(10 char) by %c
Input 10 characters:helloworld
Output 10 characters:helloworld
Press any key to continue
```

图 7-12 例 7-11 运行结果

【例 7-12】 将字符数组中的字符串作为一个整体输入、输出。

源程序：

```
/* 文件名：c-7-12.c*/
/* 功能：将字符数组中的字符串作为一个整体输入、输出*/
#include <stdio.h>
void main()
{
    char str1[]="How are you!", str2[10], str3[10]="good!";

    printf("Example 7-12: Input or Output string by %%s");
    printf("\nInput a string:");
    scanf("%s",str2);
    printf("Output:\n");
    printf("%s\n",str1);
    printf("%s\n",str2);
    printf("%s\n",str3);
}
```

程序运行时，若由键盘输入：Hello everyone!<Enter>，则输出结果如图 7-13 所示。

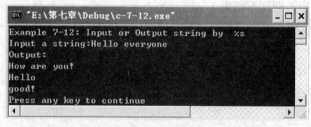

图 7-13　例 7-12 运行结果

（1）scanf 函数在用"%s"格式符控制字符串输入时，将空格、跳格符（Tab）、回车符作为分隔符，输入遇到这些符号时，系统认为字符串输入结束。从上面的程序运行结果可以看出：尽管从键盘输入：Hello everyone!<Enter>，但是 s2 字符数组只获得了"Hello"串。由此可见，采用 scanf 函数输入字符串时，字符串中不能包含空格。

（2）由键盘输入字符串时，其长度不要超出该字符数组定义的范围，同时，还需考虑到'\0'的存储空间。而字符串的长度比字符数组长度短是可行的。

（3）以"%s"格式输出时，即使数组长度大于字符串长度，遇'\0'也结束。如本例中的 s3。

（4）scanf、printf 函数用"%s"格式符控制字符串输入、输出时，只需给出字符串的首地址即可。在 C 语言中数组名本身就代表该数组的首地址，故程序中常用数组名来提供字符串的首地址。

7.4.3　常用字符串处理函数

为了简化用户的程序设计，在 C 语言的函数库中提供了许多用于字符串处理的函数，这些函数使用起来方便、可靠。用户在程序设计中，可以直接调用这些函数，以减少编程的工作量。字符串处理函数大致可分为字符串的输入、输出、合并、修改、比较、转换、复制、搜索几类。使用这些函数可大大减轻编程的负担。

用于输入输出的字符串函数在使用前应包含头文件 stdio.h；使用其他字符串函数则应包含头文件 string.h。下面介绍几个常用的字符串函数。

1. 字符串输出函数 puts()

格式：puts(str);

其中，参数 str 为字符串中第 1 个字符的存放地址，通常为字符数组名，也可以是将要介绍的字符型指针变量。

功能：从 str 指定的地址开始，依次将存储单元中的字符串输出至显示器，直至遇到字符串结束标志为止。（输出完，换行。）

说明：字符数组必须以'\0'结束。

例如：char s[80]= "abcd";

        (1) put(s);

        (2) put("abcd");

2. 字符串输入函数 gets()

格式：gets(str);　参数 str 通常为字符数组名。

功能：从键盘输入一以回车结束的字符串（该字符串中可以包含空格），放入字符数组中，并自动加'\0'（输入字符串，遇回车结束）。

说明：输入串长度应小于字符数组维数。

例如：char s[80];

        gets(s);　//分析与 scanf 区别

【例 7-13】　字符串处理函数 puts、gets 的使用。

源程序：

```c
/* 文件名：c-7-13.c*/
/* 功能：字符串处理函数 puts、gets 的使用*/
#include <stdio.h>
#include <string.h>

void main()
{
    char str1[20], str2[20];
    static char str3[ ]="BASIC\ndBASE";

    printf("Example 7-13: Using of gets and puts\n");
    printf("gets: ");
    gets(str1);
    printf("scanf: ");
    scanf("%s",str2);
    printf("Output:\nstr1:");
    puts(str1);
    printf("str2:%s",str2);
    puts(str3);
}
```

程序运行结果如图 7-14 所示。

（1）gets 函数并不以空格作为字符串输入结束的标志，而只以回车作为输入结束。而 scanf 函数可以空格作为输入结束的标志。

（2）puts 函数输出完字符串后会自动换行，这是系统在遇到'\0'时自动将其转换为'\n'。而 printf 需使用转义字符'\n'控制换行。

3. 字符串连接函数 strcat()

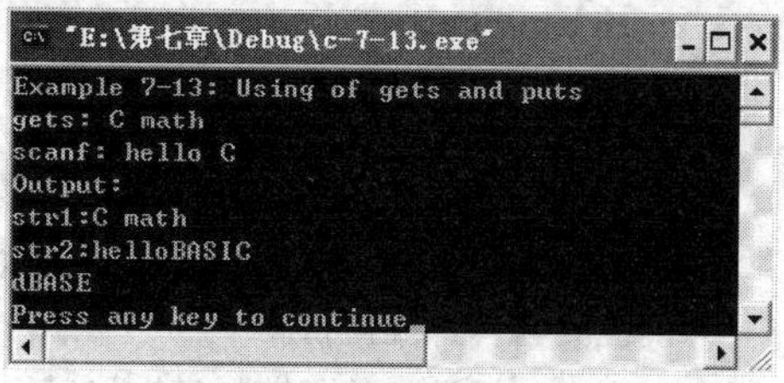

格式：strcat(str1,str2)；参数 str1 通常为字符数组名，参数 str2 可以为字符数组名，还可以是字符串，字符指针。

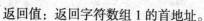

功能：把字符数组 2 连到字符数组 1 后面，且从 str1 串的'\0'所在单元连接起，即自动覆盖了 str1 串的结束标志'\0'。

图 7-14　例 7-13 运行结果

返回值：返回字符数组 1 的首地址。

说明：①字符数组 1 必须足够大。

②连接前,两串均以'\0'结束；连接后,串 1 的'\0'取消，新串最后加'\0'。

（1）该函数的返回值为 str1 串的首地址。

（2）str1 串所在字符数组要留有足够的空间，以确保两个字符串连接后不出现超界现象。

（3）参数 str2 既可以为字符数组名、指向字符数组的指针变量，也可以为字符串常量。

4. 字符串复制函数 strcpy()

格式：strcpy (str1,str2)；参数 str1 通常为字符数组名，参数 str2 可以为字符数组名，还可以是字符串、字符指针。

功能：将字符串 2，复制到字符数组 1 中去。

返回值：返回字符数组 1 的首地址。

说明：①字符数组 1 必须足够大。

②复制时'\0'一同复制。

③不能使用赋值语句为一个字符数组赋值。

例如：char s[80]; s="abcd";//错误

char s1[80] ="abcd";

char s2[80];

s2=s1; //错误

正确写法：strcpy(s2,s1);

str1 串所在的字符数组要留有足够的空间，以确保复制字符串后不出现超界现象。

【例 7-14】　字符串处理函数 strcat、strcpy 的使用。

源程序：
```c
/* 文件名: c-7-14.c*/
/* 功能: 字符串处理函数 strcat、strcpy 的使用*/
#include  <string.h>
#include  <stdio.h>

void main()
{
static char str1[30]="My name is ";
```

```
char str2[10];

printf("Example 7-14: Using of strcat and strcpy\n");
printf("Input your name:");
gets(str2);
printf("str1=\"%s\"    str2=\"%s\"",str1,str2);
strcat(str1,str2);
printf("\nstrcat(str1,str2):str1=\"%s\"    str2=\"%s\"",str1,str2);
strcpy(str1,str2);
printf("\nstrcpy(str1,str2):str1=\"%s\"    str2=\"%s\"\n",str1,str2);
}
```

程序运行结果如图 7-15 所示。

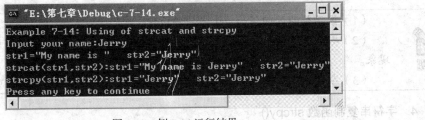

图 7-15　例 7-14 运行结果

5. 字符串比较函数 strcmp()

格式：strcmp (str1,str2)；参数 str1， str2 可以为字符数组名，还可以是字符串、字符指针。

功能：比较两个字符串。

比较规则：从第 1 个字符开始，依次对 str1 和 str2 为首地址的两个字符串中对应位置上的字符按 ASCII 代码的大小进行比较，直至出现第 1 个不同的字符（包括'\0'）时，即由这两个字符的大小决定其所在串的大小。

返值：返回 int 型整数，若字符串 1< 字符串 2， 返回负整数；若字符串 1> 字符串 2， 返回正整数；若字符串 1== 字符串 2， 返回零。

说明：字符串比较不能用 "= ="，"! =" 等关系运算符，必须用 strcmp()。

例如：s1: "abcd"

s2: "abdc"

比较 ASCII 码值，c 99, d 100 , s1<s2

　　　两个字符串比较结果的函数返回值等于第 1 个不同字符的 ASCII 代码之差。如"ABC"与"ABE"比较，其函数返回值为-2(即'C'、'E'的 ASCII 代码之差：67-69=-2)。反之，"ABE"与"ABC"比较，则其函数返回值为 2。

【例 7-15】　字符串处理函数 strcmp 的使用。

源程序：

```
/* 文件名: c-7-15.c*/
/* 功能: 字符串处理函数 strcmp 的使用*/
#include "stdio.h"
#include "string.h"

void main()
```

```
{
    int k;
    static char st1[15],st2[]="China";

    printf("Example 7-15: Using of strcmp\n");
    printf("Input a string:");
    gets(st1);
    printf("st1=\"%s\"  st2=\"%s\"\n",st1,st2);
    k=strcmp(st1,st2);
    if(k==0)
        printf("st1=str2\n");
    if(k>0)
        printf("st1>st2\n");
    if(k<0)
        printf("st1<st2\n");
}
```

程序运行结果如图 7-16 所示。本程序中把输入的字符串和数组 st2 中的串比较，比较结果返回到 k 中，根据 k 值再输出结果提示串。当输入为 "Canada" 时，由 ASCII 码可知'a'小于'h'，故 k<0，输出结果 "st1<st2"。

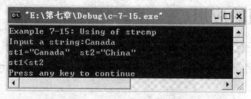

图 7-16 例 7-15 运行结果

（1）对两个字符串比较，不能直接使用关系运算符进行比较，不能写成 if(str1!=str2) 或 if(str1>str2)等。

（2）对字符串赋值，也不能直接使用赋值运算符进行赋值，而要使用函数 strcpy 完成。

6. 求字符串长度函数 strlen()

格式：strlen (str)；参数 str 通常为字符数组名。

功能：统计 str 为起始地址的字符串的长度（不包含'\0'）。

返值：返回字符串实际长度，不包括'\0'在内（第一个'\0'之前的字符的个数）。

分析以下字符串，strlen(s)的值是多少？

（1）char s[10]={ 'A', '\0', 'B', 'C', '\0', 'D'};

（2）char s[ ]="\t\v\\\0will\n";

（3）char s[ ]= "\x69\082\n";

【例 7-16】 字符串处理函数 strlen 的使用。

源程序：

/* 文件名：c-7-16.c*/

/* 功能：字符串处理函数 strlen 的使用*/

```
#include "stdio.h"
#include "string.h"

void main()
```

```
{
    int k;
    char str[ ]="C language";

    printf("Example 7-16: Using of strlen\n");
    k=strlen(str);
    puts(str);
    printf("The length of the string is %d\n",k);
}
```

程序运行结果如图 7-17 所示。

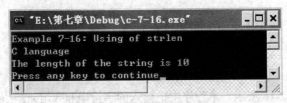

图 7-17　例 7-16 运行结果

思考：自己编程实现上述字符串函数完成的功能。

7.4.4　字符数组的应用

【例 7-17】　由键盘任意输入一个字符串和一个字符，要求从该串中删除所指定的字符。

分析：首先对输入的字符串根据给定字符进行查找，如果找到给定字符，怎讲后续字符进行前移，达到删除目的。

源程序：

```
/* 文件名：c-7-17.c*/
/* 功能：由键盘任意输入一字符串和一个字符，要求从该串中删除所指定的字符*/
#include "stdio.h"
void  main()
{
    char delChar,str[20];
    int i,j;

    printf("Example 7-17: delete char\n");
    printf("input string:");
    gets(str);
    printf("deldte ? :");
    scanf("%c",&delChar);/*输入要删除的字符*/
    for(i=j=0;str[i]!='\0';i++)
      if(str[i]!=delChar)/*删除指定字符*/
          str[j++]=str[i];
          str[j]='\0';
    puts(str);
}
```

程序结果如图 7-18 所示。

【例 7-18】　由键盘输入三个字符串，要求找出其中的最大值并输出。

分析：首先定义一个 3 行 20 列的二维数组，输入字符串，根据比较函数进行比较，将最大值复制到一个字符数组，进行输出。

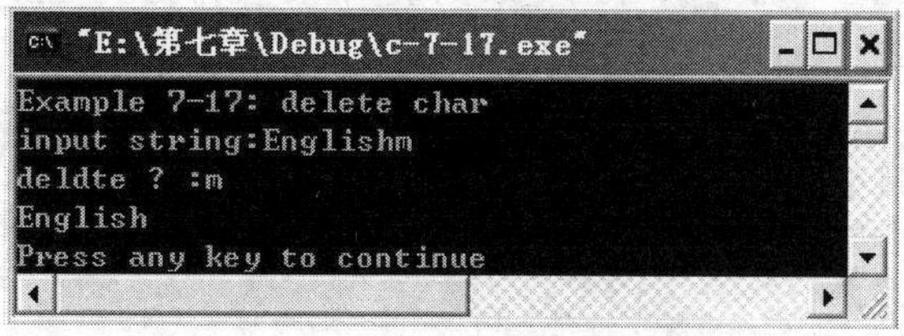

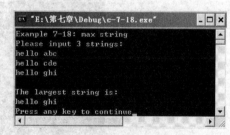

图 7-18 例 7-17 运行结果

源程序：

/* 文件名：c-7-18.c*/

/* 功能：由键盘输入三个字符串，要求找出其中的最大值并输出*/

```
#include <stdio.h>
#include <string.h>

void main()
{
    char string[20],str[3][20];
    int i;

    printf("Example 7-18: max string\n");
    printf("Please input 3 strings:\n");
    for(i=0;i<3;i++)
        gets(str[i]);/*输入三个字符串*/
    if(strcmp(str[0],str[1])>0)/*strcmp 函数进行比较*/
        strcpy(string,str[0]);/*strcpy 函数将较大值保存下来*/
    else
        strcpy(string,str[1]);
    if(strcmp(str[2],string)>0)
        strcpy(string,str[2]);
    printf("\nThe largest string is:\n%s\n",string);
}
```

程序运行结果如图 7-19 所示。

【例 7-19】 从键盘输入 10 个英文单词，使用冒泡排序实现升序排列，将最终排好的单词输出。

分析：本问题属于多个字符串排序问题。C 语言中对于多个字符串常常使用二维字符数组来处理。可以把一个二维数组看成由以多个一维数组作为元素而构成的一维数组，而每个一维数组存放一个字符串。这样，多个字符串排序问题实际上可以看成一维数组元素排序问题。排序算法与 7.2.4 小节介绍的方法相同。用字符串比较函数比较各一维数组的大小，进行排序并输出结果即可。

图 7-19 例 7-18 运行结果

源程序：

/* 文件名：c-7-19.c*/

/* 功能：英文单词，使用冒泡排序实现升序排列*/

```
#include "stdio.h"
#include "string.h"
```

```
#define N 10
void main()
{
    char words[N][20];
    //从键盘输入 10 个英文单词，存放在 words 数组中
    int i,j;
    char str[20];

    printf("Example 7-19: strings bubble sort\n");
    printf("Please input  10 words:\n");

    for(i=0;i<10;i++)
        gets(words[i]);
    /*使用冒泡排序法进行排序*/
    for(i=1;i<N;i++)
    {
        for(j=0;j<10-i;j++)
            if(strcmp(words[j],words[j+1])>0)
            {
                strcpy(str,words[j]);
                strcpy(words[j],words[j+1]);
                strcpy(words[j+1],str);
            }
    }
    /*输出排好的单词*/
    printf("排好序的单词为: \n");
    for(i=0;i<N;i++)
        puts(words[i]);
}
```

程序运行结果如图 7-20 所示。

图 7-20　例 7-19 运行结果

本程序定义 words[*N*][20]为二维字符数组，可分为 *N* 个一维数组 words[0]、words[1]、 words[2]……words[N-1]，可以存放 N 个长度不超过 20 的字符串（英文单词），在程序中，words[i] 表示第 i 个字符串的起始地址。排序处理时，调用系统函数 strcmp 进行字符串比较，字符串交换则需调用系统函数 strcpy，进行字符串赋值。

习　题　7

1. 改正下面这个源程序的错误。

```
#include <stdio.h>
void main()
{
    int i,j,list(10);

    for(i=0,i<10,i++)
    {
        list[i]=2*i+3;
        for(j=9,j>=0,j--)
            printf("%d\n",list[j]);
    }
}
```

2. 指出下面合法的说明语句。

A. int abcd[0x80];　　　　　　　　　B. char 9ab[10];

C. char chi[-200];　　　　　　　　　D. int aaa[5]={3,4,5};

E. float key[]={3.0,4.0,1,0};　　　　F. char disk[];

G. int n,floppy[n];　　　　　　　　　H. int cash[4]={1,2,3,4,5,6};

3. 根据以下说明，写出正确的说明语句。

（1）men 是一个有 10 个整型元素的数组。

（2）step 是一个有 4 个实型元素的数组，元素值分别为 1.9、-2.33、0、20.6。

（3）grid 是一个二维数组，共有 4 行、10 列整型元素。

4. 写出下面程序的运行结果。

（1）程序运行结果：＿＿＿＿＿＿＿＿＿＿＿＿＿＿＿＿。

```
void main()
{
    char ch[7]={"65ab21"};
    int i,s=0;

    for(i=0; ch[i]>='0'&&ch[i]<='9'; i+=2)
        s=10*s+ch[i]-'0';
    printf("%d\n",s);
}
```

（2）程序运行结果：＿＿＿＿＿＿＿＿＿＿＿＿＿＿＿＿。

```
void main()
{
```

```
        int y=18,i=0,j,a[8];
    do
        {
            a[i++]=y%2;
            y=y/2;
        }while(y>0);
        for(j=i-1;j>=0;j++)
            printf("%d",a[j]);
    }
```

（3）程序运行结果：_____。

```
void main()
{
    char a[8],temp;
    int i,j;

    for(i=0;i<3;i++)
    {
        temp=a[0];
        for(j=1;j<7;j++)
            a[j-1]=a[j];
        a[6]=temp;
        a[7]='\0';
        printf("%s\n",a);
    }
}
```

（4）运行下面程序时，输入 I like the young elephant 后的输出结果是_____。

```
void main()
{
    int i=0,k,ch;
    int num[5]={0};
    char alpha[]={'a','e','i','o','u'}, str[80];

    gets(str);
    while(str[i])
    {
        for(k=0;k<5;k++)
            if(str[i]==alpha[k])
            {
                mum[k]++;
                break;
            }
        i++;
    }
    for(k=0;k<5;k++)
        if(num[k])
        printf("%c:%d\n",alpha[k],num[k]);
}
```

5．读懂下面的程序并填空。

```
void main()
{
    char str[80];
```

```
    int i=0;

    gets(str);
    while(str[i]!=0)
    {
       if(str[i]>='a'&&str<='z')
            str[i]-=32;
       i++;
    }
    puts(str);
}
```

程序运行时，如果输入 upcase，屏幕显示＿＿＿＿＿＿＿＿ 。

程序运行时，如果输入 Aa1Bb2Cc3，屏幕显示＿＿＿＿＿＿＿。

6. 输入一个字符串（串长不超过 60），将字符串中连续的空格符保留一个。例如：输入字符串"I　am a　student."，则输出字符串为"I am a student."。

```
#include <stdio.h>
#include <string.h>
void main()
{
    char str[60];
    int i;

    gets(str);
    for(i=1; _____; i++)
       if(str[i-1]==' '&&str[i]==' ')
       {
              _____(a+i-1,b+i);  //此处选择适当的函数
            i--;
       }
          _____;
}
```

7. 查找是计算机程序中很重要的操作。对于已经排序的数据，可以采用"折半查找"算法进行查找，提高查找效率。折半查找算法的基本思想是：逐渐缩小目标对象可能存在的范围。首先测试集合中间那个元素的值，若相同，则查找成功；否则确定目标对象是在中间元素的左半区还是右半区，然后在到可能的半区重复上述过程，直到找到指定目标或查找失败。下面的函数用折半查找的算法在指定序列中查找数据，请将程序补充完整，并验证。

```
void BinarySearch()
{
    int num[]={1,3,5,7,9,11,13,15};
    int key, n;
    int low,high,mid;

    n=sizeof(num)/sizeof(int);    //待查序列数据个数
    printf("Input the integer to find:");  //输入待查数据
    scanf("%d",&key);
    for(low=0,high=n-1; low<=high; )
    {
        mid=_____;    //确定中间元素的下标值
```

```
            if(key==num[mid]) //表示查找成功
            {
                printf("Find. %d's position is %d\n",key,mid);
            }
            else if(key > num[mid])
                low= _____ ; //目标可能在右半区
            else high= _____ ; //目标可能在左半区
        }
        if(low>high)//表示查找不成功
        {
            printf("Not find.\n");
        }
    }
```

8. 编写程序，利用数组求 Fibonacci 数列的前 15 项。Fibonacci 数列具有下面的性质：

$$f(1)=1, \quad f(2)=1, \quad f(n) = f(n-2)+f(n-1) \quad (n \geqslant 3)$$

9. 如果将英语的 26 个字母由 a 到 z 分别编为 1 到 26 分的话，请编写程序，输入下面的词语，将各词语的字母分相加，看看结果，并想想为什么？

```
knowledge
hard work
attitude
```

10. 编一程序，将一维数组中的元素向右循环位移 N 次。例如，数组各元素的值依次为 0,1,2,3,4,5,6,7,8,9,10；位移 3 次后，各元素的值依次为 8,9,10,0,1,2,3,4,5,6,7。

11. 输入一个 3 行 4 列的数组，先以 3 行 4 列的格式输出该数组，然后找出该数组中值最小的元素，输出该元素及其两个下标。

12. 编程序求 4×4 矩阵对角线之和。

13. 输入一个字符串，将其有的数字字符删除，打印删除后的字符串。

14. 输入一个十进制整数 n，将其转换为二进制数输出。

第8章
函数和变量的作用域

到目前为止，本书给出的大部分程序都是一些短小的程序，完成的功能也相对简单。当程序要解决的问题稍复杂一些时，为了遵循"清晰第一、效率第二"的程序设计原则，传统的面向过程的程序设计采用结构化程序设计方法，其基本思想是"自顶向下、逐步求精"，这种思想在第5章中已做过介绍，本章结合C语言的函数特性和C程序的结构予以深入探讨。C语言的程序是由多个称为函数的模块组装而成的，函数是C程序的基本单位。一个C程序无论规模多大、问题多复杂，最终都将落实到每个函数的设计与编程上。

本章将介绍模块化程序设计思想、函数的定义与调用方法、数据在函数间的传递方式、变量的作用域和生存期，以及内外部函数的使用等。

8.1 函 数 概 述

8.1.1 模块化程序设计方法

在程序设计过程中，经常会遇到需要执行重复的操作（如排序），而执行这些操作所采用的算法是相同的，不同的是每次执行时所处理的数据。如果每次都重新编写代码，程序开发的效率将会很低的。

此外，当设计一个解决复杂问题的程序时，往往采用"自上而下、逐步细化"的办法，即将一个复杂的任务划分为若干子任务，每一个子任务设计成一个子程序，称为模块。若子任务较复杂，还可以将子任务继续分解，直到分解成一些容易解决的子任务为止。分解的一个重要原则是减少模块之间的相互依赖。每个子任务对应一个子程序，子程序在程序编写时可相互独立。完成总任务的程序是由一个主程序和若干子程序组成的，主程序起着任务调度的总控作用，而每个子程序各自完成一个单一的任务。这就是所谓的模块化程序设计方法。

模块化程序设计要求各模块相对独立、功能单一、结构清晰、接口简单，从而控制了程序设计的复杂性，还具有易于维护和功能扩充等特点；由于可多人分工合作完成，缩短了开发周期；子程序代码公用（当需要完成同样的任务时，只需要一段代码，可多次调用），使程序简洁；代码的重用避免了程序开发的重复劳动。

在C语言中，模块化的程序设计是通过"函数"来实现的，C语言中的模块称为函数。C语言提供了功能丰富的标准库函数，这些库函数都经过了最严格的测试，使用这些函数模块可以加快应用程序的开发速度和提高程序的质量。程序员也可以编写自己需要的所有函数，从而解决特有的问题，在编写程序的过程中，也可以积累自己专用的函数模块，这对于以后的工作将会带来意想不到的帮助。

8.1.2 C一模块化程序设计语言

一个 C 程序可由一个主函数和若干个函数构成。由主函数调用其他函数，其他函数也可以互相调用。同一个函数可以被一个或多个函数调用任意多次。所以，C 语言是符合模块程序设计要求的，一个较大的程序一般应分为若干个程序模块，每一个模块用来实现一个特定的功能。

C 语言中的函数为程序的层次结构提供了有力的支持，图 8-1 是 C 程序的结构示意图。

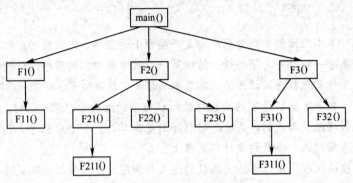

图 8-1　C 程序的模块结构

图 8-1 中矩形框表示功能模块，具有相对独立的单一功能，可以用一个函数来实现，连接矩形框的箭头表示模块间的调用关系。

【例 8-1】编写和使用一个简单函数，输出以下结果。

****

Welcome to Beijing!

****

程序代码如下：

```c
#include <stdio.h>
void main()
{
    void star();
    void message();

    star();
    message();
    star();
}
void star()
{
    printf("********************\n");
}
void message()
{
    printf(" Welcome to Beijing!\n");
}
```

程序运行结果如图 8-2 所示。

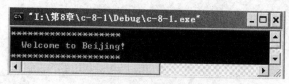

图 8-2　例 8-1 运行结果

从程序运行结果可以看出程序在主函数控制下依次执行每个函数，每个函数可以调用其他函数。上述程序的层次关系如图 8-3 所示。

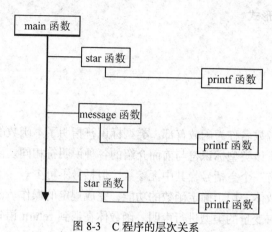

图 8-3　C 程序的层次关系

8.1.3　函数的分类

函数是 C 程序的基本单位，通过对函数的调用实现特定功能。由于采用了函数模块式的结构，C 语言易于实现结构化程序设计，使程序的层次结构清晰，便于程序的编写、阅读和调试。在 C 语言中，可以从不同的角度对函数进行分类。

从函数结果的形式看，又可把函数分为有返回值函数和无返回值函数两种。

（1）有返回值函数

此类函数被调用执行完后将向调用者返回一个执行结果，称为函数的返回值，如数学函数即属于此类函数。由用户自定义的函数要返回函数值时，必须在函数定义和函数说明中明确返回值的类型。

（2）无返回值函数

此类函数用于完成某项特定的处理任务，执行完成后不向调用者返回函数值。由于函数无返回值，用户在定义此类函数时可指定它的返回值为"空类型"，空类型的说明符为"void"。

从主调函数和被调函数之间数据传送的角度看，又可把函数分为无参函数和有参函数两种。

（1）无参函数

函数定义、函数说明及函数调用中均不带参数。主调函数和被调函数之间不进行参数传递。此类函数通常用来完成一组指定的功能，可以返回或不返回函数值。

（2）有参函数

也称为带参函数。在函数定义及函数说明时都有参数，称为形式参数（简称为形参）。在函数调用时也必须给出参数，称为实际参数（简称为实参）。进行函数调用时，主调函数将把实参的值传递给形参，供被调函数使用。

8.2　函数的定义与调用

要在C程序中使用用户自定义函数，必须遵循函数的"先定义或声明，再使用"的原则。

8.2.1　函数的定义

1.　无参函数的定义形式

类型标识符　函数名()

{

　变量声明序列

　执行语句序列

}

其中类型标识符和函数名称为函数首部。类型标识符指明了本函数的类型，函数的类型实际上是函数返回值的类型，该类型标识符与前面介绍的各种说明符相同。函数名的书写符合标识符的命名规则，函数名后有一个空括号，其中无参数，但括号不可少。

{}中的内容称为函数体，用于确定函数的功能，完成规定的操作。函数体中的变量声明部分是对函数体内用到的所有变量的类型进行声明。函数体在遇到return语句或最后一条语句执行结束后，返回主调函数，并撤销在函数调用时为形式参数分配的空间。

当函数无返回值时，用户在定义此函数时可指定它的返回值为"空类型（void）"。当函数的返回值类型为整型（int）时，可以不指定其返回值类型，系统默认为整型。

一般情况下，无参函数不需要有返回值，此时可将函数类型定义为void，如下例。

```
void hello()
{
    printf("Hello,world! \n");
}
```

这里，hello()函数是一个无参函数，当被其他函数调用时，输出"Hello,world!"字符串。

2.　有参函数的定义形式

类型标识符　函数名（形式参数列表）

{

　变量声明序列

　执行语句序列

}

有参函数比无参函数多了一个内容，即形式参数列表。形式参数可以是各种类型的变量，各参数之间用逗号间隔。在进行函数调用时，主调函数将赋予这些形式参数实际的值。形参既然是变量，必须在形参表中给出形参的类型说明。例如定义一个函数，用于求两个整数中的最大数，可写为：

```
int max(int a,int b)
{
    if(a<b) return b;
    else return a;
}
```

　　第一行说明 max()函数是一个整型函数，其返回的函数值是一个整数。形参为 a、b 均为整型。a、b 的具体值是由主调函数在调用时传送过来的。在 max()函数体中的 return 语句是把 a（或 b）的值作为函数的值返回给主调函数。有返回值的函数中至少有一个 return 语句。

3. "空函数"的定义形式

类型说明符　函数名()
```
{
}
```

例如：dummy()
```
       {
       }
```

　　调用此类函数时，什么工作也不做，没有任何实际作用。在主调函数中写上 "dummy();" 表明 "这里要调用一个函数"，而现在这个函数没有起作用，等以后扩充函数功能时补充上。在程序设计中往往根据需要确定若干模块，分别由一些函数来实现。而在第一阶段只设计最基本的模块，其他一些次要功能或锦上添花的功能则在以后需要时陆续补上。在编写程序的开始阶段，可以在将来准备扩充功能的地方写上一个空函数（函数名取将来采用的实际函数名，如用 merge()、matproduct()、concatenate()、shell()等，分别代表合并、矩阵相乘、字符串连接、希尔法排序等），先占一个位置，以后用一个编好的函数代替它。这样做，程序的结构清楚，可读性好，以后扩充新功能方便，对程序的结构影响不大。

【**例 8-2**】　输入两个实数，用一个函数求出它们之和。

　　分析：两个数相加的算法很简单，现在用 add 函数实现它。要计算两个实数的和，因此应有两个参数，为 float 型，add 函数也为 float 型。

```
 1: #include <stdio.h>
 2: void main()
 3: {
 4:     float add(float x, float y);
 5:     float a,b,c;

 6:     printf("Please enter a and b:");
 7:     scanf("%f,%f",&a,&b);
 8:     c=add(a,b);
 9:     printf("sum is %f\n",c);
10:}
11:float add(float x,float y)
12:{
13:     float z;

14:     z=x+y;
15:     return(z);
16:}
```

程序运行结果如图 8-4 所示。

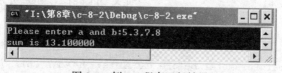

图 8-4　例 8-2 程序运行结果

程序的第 11 行至第 16 行为 add() 函数定义。程序第 8 行为调用 add() 函数，并把实参的值分别传递给 add() 的形参 x、y。

8.2.2 函数的参数和返回值

1. 函数的参数

一般情况下，调用函数时，主调函数和被调函数之间有数据传递关系，主调函数有数据传到被调函数，被调函数也有数据返回到主调函数。

函数的参数分为形参和实参两种。在定义函数时，函数后面括号中的变量名称为"形式参数"，简称"形参"。形参在定义时，必须指定类型。形参在整个函数体内都可以使用，离开该函数则不能使用。

在调用函数时，函数名后面括号中的表达式称为"实际参数"，简称"实参"。即实参出现在主调函数中，进入被调函数后，实参也不能使用。形参和实参的功能是完成数据传送的，发生函数调用时，主调函数把实参的值传递给被调函数的形参，从而实现主调函数向被调函数传递数据。函数的形参和实参具有以下特点：

（1）形参必须指定类型，形参在函数被调用前不占内存，只有在被调用时才为形参分配内存，调用结束，即释放所分配的内存单元。因此，形参只有在本函数内有效，函数调用结束返回主调函数后则不能再使用该形参变量。

（2）实参必须具有确定的值，因此应预先用赋值、输入等办法使实参数获得确定值。实参可以是常量、变量、表达式、函数等。

（3）实参和形参在数量上、类型上、顺序上应一一对应，若形参与实参类型不一致，函数调用时自动按形参类型转换。

（4）函数调用中发生的数据传递是单向的。即只能把实参的值传递给形参，而不能把形参的值反向地传递给实参。因此在函数调用过程中，形参的值发生改变，实参中的值也不会发生变化。可以理解传参为赋值，即把实参的值赋给形参，所以，形参可以看成是实参的一个拷贝，而不是实参本身。

【例 8-3】 下面的程序可以说明形参和实参的关系。

```c
#include <stdio.h>
void main()
{
    int n;
    void fun_para(int n);                /*函数声明*/

    printf("input number\n");
    scanf("%d",&n);
    fun_para(n);                         /*调用 fun_para() 函数, n 为实参*/
    printf("Actual Argument: n=%d\n",n); /*输出实参 n 的值*/
}

void fun_para(int n)                     /*定义 fun_para() 函数, n 为形参*/
{
    int i;

    printf("Formal Parameter before caculate: n=%d\n",n); /*输出形参 n 的初值*/
```

```
        for(i=n-1;i>=1;i--)
            n=n+i;
        printf("Formal Parameter after caculate:  n=%d\n",n);    /*输出形参 n 的值*/
    }
```

程序运行结果如图 8-5 所示。

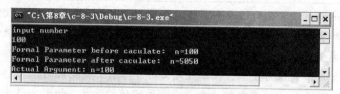

图 8-5　例 8-3 程序运行结果

本程序中定义了一个 fun_para() 函数，该函数的功能是求 $\sum i\,(0<i\leqslant n)$ 的值。在主函数中输入 n 的值，并作为实参，在调用 fun_para() 函数时传递给形参 n（注意：本例的形参变量和实参变量的标识符都为 n，但这是两个不同的量，各自的作用域不同）。

从运行情况看，输入 n 值为 100。即实参 n 的值为 100。把此值传送函数 fun_para() 时，形参 n 的初值也为 100，在执行函数过程中，形参 n 的值变为 5050。返回主函数之后，在主函数中用 printf() 函数语句输出一次 n 值，这个 n 值是实参 n 的值，n 的值仍为 100。可见实参的值不随形参的变化而变化。

2. 形式参数的设计

在学习函数时，如何确定形式参数的个数和类型？这是一个令初学者困惑的问题。事实上，形式参数的设计与函数的预期功能密切相关。因为，函数要实现相应的功能，必须获得一定的原始信息，而这些原始信息来自形式参数。所以，设计形式参数应从函数的功能分析入手，哪个数据需要主调函数提供，就应定义一个形式参数接收该数据。下面分别以例 8-1 的 star() 函数和例 8-2 中的 add() 函数为例，分析其形式参数的设计思想。

例 8-1 中 star() 函数的功能是输出一行由 20 个星号组成的分隔条，这里组成分隔条的字符 * 和符号个数 20 都已确定，要实现函数功能已不再需要其他信息，因此 star() 函数被定义为一个无参函数。

例 8-2 中 add() 函数的功能是计算两个实数的和，这两个实数都未确定，要实现函数功能，必须由主调函数提供这两个实数，因此 add() 函数被定义为一个具有两个形式参数的函数，并确定这两个形式参数都为浮点型。

又如编写一个函数，判断给定的正整数是否是素数。根据函数所完成的功能，需要提供给函数的信息是待判定的正整数，可设计一个 int 型的形式参数来接收该数据。而判定结果有两种可能，一是该正整数是素数，二是该正整数不是素数，可分别用整数 1 和 0 来表示，因此，该函数原型可设计为：

```
int prime(int n);
```

思考：形式参数的设计与模块化程序设计有何关系？

3. 函数的返回值

通常在调用一个函数时，都希望被调函数能返回一个确定的结果，这就是函数的返回值，或称为函数的值。函数的返回值是通过函数中的 return 返回语句实现的，无论 return 在函数的什么位置，只要执行到它，就立即返回到函数的调用者。return 语句的一般形式是：

Return;
return 表达式;

return (表达式);

第一种形式，函数的返回值不确定，这时调用者对返回值不感兴趣。后两种形式，函数要把表达式的值返回给调用者。函数中可以有多个 return 语句，但每次调用只能有一个 return 语句被执行，因此只能返回一个函数值。返回值的类型可以是除数组外的任意类型，也可以是 void 类型。

（1）return 语句后面的表达式可以是常量、变量或表达式。函数值的类型和函数定义中函数的类型应保持一致，若函数的类型与 return 语句中表达式值的类型不一致，则以函数的类型为准，函数调用时自动进行类型转换。

（2）如果函数值为整型，在函数定义时可以省去类型说明。

（3）返回值为 void 类型的函数是没有返回值的函数，如例 8-3 中的函数。一旦函数被定义为空类型后，就不能在主调函数中使用被调函数的函数值了。如例 8-3 中的函数 fun_para(int n)为空类型，在主调函数中写语句"sum=fun_para(n);"就是错误的。

对于不能识别 void 类型的编译器来说，定义函数时，如果没有返回值，则应将函数定义为 int 类型或省略函数类型符。

8.2.3　函数声明

在 C 程序中，一个函数的定义可以放在任意位置，既可放在主函数 main()之前，也可放在 main()之后。定义好函数之后，与引用变量相类似，函数也遵循"先函数声明，后引用"的规则。

函数声明和函数定义不能混淆。函数声明的作用是将函数名、每个参数的类型以及函数返回值类型告诉编译系统，使程序在编译阶段对调用函数的合法性进行全面检查，避免函数调用时出现参数个数或类型不一致的运行错误。而函数定义则是函数功能的实际实现代码。

1. 自定义函数声明

函数声明的格式为：

类型说明符　　被调函数名(类型　形参1，类型　形参2…)；

或为：

类型说明符　　被调函数名(类型，类型…)；

函数声明括号内给出了形参的类型和形参名或只给出形参类型，这便于编译系统进行检错，从而防止可能出现的错误。

C 语言规定在遇到以下两种情况时，可以省去在主调函数中对被调函数的函数声明。

① 被调函数的函数定义出现在主调函数之前时。

② 在所有函数定义之前，在函数外预先说明了各个函数的类型，则在以后的各主调函数中，可不再对被调函数做声明，如下面的例子8-4。

【例8-4】　输入 n，求 1! +2! +……+n!，并输出结果。

```
#include <stdio.h>
int factorial (int m) ;          /*函数的声明*/
void main( )
```

```
{    int i,n,sum=0;

     printf("输入 n 的值:");
     scanf("%d",&n);
     for(i=1; i<=n; i++) {sum = sum+ factorial (i); } /*调用函数*/
     printf("sum is %d\n", sum);
}
/*阶乘函数定义*/
int factorial (int m)
{
     int f = 1,i;
     for(i=1;i<=m;i++) f *= i;
     return f;    /*返回 f 的值到主函数中调用的地方*/
}
```

程序运行结果如图 8-6 所示。

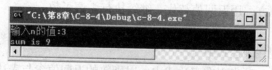

图 8-6　例 8-4 程序运行结果

其中程序第 2 行对 factorial()函数预先做了声明。因此在以后各函数中无须对 factorial()函数再做声明就可以直接调用。可以看出函数声明与函数定义中的函数头部分相同，但是函数声明末尾要加分号。

2．库函数的声明

当需要使用库函数时，应该在程序最前面加上一条#include 命令来包含相应的头文件，其形式如下：

> **#include　<头文件名>**
> **或**　　**#include　"头文件名"**

在扩展名为.h 的头文件中就有库函数声明。

如当程序中用到某数学库函数时，就必须在程序的首部写上：

```
    #include <math.h>
或   #include "math.h"
```

如前面例子中经常使用的 "#include　<stdio.h>" 是一个标准的输入输出头文件，在 stdio.h 中含有输入输出库函数所用到的一些宏定义信息，如果不包含 stdio.h 头文件就无法使用输入输出库中的函数。同样，在调用字符串库函数时，就应该用 "#include　<string.h>"。当调用数学库中的函数时，就应该用 "#include　<math.h>"。还有其他常用的头文件，请读者参考相关手册。

一般，我们习惯上在调用库函数时使用<>，而在调用用户自己编写的头文件时使用""。其中的内容可以是具体的文件路径。

8.2.4　函数的调用和参数传递

在定义了一个函数之后，只有调用该函数才能执行函数的功能，否则，函数在程序中只是一段静态的代码，而永远不可能执行。

1. 函数调用过程

函数调用的一般形式如下：

函数名([实参列表]);

如果是无参函数，没有实参表，但括号（ ）仍须保留；如果有多个实参，参数之间用逗号隔开。调用函数时必须保证实际参数与形式参数个数相同、类型一致、位置对应，否则将出现编译错误或得到错误的计算结果。

当函数被调用时，将执行下面步骤：

（1）计算每个实参表达式的值；

（2）每个实参的值传递给对应的形参；

（3）转入被调函数体中，执行该函数体中的语句，直到遇到 return 语句或者作为函数体结束的右花括号；

（4）计算 return 中的表达式，如果需要的话，将表达式的值转化为函数指定的返回类型；

（5）在函数调用的地方，用返回值替代，继续执行主调函数。

2. 函数调用方式

（1）函数的调用出现在表达式中

函数作为表达式中的一项出现在表达式中，以函数的返回值参与表达式的运算。这种方式要求函数必须有返回值。如 $z = \min(x,y)$; 是一个赋值表达式，即把 min() 函数的返回值赋给变量 z。

（2）以独立的函数语句调用

这种调用方式中，函数一般无返回值；若函数有返回值，也不是通过 return 语句返回的，而是直接利用指针参数带出函数体。

【例 8-5】 独立的函数语句调用一般无返回值。

```
#include <stdio.h>
void fun();              /*fun()函数类型声明*/
void main()
{
    int count;

    for(count=1;count<=3;count++)
        fun();           /*调用 fun()函数*/
}
void fun()               /*定义 fun()函数*/
{
    int i=1;

    i+=2;
    printf("%d\n",i);    /*此函数的结果在函数中输出，所以返回值为void*/
}
```

程序运行结果如图 8-7 所示。

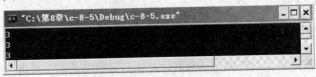

图 8-7　例 8-5 程序运行结果

例 8-5 对无参数 fun()函数调用了三次。在调用无参数函数时，没有实参，但括号不能省略。

（3）函数作为实际参数

函数作为另一个函数调用的实际参数出现，这种情况是把该函数的返回值作为实际参数进行传送，因此要求该函数必须是有返回值的。如 "printf("%d", max(x,y));"，即把 max()函数的返回值又作为 printf()函数的实际参数来使用。

在函数调用中应注意：C 语言没有规定实参表达式的求值顺序，这取决于具体的系统。如 Turbo C 对实参求值顺序为自右至左。实参是按自左至右还是自右至左计算值，有时会使函数调用产生不同的结果，如 "p=f(i,++i);"，设 i 的原值为 1，若按自左至右计算，相当于调用 f(1,2)；若按自右至左计算，就相当于调用 f(2,2)。这种情况使得程序的通用性受到影响，因此要避免这种二义性，就不要使一个变量与这个变量的自加或自减运算出现在同一个实参表中，如果将上述调用改为如下形式，则不会出现二义性：

```
j=i;
k=++i;
p=f(j,k);
```

3. 函数调用中的数据传递方式

一般情况下，调用函数时，主调函数与被调函数之间有数据传递关系。被调函数向主调函数传递数据一般是利用 return 语句实现，而主调函数向被调函数传递数据主要是通过函数的参数进行的。

调用一个带参数的函数时，主调函数与被调用函数之间会发生数据传递，即将实参的数据传递给形参。实参就是函数调用时所使用的参数，形参就是函数定义时所使用的参数。实参和形参之间有两种数据传递方式：一种是传值，另一种是传地址（传指针）。

（1）"传值"方式

当形参为简单变量时，在调用函数时，系统根据形参类型，为每个形参分配存储单元，并将实参的值复制到对应的形参单元中，这时形参就得到了实参的值，这种参数传递方式称为"值传递"。但是函数调用一结束，形参所占的存储单元立即被系统收回，其值亦不复存在，实参单元仍保留并维持原值。换言之"传值"调用其数据的传递是单向性的，即实参只能向形参传递值，形参无法将自身值反传给实参。原因是形参获得的存储单元是受时间限制的孤立单元，这就是传值调用的特点。下面来看看一个交换变量的程序。

【例 8-6】　编写函数将两个整数的值交换并输出。

```c
#include <stdio.h>          /*文件包含编译预处理命令*/
void swap(int x, int y)     /*定义 swap()函数，x、y 为形参*/
{
    int z;

    z=x;
    x=y;
    y=z;
    printf("swap:x=%d,y=%d\n",x,y);
}
void main()
{
    int a,b;
```

```
        printf("Input two integers:");
        scanf("%d%d",&a,&b);
        printf("main before swap():a=%d,b=%d\n",a,b);
        swap(a,b);                          /*调用 swap()函数，a、b 为实参*/
        printf("main after swap():a=%d,b=%d\n",a,b);
}
```

数据传递如图 8-8 所示。形参 x、y 与实参 a、b 各自占据独立的存储空间，值传递只是把实参 a、b 的值传给形参 x、y。程序运行结果如图 8-9 所示。可见，调用 swap()函数后，x、y 的值交换了，而 a、b 的值没有改变，这就是值传递的特点。值传递的好处是减少了函数间的相互影响，保证了函数的独立性，但有时人们希望从函数参数返回变化了的值，值传递就显得无能为力了。

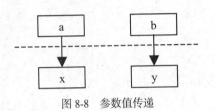

图 8-8　参数值传递　　　　　　　　　　　　　图 8-9　例 8-6 程序运行结果

（2）"传地址"方式

在 C 语言中提供了"传地址"的方法，即在函数调用时，将数据的存储地址作为参数传递给形参。这样形参与实参将占用同样的存储单元。通过这种参数传递的方法可以做到：函数中对参数的修改将影响主调函数中参数的值。这种传递参数的方式好比在两个函数之间开了一个通道，让一个函数可以操作另外一个函数的局部变量，从而达到值的"双向"传递，但实参和形参必须是地址常量或变量。这方面的知识将在 8.4 节"数组作为函数参数"和第 9 章指针部分介绍。

8.3　函数的嵌套调用和递归调用

在 C 语言中，函数不允许嵌套定义，即在一个函数定义的内部不允许出现另一个函数的定义，因此各函数之间是平行的，不存在上一级函数和下一级函数的问题。但 C 语言允许函数在自身的定义中又去调用另外一个函数甚至调用自己，C 语言把前者称为函数的"嵌套"调用或嵌套函数，后者称为函数的"递归"调用或递归函数。

8.3.1　函数的嵌套调用

C 语言规定，函数的定义不可以嵌套，但可以嵌套调用函数。函数的嵌套调用是指在执行被调用函数时，被调函数又调用了其他函数。函数嵌套调用为结构化程序设计提供了基本的支持。

【例 8-7】　求三个数中最大数和最小数的差值。

```
#include <stdio.h>
int dif(int x,int y,int z);              /*函数声明部分*/
int max(int x,int y,int z);
int min(int x,int y,int z);

void main()
```

```
{
    int a,b,c,d;

    scanf("%d%d%d",&a,&b,&c);
    d=dif(a,b,c);
    printf("Max-Min=%d\n",d);
}
int dif(int x,int y,int z)              /*函数的定义部分*/
{
    return max(x,y,z)-min(x,y,z);
}
int max(int x,int y,int z)
{
    int r;
    r=x>y?x:y;
    return(r>z?r:z);
}
int min(int x,int y,int z)
{
    int r;
    r=x<y?x:y;
    return(r<z?r:z);
}
```

上面的程序由 main()函数和其他 3 个函数组成，关系如图 8-10 所示。

其执行过程是：从 main()函数开始执行，当执行到 main()函数中调用 dif()函数的语句时，即转去执行 dif()函数；在执行 dif()函数中调用 max()函数时，即转去执行 max()函数；max()函数执行完毕返回 dif()函数的断点处继续执行；当执行到调用 min()函数时，即转去执行 min()函数；min()函数执行完毕返回 main()函数的断点处继续执行，直到 main()函数结束。从中可以看出，程序的执行是从 main()函数开始，到 main()函数结束，其他函数的执行是通过调用完成的。

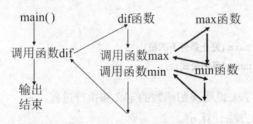

图 8-10　嵌套函数的调用关系

程序运行结果如图 8-11 所示。

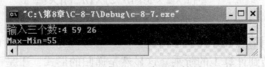

图 8-11　例 8-7 程序运行结果

在执行主函数 main()时，调用了函数 dif()，在这个函数中又分别调用 max()和 min()函数，因此三个函数都被执行。从形式上看，一个 C 语言源程序是由一个或多个函数组成的。从这个例子中可以看出，C 语言函数是可以嵌套调用的。

不可以对函数进行嵌套定义，也就是不能在一个函数中定义另一个函数。

8.3.2　函数的递归调用

在调用一个函数的过程中又出现直接或间接地调用该函数本身的情况称为函数的递归调用。能够递归调用的函数是递归函数，又称为自调用函数。其中，调用函数的过程中又调用该函数本身称为直接递归调用，如图 8-12 所示；调用一个函数的过程中调用另一个函数，而在第二个被调用的函数中又需要调用第一个函数，这种情况称为间接递归调用，如图 8-13 所示。

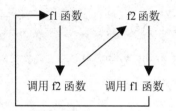

图 8-12　直接递归调用　　　　　　　　图 8-13　间接递归调用

递归函数执行时将反复调用其自身，每调用一次就进入新的一层。为了防止递归调用无休止地进行，必须在递归函数的函数体中给出递归终止条件，当条件满足时则结束递归调用，返回上一层，从而逐层返回，直到返回最上一层而结束整个递归调用。递归调用时不断深入新的一层和逐层返回都是 C 系统自动完成的，作为程序员，主要是编写好递归调用函数和递归终止条件。如果在程序中没有设定可以终止递归的条件，将会无限制地进行下去，这是程序设计中要避免的。

从程序设计的角度考虑，递归算法涉及两个问题：一是递归公式，二是递归终止条件。递归的过程可以这样表述：

```
if(递归终止条件)    return(终止条件下的值);
else               return(递归公式);
```

下面用一个简单的例子来说明递归函数的定义和执行过程。

【例 8-8】　用递归的方法计算 $n!$。

分析：根据阶乘的定义有

$$n! = 1 \times 2 \times 3 \cdots (n-2) \times (n-1) \times n$$
$$= [1 \times 2 \times 3 \cdots (n-2) \times (n-1)] \times n$$
$$= (n-1)! \times n$$

即计算 n 的阶乘被归结为计算 $n-1$ 的阶乘，同样的道理，计算 $n-1$ 的阶乘将归结为计算 $n-2$ 的阶乘……最终必将归结到计算 1 的阶乘。这显然是递归的形式，于是可以定义阶乘的递归函数 $facto(n)$：

$$\begin{cases} facto(n)=1 & n=0,1 \\ facto(n)=facto(n-1) \times n & n>1 \end{cases}$$

源程序如下：

```
#include <stdio.h>
int facto(int x);                      /*函数声明*/
void main()
{
    int a;                             /*定义一个整数保存用于求阶乘的数*/
    int factorial;                     /*定义一个整数保存阶乘值*/

    printf("enter an interage:");
    scanf("%d",&a);
    factorial=facto(a);                /*求阶乘的递归函数调用*/
    printf("\ninterage %d factorial is: %d\n",a,factorial);
}
int facto(int x)                       /*定义一个求阶乘的递归函数*/
{
    if((x==1)||(x==0)) return 1;
    else return (x*facto(x-1));
}
```

程序运行结果如图 8-14 所示。

分析函数 facto()的执行过程，从中可以看到递归函数的运行特点。如在程序中要求计算 4!，则从 facto(4)开始了函数的递归过程，图 8-15 给出了递归调用和返回的示意图。第一次调用时，形参 x 接收到 4，开始执行，在函数体内 x==1 不成立，所以执行 else 下的 return 语句。执行该语句时，首先计算括号中表达式的值，其中需要调用 facto(x-1)，也就是调用 facto(3)，由此产生第二次调用函数 facto()的过程。第二次调用的过程中，x 的值是 3，仍不满足 x==1，于是产生第三次调用 facto(2)。如此下去，直至调用 facto(1)，x==1 的条件成立，这时执行 if 下的 "return 1;" 语句，到此为止开始逐步返回。每次返回 "函数的返回值乘以 x 的当前值"，其结果作为本次调用的返回值返回给上次调用的函数中。最后返回的是第一次调用 facto(4)的值 24，从而得到了 4! 的计算结果。

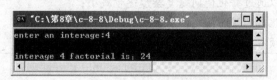

图 8-14　例 8-8 程序运行结果

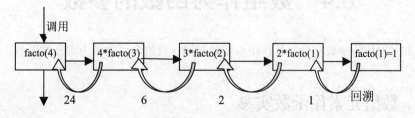

图 8-15　求阶乘递归函数执行 facto(4)的过程

从上面的分析可以看出，递归的执行可以分为两步：

（1）递归调用过程。原始的问题不断地转化为规模小一级的新问题，即不断地调用递归函数，不断地由 "复杂" 到 "简单"，一直到 "最简单" 的情况（称为 "递归终止条件"），如本例为 "n=1"，计算出函数的值，本例为1。

（2）回溯过程。从已知条件出发，沿递归的逆过程，逐一求值返回，直至递归到初始处。计算工作是在返回的过程中逐层进行的。因此在递归调用时，前面各层的计算还未完成就要进入下一层的计算，各层中的有关数据都要保存在内存的一个特殊区域——堆栈（Stack）中，以便返回后接着计算，这一过程由系统自动完成。

递归是一种非常有用的程序设计技术，特别是当事物本身蕴含着递归关系时，如迭代、级数、链表等方面，采用递归算法是一种最佳的选择。递归函数的主要优点是算法设计容易，但递归函数的优点是在牺牲存储空间的基础上得到的。因为每调用函数一次，要在内存堆栈区分配空间，用于存放函数变量、返回值等信息。所以递归次数过多的话，可能引起堆栈溢出，而且递归的进入和退出使系统的执行效率降低，所以递归函数不能不分场合地乱用、滥用。为了节省系统资源和提高效率，只要可能，通常总是用递推算法来代替递归算法。

下面用递推方式编写 facto() 函数：

```c
long int facto(int n)
{
    long result;
    int i;

    result=1;
    for(i=2;i<=n; i++)
        result*=i;
    return(result);
}
```

这种方法虽没有递归方法那样自然、简洁，但同样易于理解，而且它的执行速度要快得多。但是有的问题不用递归方法是较难解决的，比如 Hanoi 塔问题，有兴趣的读者可参看有关教材。

用递归函数处理的问题应具备以下三个条件：

（1）可以通过转化使问题复杂度逐步减小；

（2）简化后的两个问题具有相似的解法；

（3）必须有一个明确的递归出口（递归边界）。

8.4 数组作为函数的参数

数组元素可以作为函数实参，其作用与变量相同；数组名可以作为实参和形参，传递的是数组首地址。

8.4.1 数组元素作函数实参

在函数调用时，使用单个数组元素作为函数实参，变量作为函数形参，在此情况下，实参与形参之间的参数的传递属于传值方式，即将实参的值传送（复制）到形参相应的存储单元中，此时形参和实参分别占用不同存储单元。此情况与普通变量作为实参的情况相同，此处不再具体讨论。

8.4.2　一维数组名作函数实参

在函数调用时，使用数组名作为函数实参，数组作为函数形参（此种情况下，实参和形参类型必须一致），则实参与形参之间的参数的传递属于地址传递方式。

数组名作为函数实际参数，传递的是数组的首地址，形参数组指向实参数组，形参数组与实参数组实质为同一个数组。下面结合例 8-9 加以介绍。

【例 8-9】　求某班若干学生的平均成绩。

源程序如下：

```c
#include <stdio.h>
float ave(float b[],int n1)    /*数组 b 存放学生成绩,n1 为学生人数*/
{
    int i;
    float aver1,sum=0;

    for(i=0;i<n1;i++)
        sum+=b[i];
    aver1=sum/n1;
    return(aver1);
}
void main()
{
    float a[50],aver;                /*假设班级的学生人数最多不超过 50 人*/
    int j,n;

    printf("How many students? ");
    scanf("%d", &n);                /*输入班级的学生人数 n≤50*/
    printf("Input %d scores:\n",n);
    for(j=0;j<n;j++)
        scanf("%f",&a[j]);
    aver=ave(a,n);                  /* 调用 ave 函数，第 1 个实参为数组名 a*/
    printf("average score is %.1f\n", aver);
}
```

该程序运行的情况如图 8-16 所示。

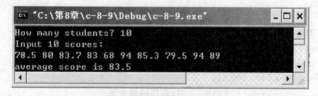

图 8-16　例 8-9 程序运行结果

（1）在主调函数 main 中，定义了数组 a[50]，并根据输入的班级人数控制将 n 个学生成绩输入至 a 数组中，然后调用 ave 函数，数组名 a 和 n 作为实参。

（2）在被调函数 ave 中，b 为形参数组名，形参数组 b 与实参数组 a 的类型必须一致（此例中均为 float）。形参数组 b 可不指定元素个数，但一对方括号不可缺少，否则系统无法识别该参数为数组。

说明

（3）在具体的调用过程中，实参数组名 a（不要方括号）并不是将数组 a 中的所有学生成绩传送给形参数组 b，而只是将实参数组的首地址（即数组名 a）传递给形参数组 b，从而使这两个数组共用同一存储空间，即 a[0]与 b[0]占据同一单元，a[1]与 b[1]占据同一单元……在函数中对形参数组所做的改变将被保存在形参数组中，这也就间接改变了实参数组。当函数调用结束后，形参数组不再对应任何存储空间，也就没有具体的元素了。但实参数组仍然对应原来的存储空间，并保持改变后的新值。

8.4.3　二维数组名作函数实参

下面结合例 8-10 来讨论二维数组作为函数参数的问题。

【例 8-10】　编写一个函数用于查找并返回 3×5 的矩阵中的最大元素。

分析：该问题在例 7-9 中利用双重循环遍历二维数组找到矩阵中的最大元素。本例将查找最大元素的功能用函数实现，函数处理的数据存放在二维数组中，另外，为使函数更具通用性，调用函数还应提供待处理数据行数的信息，因此设计两个形式参数来传递数据。

程序代码如下：

```
#include <stdio.h>
int max_value(int a[][5],int n);          //函数声明
void main()
{
    int i,j;
    int a[3][5]={{12,23,72,35,19},{25,43,28,37,23},{35,56,22,65,31}};

    printf("The data table:\n");
    for(i=0;i<=2;i++)                      //控制行号，按行输出二维数组
    {
        for(j=0;j<=4;j++)                  //控制列号，输出一行
            printf("%d ",a[i][j]);
        printf("\n");
    }
    printf("The max number is %d\n",max_value(a,3));    //函数调用
}
int max_value(int a[][5],int n)       //函数定义，数组 a 为待查找的 n×5 的矩阵
{
    int i,j,max;

    max=a[0][0];
    for(i=0;i<n;i++)
        for(j=0;j<5;j++)
            if(a[i][j]>max)
                max=a[i][j];          //找到新的最大值
    return max;
}
```

程序运行结果如图 8-17 所示。

说明

（1）多维形参数组的定义形式为：类型名 形参数组名[ ][数值]…[数值]，即只有第一维下标可留空，其余都要填写数值。

（2）调用函数时，与形参数组对应的实参是一个同类型的不加方括号的数组名。

图 8-17　例 8-10 程序运行结果

思考：如果不仅要求返回最大元素，还要求得到该元素的具体位置，应当如何处理？

函数参数传递方式的特点如下。

（1）值传递：实参和形参占不同内存空间，实参值单向复制到形参。

（2）地址传递：实参地址值复制给形参，实参和形参占相同内存空间，形参的变化直接反映到实参。

8.5　变量的作用域与生存期

通常，一个较大的应用程序都是由多人分工合作开发的。那么，它们又是如何协调、通信的呢？例如假设某三个人合作开发一个数据库系统，项目负责人编写主函数 main()，并负责统一联编调试，另外两个人各自完成记录添加模块和查询模块，三人所编的源程序分别取名为 prog.c、prog1.c 和 prog2.c，并做如下约定：

（1）约定表示记录总数用 count 变量，存储数据记录用二维数组 char score[40][6]。

（2）规定添加记录和查询记录的函数取名为 add() 和 inqury()，其中参数为二维数组，因此，添加和查询操作均对形参数组进行。

源程序代码如图 8-18 所示，定制多文件的工程文件，但不能完成编译、连接，编译时提示变量重复定义或未定义、函数找不到等错误信息。问题出自变量 count、函数 add() 和 inqury()，归结为：

```
/*prog.c*/
#include  "stdio.h"
int count;
main()
{
    int score[40][6];
    ...
    add(score);
    inqury(score);
}
```

```
/*prog1.c*/
int count;
void add(int score[ ][6])
{
    ...
}
```

```
/*prog2.c*/
int count;
void inqury(int s[ ][6])
{
    ...
}
```

图 8-18　三个源文件程序的第一版

（1）对于变量，如何在不同模块之间实现共享和隐藏，即如何考虑变量的作用域和生存期。

（2）如何在不同程序文件中实现函数的调用，即内部函数和外部函数的关系。

下面将介绍变量的作用域和生存期问题，解决第一个问题；有关函数的第二个问题将在第 8.6 节中介绍。

在 C 语言中，变量的定义包含三方面的内容：

① 变量的数据类型，即操作属性，如 int、char 和 float 等；

② 变量的作用域，即变量能够起作用的程序范围，作用域是由变量的定义位置决定的；

③ 变量的存储类型，即变量在内存中的存储方式，将影响变量值存在的时间（生存期）。

所以，变量定义的完整形式应为：

存储类型　数据类型　变量名表列；

例如：static int s=20;　　//定义静态整型局部变量 s，并初始化为 20

　　　register int j;　　//定义整型寄存器变量 j

因此，每个变量都有数据类型和存储类别两种属性，而变量的存储属性包括以下几方面的特性：

（1）变量的存储位置

在 C 语言中，变量可以存放在两种不同的介质上，即内存和寄存器中。寄存器的存取速度远比内存高，可大大加快存取速度，这适合于使用频繁的变量。

（2）变量的作用域

指变量的作用范围。它分为两类：局部变量和全局变量。局部变量也称为内部变量，是在函数内作定义说明的，其作用域仅限于函数内部，离开该函数后再使用这种变量是非法的。全局变量也称为外部变量，它是在函数外定义的变量。它不属于哪一个函数，它属于一个源程序文件，其作用域是整个源程序。

（3）变量的生存期

指变量的存在时间。从变量值存在的时间（即生存期）角度来分，可以分为静态存储方式和动态存储方式。如图 8-19 所示，C 语言程序占用的存储空间通常分为三部分，分别称为程序区、静态存储区和动态存储区。其中程序区中存放的是可执行程序的机器指令；静态存储区中存放的是需要占用固定存储单元的变量；动态存储区中存放的是不需要占用固定存储单元的变量。

| 程序区 |
| 静态存储区 |
| 动态存储区 |

图 8-19　用户区

全局变量全部存放在静态存储区，在程序开始执行时给全局变量分配存储区，在整个程序执行期间该变量一直存在，它们占据固定的存储单元。动态存储区存放以下数据：函数的形参、自动变量（未加 static 声明的局部变量）、函数调用实参的现场保护和返回地址。对于这些数据是当执行到该变量所在的函数时，才为该变量分配存储空间，待函数的程序段执行结束，自动收回该变量所占用的空间。变量的存储类别决定了变量的作用域和生存期。在 C 语言中，变量的存储类别共有四种。

① auto（自动变量）：自动存储类型。

② register（寄存器变量）：寄存器存储类型。

③ extern（外部变量）：外部存储类型。

④ static（静态变量）：静态存储类型。

8.5.1　局部变量及其存储类型

在一对花括号{}内部定义的变量是局部变量，它只在本花括号范围内有效，也就是说只有在本花括号内才能使用它们，在此括号以外是不能使用这些变量的，例如：

```
int f1(int a)
{
```

```
    int b,c;                    /*在 f1()函数范围内变量 a、b、c 有效*/
    ......
}
int f2(int x)
{
    int b,z;                    /*在 f2()函数范围内变量 x、b、z 有效*/
    ...
}
main()
{
    int m,n;                    /*在 main()主函数范围内变量 m、n 有效*/
    ...
}
```

关于局部变量的使用范围还要说明以下几点：

（1）主函数中定义的变量只能在主函数中使用，不能在其他函数中使用。同时，主函数也不能使用其他函数中定义的变量。因为主函数也是一个函数，它与其他函数是平行关系。这一点与其他语言是不同的，应予以注意。

（2）形参变量是属于被调函数的局部变量，实参变量属于主调函数的局部变量。

（3）允许在不同的函数中使用相同的变量名，它们代表不同的对象，分配不同的存储单元，互不干扰，也不会发生混淆。如在前例中，函数 f1()与函数 f2()中的变量名都为 b，是完全允许的。

（4）在复合语句中也可以定义变量，其使用范围只在复合语句范围内有效。

【例 8-11】 考察不同变量的使用范围。

```
1: #include <stdio.h>
2: void main()
3: {
4:      int i=2,j=3,k;               /*在 main()中定义了 i,j,k 三个变量*/

5:      k=i+j;
6:      {
7:          int k=8;                 /*在复合语句内又定义 k 变量*/
8:          printf("In statement: i=%d,k=%d\n",i,k);     /*输出复合语句内的 k 值*/
9:      }
10:     printf("In main: i=%d,k=%d\n",i,k);              /*输出 main()中的 k 值*/
11: }
```

程序运行结果如图 8-20 所示。

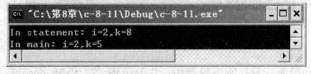

图 8-20 例 8-11 程序运行结果

本程序在 main()中定义了 i、j、k 三个变量，其中 k 未赋初值，而在复合语句内又定义了一个变量 k，并赋初值为 8。应该注意这两个 k 不是同一个变量，在复合语句外由 main()定义的 k 起作用，而在复合语句中则由在复合语句内定义的 k 起作用。因此程序第 5 行的 k 为 main() 所定义，其值应为 5。第 8 行输出 i、k 的值，该行在复合语句中，由复合语句内定义的 k 起作用，其初值为 8，故输出值为 8；i 是在整个程序中有效的，第 4 行对 i 赋值为 2，故输出为 2，第 10 行又要求输出 i、k 的值，第 10 行已在复合语句之外，输出 k 的值应为 main() 所定义的 k，此 k 值由第 5 行已获得为 5，故输出为 5；i 的值为 2。

局部变量可有三种存储类型：自动型（auto）、静态型（static）和寄存器型（register）。

1. 自动变量

在函数内定义的变量，如果不指定存储类型，那么它就是自动存储变量（auto），数据存储在动态存储区中，关键字 auto 可以省略。所以前面章节中出现的变量都是 auto 型变量。自动变量在每次使用时才分配存储单元，用完清除存储单元。下次用时再分配新的存储单元（可能不是上次所用的存储单元）。从存储空间来看，具有"打一枪换一个地方"的特点。

作用域是从空间的角度来描述 C 语言中某种存储类别变量的特性的，而生存期则是从时间的角度来描述存储类别变量的特性的。所谓生存期，就是变量占据内存的时间期限，因此，一旦对应于某变量的内存空间被释放，该变量的生存期也就结束了。

C 语言规定，函数内部的自动变量只有在函数调用时才申请存储空间，一旦调用结束，立即释放内存空间。因此，可以看出，自动变量的生存期是相应的函数被调用的时候。

【例 8-12】 观察下列程序中自动变量的值的变化。

```c
#include "stdio.h"
void test()
{
    int value=0;    //定义自动变量

    printf("value=%d\n",value);
    value++;
}
void main()
{
    int i;

    for(i=0;i<3;i++)
        test();
}
```

程序运行结果如图 8-21 所示。

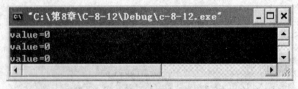

图 8-21　例 8-12 程序运行结果

由于 value 是自动类型变量，所以每调用一次 test() 函数，value 都被赋一次初值 0，这样，上述程序的运行结果总是 0。

2. 静态局部变量

如果希望函数中局部变量的值在函数调用结束后不消失而保留原值，这时就应指定局部变量为"静态局部变量"，用关键字 static 进行声明。如"static int a;"。

（1）静态局部变量在静态存储区中分配存储单元。因此，在函数调用结束后，它的值并不消失，其值能够保持连续性。而自动变量（即动态局部变量）属于动态存储类别，占动态存储空间，函数调用结束后即释放。

（2）静态局部变量的生存期虽然为整个源程序，但是其作用域仍与自动变量相同。即只能在定义该变量的函数内使用该变量，退出该函数后，尽管该变量还继续存在，但不能使用它。

（3）在变量初始化方面，静态局部变量在编译过程中赋初值，且只赋一次初值。在程序运行时其初值已经确定，以后调用该函数时不再赋初值，而且保留上一次函数调用时的结果。而自动变量赋初值是在函数调用时进行，每调用一次函数重新赋一次初值，相当于执行了一次赋值语句。

（4）如果在定义局部变量时不赋初值的话，对静态局部变量来说，编译时将自动赋初值 0（对数值型变量）或空字符（对字符变量）；而对自动变量来说，它的值是一个不确定的值。

【例 8-13】　分析下列程序的运行结果。

```c
#include<stdio.h>
void f1();
void main()
{
    int i;
    for(i=1;i<=3;i++)
        f1();      /*循环执行 3 次，f1 函数会被调用 3 次*/
}
void f1()
{
    static int b;  /*定义静态变量 b，系统自动为其赋初值为 0*/
    b=b+2;     /*每次 f1 函数被调用，b 的值+2*/
    printf("b=%d\n",b);  /*输出每次调用后 b 的值*/
}
```

程序运行结果如图 8-22 所示。

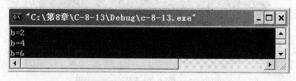

图 8-22　例 8-13 程序运行结果

main 函数中 for 循环执行 3 次，即调用 3 次 f1 函数。静态局部变量系统会自动赋初值为 0，所以 f1 中变量 b 初值为 0。第一次调用 f1 函数时，printf 语句输出 b 的值应为 2。第二次调用 f1 函数时，因为静态变量在函数调用结束返回时，内存不会被释放，所以调用时 b 还是 2，而不是重新赋值为 0。这样执行 b=b+2;后，b 的值变为 4，printf 语句输出 4。同样的道理，第三次调用 f1 函数时 printf 语句输出 6。

在函数被多次调用的过程中，静态局部变量的值具有可继承性。这是因为，静态局部变量具有全局的生存期，这种变量当程序离开定义它的函数后不起作用，但函数被重新调用时，该变量被"激活"，并保留原来的值。

思考：本例对于局部静态变量 b 是在定义的同时进行初始化的，若改成以下两个语句，程序运行结果如何？

```
static int b;
b=0;
```

3. 寄存器变量

寄存器变量存放在 CPU 的寄存器中。使用时，不需要访问内存，而直接从寄存器中读写有较高的读写效率，通常用于循环次数较多的循环控制变量及循环体内反复使用的变量。寄存器变量只能出现在函数内部，用关键字 register 声明，形式如下：

register 数据类型　变量名表列；

【例 8-14】　寄存器变量实例。

```c
#include <stdio.h>
long factor(int n)
{
    register int i;        /*定义寄存器变量*/
    long r;

    for(i=1,r=1;i<=n;i++)
        r*=i;
    return r;
}
void main()
{
    int k;

    for(k=1;k<=5;k++)
        printf("factor(%d)=%ld\n",k,factor(k));
}
```

程序运行结果如图 8-23 所示。

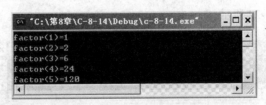

图 8-23　例 8-14 程序运行结果

（1）只有 char、short int、unsigned int、int 和指针型的局部自动变量和形式参数可以说明作为寄存器变量。局部静态变量不能定义为寄存器变量。

（2）理论上讲，定义为寄存器变量的个数是没有限制的，但实际上可用寄存器变量的个数是受机器硬件特性的限制的。C 编译程序会自动将超限的寄存器变量当作普通的 auto 型变量来处理，将它们分配在内存中，这样就能确保 C 程序的通用性。

8.5.2　全局变量及其存储类型

在函数外定义的变量称为全局变量。全局变量的作用域是从定义它的位置开始到本源文件结束，即位于全局变量定义后面的所有函数都可以使用此变量。例如：

```
int x,y;
void main( )
{
    …
    …
}
int z;
void func( )
{
    …
    …
}
```

全局变量 x、y
的作用范围

全局变量 z
的作用范围

变量 x、y、z 都是全局变量，其中 x、y 的作用域是函数 main() 和函数 func()，而变量 z 的作用域是 func() 函数。

所有全局变量都是在静态存储区分配存储单元的，当没有赋初值时，自动初始化为 0 值。全局变量的存储类型有两种：外部的（extern）和静态的（static）。

1. 外部变量

未说明为 static 的全局变量称为外部变量。如上述的 x、y、z 变量都是外部变量。在组成一个程序的所有文件中（多个源程序文件）都可以使用外部变量。如果要被同一个程序中位于其前的所有函数引用变量或被另一个源程序文件引用变量，就必须在引用之前对该全局变量作外部存储声明，其格式如下：

extern　数据类型　变量名表列；

【例 8-15】　调用函数，求三个整数中的最大值。

```
#include <stdio.h>
void main()
{
    int max( );
    extern int A,B,C;                    /* 把外部变量A,B,C的作用域扩展到从此处开始*/

    printf("Please enter three integer numbers:");
    scanf("%d %d %d",&A,&B,&C);
    printf("max is %d\n",max());
}


int A ,B ,C;                    /* 定义外部变量A,B,C*/

int max( )
{
    int m;
    m=A>B?A:B;
    if (C>m) m=C;
```

```
        return(m);
    }
```

程序运行结果如图 8-24 所示。

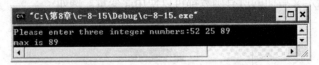

图 8-24　例 8-15 程序运行结果

本例中由于定义外部变量 A，B，C 的位置在函数 main 之后，本来在 main 函数中是不能引用外部变量 A，B，C 的。现在，在 main 函数的开头用 extern 对 A，B，C 进行外部变量声明，把 A，B，C 的作用域扩展到该位置。这样在 main 函数中就可以合法地使用全局变量 A，B，C 了。

　　　外部变量声明和定义是不同的，此时，存储类型标识符 extern 不可省略，并且不能给变量赋初始值。

如果在同一个源文件中，外部变量与局部变量同名，则在局部变量的作用范围内，外部变量被"屏蔽"，即它不起作用。

【例 8-16】　外部变量与局部变量同名。

```
#include <stdio.h>
int a=3,b=5;                    /*a、b 为外部变量*/
max(int a,int b)                /*a、b 为局部变量*/
{
    int c;

    c=a>b?a:b;
    return (c);
}
void main()
{
    int a=8;                    /*同名局部变量*/

    printf("max=%d\n",max(a,b));
}
```

程序运行结果如图 8-25 所示。

图 8-25　例 8-16 程序运行结果

2. 静态外部变量

如果希望在一个文件中定义的全局变量的作用域仅局限于此文件中，而不被其他文件所访问，则应在外部变量前用 static 关键字说明，即定义为静态的外部变量。形式如下：

  static 数据类型 变量名表列；

  静态外部变量的使用主要用于在多人合作完成一个较大的程序时，为避免同名的全局变量造成程序混乱，最好在外部变量前加上 static 关键字。

  需要特别指出的是，全局变量都是静态存储的，并非在变量名前使用 static 关键字才是静态存储的。

  静态外部变量与外部变量的区别仅仅是作用域的不同。外部变量的作用域是整个源程序，当一个源程序由多个源文件组成时，外部变量在各个源文件中都是有效的。而静态外部变量只在定义该变量的源文件内有效，在同一个源程序的其他源文件中不能使用它。

  引入外部变量的目的主要是为了在函数与函数之间及文件与文件之间进行通信，即外部变量起"全局变量"的作用。

【例 8-17】 修改例 8-10 中的函数，要求不仅返回最大元素的值，还要得到该元素的具体位置。

  分析：因为函数只能返回一个结果，即最大元素值，而该元素的行、列位置信息可定义为全局变量，使其作用范围在 max_value 函数和 main 函数中。

```
#include <stdio.h>
int max_value(int a[][5], int n);        //函数声明
int row,col;                             //定义全局变量

void main()
{
    int i,j;
    int a[3][5]={{12,23,72,35,19},{25,43,28,37,23},{35,56,22,65,31}};

    printf("The data table:\n");
    for(i=0;i<=2;i++)                    //控制行号，按行输出二维数组
    {
        for(j=0;j<=4;j++)                //控制列号，输出一行
            printf("%d ",a[i][j]);       //控制列号，输出一行
        printf("\n");
    }
    printf("\nThe max number is %d.",max_value(a,3));
    printf("\nThe position is %d row and %d col.\n",row,col);
}
int max_value(int a[][5], int n)         //函数定义，数组 a 为待查找的 n×5 的矩阵
{
    int i,j,max;

    max=a[0][0];
    row=0;
    col=0;
    for(i=0;i<n;i++)
        for(j=0;j<5;j++)
            if(a[i][j]>max)
            {
                max=a[i][j];             //找到新的最大值
```

```
                    row=i;
                    col=j;
            }
        return max;
}
```

程序运行结果如图 8-26 所示。

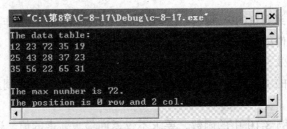

图 8-26　例 8-17 程序运行结果

由此可见，全局变量的作用在于增加了函数之间的数据传递通道，使得函数之间的数据联系不限于参数传递和 return 语句，通过全局变量可以从函数中得到一个以上的处理结果。

但全局变量的使用也有缺点，首先它降低了函数的通用性、可靠性、可移植性；其次是安全性较差，降低了程序的清晰性，容易出错；第三是全局变量在程序全部执行过程中都要占用存储单元，所以读者应慎用全局变量。

事实上，设计一个好的函数应当遵循"黑箱"观点，即所有的输入是以参数的形式传递给函数的，所有的输出是以函数值的形式返回的，函数中所使用的变量都是局部变量，与调用者没有关系。

下面将上述各存储类型的变量进行比较，如表 8-1 所示。

 局部变量默认为 auto 型；register 型变量个数受限，且不能为 long、double、float 型；局部 static 变量具有全局寿命和局部可见性，局部 static 变量具有可继承性；extern 不是变量定义，但可扩展外部变量作用域。

表 8-1　　　　　　　　　　　　　　　　变量存储类型

存储类别	局 部 变 量			外 部 变 量	
	auto	register	局部 static	外部 static	外部
存储方式	动态		静态		
存储区	动态区	寄存器	静态存储区		
生存期	函数整个运行期间		程序整个运行期间		
作用域	定义变量的函数或复合语句内			本文件	本文件和其他文件（用 extern 声明）
赋初值	每次函数调用时		编译时赋初值，只赋一次		
未赋初值	不确定		自动赋初值 0 或空字符		

在本节开头的图 8-18 中，文件 prog1.c、prog2.c 都可以引用文件 prog.c 中定义的外部变量 count，只要在 prog1.c 和 prog2.c 文件中用 extern 关键字把此变量声明为外部变量 extern int count 即可。一般把外部变量的定义放在文件的开头且位于所有使用它的函数的前面。按此要求修改文件，修改后文件内容如图 8-27 所示。

```
/*prog.c*/                    /*prog1.c*/                    /*prog2.c*/
#include "stdio.h"            extern int count;             extern int count;
int count;                    void add(int score[ ][6])     void inqury(int s[ ][6])
main()                        {                             {
{                                  ...                           ...
    int score[40][6];
    ...
    add(score);              }                             }
    inqury(score);
}
```

图 8-27　修改后的三个源程序文件第二版

8.6　内部函数和外部函数

一个 C 程序文件可以由多个函数构成。这些函数可以放在一个源文件中，也可以放在若干个源文件中。函数之间存在着调用和被调用的关系，如果一个函数只能被本文件的其他函数所调用，则该函数称为内部函数。如果有两个 C 程序文件，一个 C 程序文件调用另外一个 C 程序文件中的函数，则被调用的函数称为外部函数。所有库函数都是外部函数，建立内部函数与外部函数的概念，掌握正确的编写内部函数与外部函数的方法是十分重要的。

8.6.1　内部函数

内部函数又称静态函数，它只能被本文件中的其他函数调用。在定义函数时，前面应加上保留字 static，定义格式如下：

static 类型符　函数名(形式参数)
{
　　函数体；
}

例如：

```
static float fun1(float x,float y)
{
    ...
}
```

函数 fun1()的作用范围仅限于定义它的源文件，而其他文件的函数不能调用它，这时如果不同文件中有同名的内部函数是互不影响的，这对由多个程序员参与开发的大型程序环境中也有好处。

8.6.2　外部函数

能够被其他文件的函数调用的函数称为外部函数。其定义形式为：

[extern]　类型标识符　　函数名(形参表)
{
　　函数体语句；
}

C 语言规定，如果在定义函数时省略 extern，则默认为外部函数。本书前面定义的函数都为外部函数。在需要调用此函数的其他源文件中，应当用 extern 声明所用的函数是外部函数。注意声明时，extern 不能省略。

在图 8-27 中，程序 prog.c 要调用 add()函数和 inqury()函数，而 add()函数和 inqury()函数是定义在 prog1.c 和 prog2.c 中的，这样必须在程序 prog.c 中声明它们为外部函数，即添加 "extern void add();" 和 "extern void inqury();"。为此，修改 prog.c 程序。修改后的三个第三版源程序文件如下所示。

```c
/*prog.c*/
#include "stdio.h"
extern void add(int score[ ][6]);      //声明外部函数
extern void inqury(int s[ ][6]);       //声明外部函数
int count=5;                            //定义外部变量

void main()
{
    int score[40][6];

    printf("This is prog. count=%d",count);
    add(score);
    inqury(score);
}
/*prog1.c*/
#include <stdio.h>
extern int count; //声明外部变量

void add(int score[ ][6])
{
    printf("\nThis is prog1. count=%d",count);
}
/*prog2.c*/
#include <stdio.h>
extern int count; //声明外部变量
void inqury(int s[ ][6])
{
    printf("\nThis is prog2. count=%d\n",count);
}
```

这样一个较大的应用程序就可以协调工作、通信了。

8.6.3 如何运行一个多文件的程序

前面已解决了多文件程序中变量、函数的定义与说明。那么如何把这些文件编译连接成一个可执行的文件呢？Visual C++ 6.0 中对多文件程序采用工程文件来进行编译连接。下面以 prog.c、prog1.c 和 prog2.c 为例，说明在 Visual C++ 6.0 如何对多文件程序进行编译连接。操作步骤如下。

（1）创建工程文件。

从主菜单 "File" 中选择 "New" 选项，在 New 对话框中选择 "Project" 选项卡，从列表框中选择 "Win32 Console Application"，指定工程文件名 prog 及存放位置，如图 8-28 所示建立工程文件 prog，并按向导创建一个空的项目文件。

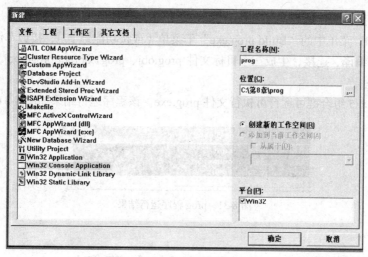

图 8-28　如何创建工程文件

（2）将源文件 prog.c、prog1.c、prog2.c 加入该工程文件中，有两种方法：

① 将事先编辑的源文件加入该工程文件中。操作方法如图 8-29 所示。

图 8-29　将已有源程序加入工程文件中

② 从主菜单"File"中选择"New"选项，在 New 对话框中选择"File"选项卡，从列表框中选择"C++ Source File"，指定工程文件名 prog 及源文件名 prog1，即可创建 prog1.c 源文件进行编辑，如图 8-30 所示。

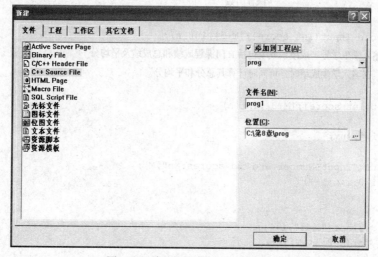

图 8-30　将新源文件加入工程文件

（3）编译连接。

选择"Build"菜单中的"Build prog.exe"子菜单（或按功能键 F7），按回车键，系统就会对此工程文件进行编译、连接，生成三个目标文件 prog.obj、prog1.obj 和 prog2.obj，以及一个可执行文件 prog.exe。

（4）按 Ctrl+F5 组合键可运行可执行文件 prog.exe。该程序运行结果如图 8-31 所示。

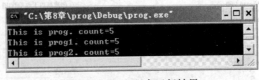

图 8-31　prog 程序运行结果

8.7　程序综合示例

【例 8-18】　编写程序完成某班学生考试成绩的统计管理，要求具有成绩输入、成绩显示、计算每位同学的总分和平均分、对成绩排名输出的功能，并用函数实现。

分析：假设某班有 N 个学生，每个学生有 M 门课程，且学号和分数都用整数表示，则可定义整型二维数组 score[N][M+3] 来存放学号、各门课程成绩及其总分和平均分。根据题目要求，可将程序所实现的功能分解为成绩输入、成绩输出以及成绩排序几个子功能，每个子功能用一个函数实现，它们处理的数据都是存放在二维数组 score 中的成绩信息，为了程序的通用性，在上述函数中设计两个形参。

（1）int score[][M+3] 传递学生的学号、M 门课程成绩、总分、平均分；

（2）int n 传递班级学生实际人数的信息。

源参考程序如下：

```c
#include <stdio.h>
#define N 50                    //学生人数
#define M 3                     //课程门数
/*
函数原型：void Input(int score[][M+3],int n);
函数功能：输入学生学号、成绩，成绩包括 M 门课程成绩和总成绩及平均分
        在输入学生成绩时，可同时计算其总分和平均分。
*/
void Input(int score[][M+3],int n)
{
    int i,j,sum;

    printf("Input Number and %d scores:\n",M);
    for(i=0;i<n;i++)
    {
        sum=0;
        printf("%d:",i+1);
        for(j=0;j<=M;j++)
        {
```

```
            scanf("%d",&score[i][j]);
            if(j!=0)
                sum+=score[i][j];
        }
        score[i][M+1]=sum;
        score[i][M+2]=sum/M;
    }
}
/*
```

函数原型：void Output(int score[][M+3],int n)
函数功能：按格式输出学生学号、成绩
```
*/
void Output(int score[][M+3],int n)
{
    int i,j;

    printf("\nNumber \t");
    for (i=0; i<M; i++)
        printf("sub%d\t",i+1);
    printf("Total\tAverage\n");
    printf("--------------------------------------------------------\n");
    for(i=0;i<n;i++)
    {
    for(j=0;j<M+3;j++)
        printf("%d\t",score[i][j]);
    printf("\n");
    }
}
/*
```

函数原型：void Sort(int a[][M+3],int n)
函数功能：用冒泡法按学生平均成绩从大到小排序
```
*/
void Sort(int a[][M+3],int n)
{
    int i,j,k,t;

    for (i=1;i<n;i++)
    {
        for(j=0;j<n-i;j++)
            if (a[j][M+2]<a[j+1][M+2])
            {
                for(k=0;k<M+3;k++)
                {
                    t=a[j][k];
                    a[j][k]=a[j+1][k];
                    a[j+1][k]=t;
                }
            }
    }
}
void main()
{
    int score[N][M+3],n;
```

```
        printf("\nHow many students are there in the class? ");
        scanf("%d",&n);                    //输入实际人数
        Input(score,n);                    //输入学号和成绩信息
        Output(score,n);                   //显示原始学号和成绩信息
        Sort(score,n);                     //按平均分排序
        Output(score,n);                   //显示排序后的学号和成绩信息
}
```

程序运行结果如图 8-32 所示。

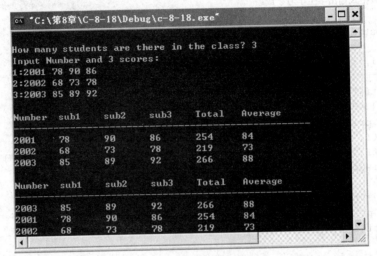

图 8-32　例 8-18 程序运行结果

思考：

（1）如果指定按学号或某门课程成绩进行排序，如何修改 Sort 函数？

（2）请使用其他排序算法优化排序处理过程。

习　题　8

1．选择题

（1）下面叙述中正确的是_____。

A. 对于用户自己定义的函数，在使用前必须加以说明

B. 说明函数时必须明确其参数类型和返回类型

C. 函数可以返回一个值，也可以什么值也不返回

D. 空函数不完成任何操作，所以在程序设计中没有用处

（2）下面叙述中错误的是_____。

A. 主函数中定义的变量在整个程序中都是有效的

B. 在其他函数中定义的变量在主函数中也不能使用

C. 形式参数也是局部变量

D. 复合语句中定义的函数只是在该复合语句中有效

（3）若函数的形参为一维数组，则下面说法中正确的是_____。

A. 调用函数时的对应实参必为数组名

B. 形参数组可以不指定大小

C. 形参数组的元素个数必须多于实参数组的元素个数

D. 形参数组的元素个数必须等于实参数组的元素个数

（4）在函数的定义和声明时若没有指出函数的类型，则_____。

A. 系统自动地认为函数的类型为实型

B. 系统自动地认为函数的类型为整型

C. 系统自动地认为函数的类型为字符型

D. 编译时会出错

（5）下列函数定义语句中正确的是_____。

A.
```
float cal(float x; float y)
{
    return(x*y);
}
```

B.
```
float cal(float x, y)
{
    return(x*y);
}
```

C.
```
int cal(x,y)
{
    float x,y;
    return(x*y);
}
```

D.
```
int cal(x,y)
float x,y;
{
    return(x*y);
}
```

2. 分析下列程序运行结果。

```c
#include <stdio.h>
int k;
void fan();
{
    int m=0;
    static int n=0;

    k++;    m++;n++;
    printf("\n%4d%4d%4d",k,m,n);
}
void main()
{
    fan();    fan();
    k=5;    fan();
}
```

3. 分析下列程序运行结果。

```c
#include <stdio.h>
long fac(int m)
{
    static long k=1L;

    while(m)k*=m--;
    return(k);
}
void main()
{
```

```
        long i,j;

        i=fac(3);    j=fac(5);
        printf("fac(3)=%ld    fac(5)=%ld",i,j);
    }
```

4. 编写一个函数 fib 求 Fibonacci 数列中第 *n* 项的值，要求用迭代法而不是用递归算法，并编写 main 函数调用该函数，求 fib(*n*)，*n* 值由用户输入确定。这个数列有如下特点：第 1、2 两个数为 1、1，从第 3 个数开始，该数是其前面两个数之和。

5. 编写一个判断素数的函数，并应用该函数实现歌德巴赫猜想（一个大于等于 6 的偶数可以表示为两个素数之和）。

6. 设计一个函数 MinCommonMultiple，计算两个正整数的最小公倍数。要求如下：

（1）设计函数原型并实现该函数；

（2）编写主函数，输入两个正整数，调用 MinCommonMultiple，输出它们的最小公倍数。

7. 编写程序求下式的值：$S = 2^1 \times 1 + 2^2 \times 2! + \cdots + 2^n \times n!$（$n<10$）。要求如下：

（1）不使用数学函数，编写函数求 2^n 和 $n!$；

（2）编写函数调用前两个函数求 S；

（3）在主函数中输入 n，输出计算的 S 值。

8. 编写一个函数 invert，使一个字符串按反序存放在同一字符数组中，在 main 函数中输入一个字符串，调用该函数，使其逆序存放，然后输出结果。

9. 编写一个函数，由实参传来一个字符串，统计此字符串中字母、数字、空格和其他字符的个数，在主函数中输入字符串以及输出上述的结果。

10. 编写递归函数 Sum 计算 1+2+3+…+*n* 的值，并在主函数中输出调用 Sum(100) 的结果。

第二篇 C 语言高级编程技术

第9章
指针的应用

本章着重介绍了指针的概念和指针的使用。指针是 C 语言中的一个重要概念，也是 C 语言的一大特色。指针的使用非常灵活，通过指针可以灵活地访问各种数据，如本章介绍的通过指针访问数组、字符串、函数等。灵活运用指针可以有效地表示复杂的数据结构，在调用函数时能获得一个以上的结果，能直接处理内存单元地址。通过本章的学习，可以体会到指针的这些优点。除此之外，指针还能动态分配内存，在第 10 章的链表中会对指针的这一特点进行详细介绍。总之，掌握指针的应用，可以使程序变得简单明了。

9.1 指针概述

9.1.1 变量与地址

所有的数据都是存放在存储器中的，计算机的存储器由成千上万个存储单元组成，一般把存储器中的一个字节称为一个存储单元。程序中声明了一个变量后，编译时计算机会在存储器中给这个变量分配相应的存储单元。不同的数据类型所占用的存储单元数不等，如整型占 4 个单元，字符型占 1 个单元等，为了正确地访问这些内存单元，必须为每个内存单元编上号。根据一个内存单元的编号即可准确地找到该内存单元。例如，语句"int integera;"经过编译后计算机会给整型变量 integera 分配 4 个字节的存储空间，如图 9-1 所示，编号为 2000 和 2003 的存储单元中存放整型变量 integera。内存单元的这个编号叫做地址。根据内存单元地址可以找到内存中存放的变量 integera。

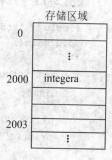

图 9-1 变量与地址

9.1.2 指针与指针变量

指针就是地址。在 C 语言中，允许用一个变量来存放地址，这种变量就称为指针变量。在图 9-1 中，变量 integera 的起始地址为 2000，也就是说通过 2000 这个地址可以找到变量 integera，现在定义一个指针变量 p_a，用来存放 integera 的起始地址 2000，也可以说通过指针变量 p_a，可以找到变量 integera，一般称指针变量 p_a 指向变量 integera，p_a 是 integera 的一个指针。如图 9-2 所示。

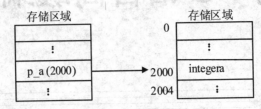

图 9-2　指针变量 p_a 指向变量

9.1.3　&与*运算符

在 C 语言中，&和*运算符称为指针运算符。两者都是单目运算符，结合方向为自右向左。
*运算符返回一个指针所指向的对象的值。在图 9-2 中，p_a 是一个指针变量，则*p_a 表示 p_a 所指向的变量的值，即 integera 的值。

& 运算符（地址运算符）返回其操作数的地址。如&integera 表示返回变量 integera 的地址，在图 9-2 中，指针变量 p_a 中存放的是变量 integera 的地址，可以这样表示：p_a=&integera; 即把变量 integera 的地址赋给指针变量 p_a，也就是指针变量 p_a 指向变量 integera，如图 9-3 所示。

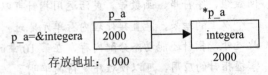

图 9-3　&和*运算符与指针变量

由图 9-3 可以看出：
（1）p_a 是指针变量，它的内容是 integera 的地址 2000；
（2）*p_a 是指针 p_a 所指向的变量，它的内容是变量 integera 的值；
（3）&integera 是变量 integera 的地址，它的内容是 2000；
（4）&p_a 是指针变量占用内存的地址，它的内容是 1000。

p_a = &integera = &(*p_a)　　　　　　integera = *p_a = *(&integera)

【例 9-1】　&和*运算符。

```
#include "stdio.h"
void main()
{
    int integera=100;
    int *p_a=&integera;

    printf("%d,%d\n",integera, *p_a);
    printf("%p,%p,%p\n",&integera,p_a,&p_a);
}
```

程序运行结果如图 9-4 所示。

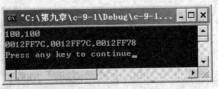

图 9-4　例 9-1 运行结果

该程序的第二条输出语句中，用%p 的格式输出了地址，该地址是一个用十六进制表示的无符号整数，其字长一般与主机字长相同。

9.1.4 直接访问与间接访问

在图 9-3 中，设变量 integera 的值为 100，则语句"printf("%d",integera);"与"printf("%d",*p_a);"的输出结果相同，均为 100，但两条语句的执行过程却不相同。

语句"printf("%d",integera);"的执行过程是：根据变量名和内存地址的对应关系（此对应关系是在编译时确定的），找到变量 integera 的地址 2000，然后从由 2000 开始的两个字节中取出数据 integera，把它输出。这种按变量的地址存取变量的方式称为"直接访问"。

语句"printf("%d",*p_a);"的执行过程：先找到指针 p_a 的地址，从此地址中找到变量 integera 的地址，再根据此地址找到 integera 的内容，把它输出。这种通过另一变量访问该变量的方式称为"间接访问"。

9.2 指 针 变 量

9.2.1 指针变量的定义、初始化及引用

1. 指针变量的定义

同其他变量一样，指针变量必须在使用前先定义，定义指针变量的语句是：

类型标识符 * 指针变量名；

其中，"*"表示这是一个指针变量，变量名即为定义的指针变量名，类型说明符表示本指针变量所指向的变量的数据类型。

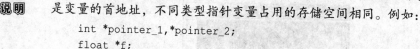

（1）"*"是定义指针变量的标志，但不是指针变量名的一部分。

（2）数组名是指针，指向数组在内存的首地址，但不是指针变量，其值不能改变。

（3）允许指针指向任何类型的对象如数组、函数、结构体、共用体等。

（4）指针变量的类型用于说明该指针变量指向什么类型的对象，由于指针变量存的是变量的首地址，不同类型指针变量占用的存储空间相同。例如：

```
int *pointer_1,*pointer_2;
float *f;
char *pc;
```

第 1 行定义了两个指向整型数据的指针变量 pointer_1 和 pointer_2，第 2 行定义了指向实型数据的指针变量 f，第 3 行定义了指向字符型数据的指针变量 pc。

2. 指针变量的初始化

指针变量在使用之前必须有初值，给指针变量赋初值的目的是让指针变量指向某对象，即把某对象的首地址赋给指针变量。

给指针变量赋初值，可以在定义的时候初始化，也可以用赋值语句赋初值。

例如，在定义时初始化：

int integera;

int *p=&integera;

用赋值语句赋初值：

int integera,*p;

p=&integera;

以上两个代码段都是把变量 integera 的地址赋给指针 p，即让 p 指向变量 integera。

（1）一个指针变量只能指向同一类型的变量。上述代码中，定义指针 p 时指定 p 所指向的变量为整型数据，那么就不能把一个实型变量的地址赋给 p，也就是说，不能让 p 指向一个实型变量。

（2）指针变量只能存放地址，不能将一个整型数据赋给一个指针变量。如"**p=2000;**"是错误的。

（3）对指针变量赋初值时，要使其指向一个有效的地址单元。即指针应该指向一个已经定义过的变量。上述"在定义时初始化"的代码中，如果交换两条语句的顺序，程序将会出错。即以下代码错误：

```
int *p=&integera;    //对 integera 的引用超出了 integera 的作用域
int integera;
```

3. 指针变量的引用

【例 9-2】 通过指针访问整型变量。

```
#include "stdio.h"
void pCallInt(int integera,int integerb)
{
    int *pi,*pj;

    pi=&integera;                              /*将 pi 指向 integeri*/
    pj=&integerb;                              /*将 pj 指向 integerj*/
    printf("%d,%d\n",*pi,*pj);                 /*间接访问变量 integeri, integerj*/
}
void main()
{
    int integeri=100, integerj=10;

    printf("%d,%d\n",integeri, integerj); /*直接访问变量 integeri, integerj*/
    pCallInt(integeri, integerj);
}
```

程序运行结果如图 9-5 所示。

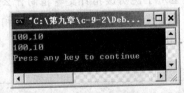

图 9-5 例 9-2 运行结果

【例 9-3】 利用指针输入变量的值。

```
#include "stdio.h"
void pInputVal(int integera,int integerb)
{
    int *p1,*p2;

    p1=&integera;    p2=&integerb;
    printf("输入 integera、integerb 的值：");          /* 输入 integera 的值为 200, integerb 的
                                                          值为 20 */
```

```
    scanf("%d %d", p1,p2);
    printf("integera=%d, integerb=%d\n",integera, integerb);
}
void main()
{
    int integera, integerb;

    printf("输入 integera、integerb 的值: ");    /* 输入 integera 的值为 100, integerb 的值
                                                   为 10 */
    scanf("%d %d", &integera,& integerb);
    printf("integera=%d, integerb=%d\n",integera, integerb);
    pInputVal(integera, integerb);
}
```

程序运行结果如图 9-6 所示。

图 9-6　例 9-3 运行结果

9.2.2　零指针与空类型指针

1. 零指针

零指针的定义为:

int * 零指针=NULL;　　/* NULL 为系统定义的符号常量, 定义方式为:
　　　　　　　　　　　　　　　　#define NULL 0   */

例如: int *p=NULL;

表示指针变量值为空, 它与未对 p 赋值不同, 零指针具有一个确定的值: 指向地址为 0 的内存单元。

零指针的用途如下:

(1) 避免指针变量的非法引用。

(2) 在程序中常作为状态比较。

例如: int   *p;

```
while(p!=NULL)
{  ...
}
```

2. 空类型指针

空类型指针的定义为:

void *类型指针

例如: void   *p;

表示不指定 p 是指向哪一种类型数据的指针变量, 使用时要进行强制类型转换。

例如： char *p1;

void *p2;

p1=(char *)p2;

p2=(void *)p1;

9.2.3　指针变量作为函数参数

函数的参数不仅可以是整型、实型等基本数据类型，还可以是指针类型。它的作用是把地址传给被调函数。

指针变量作为函数参数传递的是地址，是传地址方式。注意：此时形参指针与实参指针占用的是不同的存储单元，但指向同一个对象。

1. 在被调用函数中修改形参指针的值

【例 9-4】　观察 integera、integerb 的值。

```c
#include "stdio.h"
void swap(int *p1,int *p2)
{
    int *p;

    p=p1;
    p1=p2;
    p2=p;
    printf("%d,%d\n",*p1,*p2);
}
 void main()
{
    int integera=3, integerb=4;
    int *pa,*pb;

    pa=&integera;  pb=&integerb;
    swap(pa,pb);
    printf("integera=%d, integerb=%d\n",integera, integerb);
}
```

运行结果如图 9-7 所示，执行情况如图 9-8 所示。

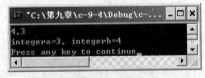

图 9-7　例 9-4 运行结果

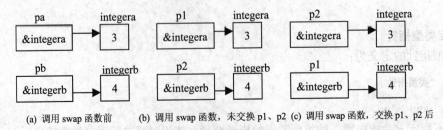

(a) 调用 swap 函数前　　(b) 调用 swap 函数，未交换 p1、p2　(c) 调用 swap 函数，交换 p1、p2 后

图 9-8　例 9-4 执行情况

由上例可以看出，调用 swap() 函数后，变量 integera 和 integerb 的值仍然是 3 和 4，所以不能通过改变指针形参的值而使指针实参的值改变。

2. 在被调用函数中修改形参指针所指的存储单元的内容

【例 9-5】　　观察 integera、integerb 的值，并与例 9-4 进行比较。

```c
#include "stdio.h"
void swap(int *p1,int *p2)
{
    int integert;

    integert=*p1;
    *p1=*p2;
    *p2=integert;
    printf("%d,%d\n",*p1,*p2);
}
void main()
{
    int integera=3, integerb=4;
    int *pa,*pb;

    pa=&integera;pb=&integerb;
    swap(pa,pb);
    printf("integera=%d, integerb=%d\n",integera, integerb);
}
```

运行结果如图 9-9 所示，执行情况如图 9-10 所示。

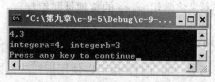

图 9-9　例 9-5 运行结果

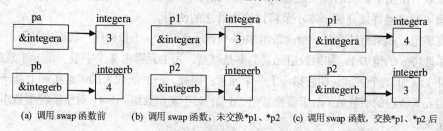

(a) 调用 swap 函数前　　　(b) 调用 swap 函数，未交换*p1、*p2　　(c) 调用 swap 函数，交换*p1、*p2 后

图 9-10　例 9-5 执行情况

此例通过调用 swap() 函数改变了 integera 和 integerb 的值。这个改变不是通过将形参传递给实参来实现的，而是通过改变形参指针变量所指向的变量的值，间接改变了实参指针变量所指向变量的值。由此例还可看出，指针型参数可以实现函数调用者和被调函数之间数据的双向传递。

9.3　指针与数组

9.3.1　指向数组元素的指针变量的定义与赋值

数组是由若干相同类型的元素构成的有序序列，这些元素在内存中占据了一组连续的存储空间，每个元素都有一个地址，数组的地址指的是数组的起始地址，即首地址，这个起始地址也称为数组指针。如果一个变量中存放了数组的起始地址，那么该变量称为指向数组元素的指针变量，指向数组元素的指针变量的定义遵循一般指针变量定义规则。它的赋值与一般指针变量的赋值相同。例如：

```c
int a[10],*p;
p=&a[0];
```

注意，如果数组为 int 型，则指针变量必须指向 int 类型。

上述语句组的功能是将 a[0] 的地址赋给指针变量 p，即 p 指向 a[0]。由于 a[0] 是数组 a 的首地址，所以指针变量 p 指向数组 a 的首地址。

C 语言规定，数组名代表数组的首地址，因此，下面两个语句功能相同：

```c
p=a;
p=&a[0];
```

允许用一个已经定义过的数组的地址作为定义指针时的初始化值。例如：

```c
float score[20];
float *pf=score;     /*该语句等价于 float *pf; pf= score; */
```

上述语句的功能是将数组 score 的首地址赋给指针变量 pf，这里的*是定义指针类型变量的说明符，而非指针变量运算符，不是将数组 score 的首地址赋给*pf。

9.3.2　数组元素的表示方法

引用数组元素可以使用下标法，如 a[1]。也可以使用指针法，即通过指向数组元素的指针找到所需的元素。使用下标法的优点是直观，不易出错，但效率低；使用指针法不直观，但效率高。下标法在第 6 章已经详细介绍，本小节将讨论指针法的使用。

C 语言规定，如果指针变量 p 指向数组中的一个元素，则 p+1 指向同一数组中的下一个元素，而不是简单地将 p 的值加 1。如果数组元素类型是整型，每个元素占 2 个字节，则 p+1 意味着将 p 的值（地址）增加 2 个字节，使它指向下一个元素。因此，p+1 所代表的地址实际上是 p+1*d，d 是一个数组元素所占的字节数（对于整型数组，d=2；对于实型数组，d=4；对于字符型数组，d=1）。

若有定义：

```c
int a[7];
int *p = a;
```

如图 9-11 所示，则：

（1）p+i、a+i、&a[i] 三者等价，表示 a[i] 的地址。

（2）*(p+i)、*(a+i)、a[i] 三者等价，表示数组元素 a[i]。

（3）指向数组元素的指针可以带下标，如 p[i]，等价于*(p+i)，表示数组元素 a[i]。

（4）指针变量 p 与数组名 a 的引用区别是：指针变量可以取代数组名进行操作，数组名表示数组的首地址，属于常量，它不能完全取代指针变量进行操作。如 p++可以，但 a++不行。

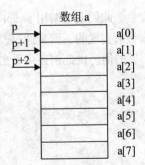

图 9-11　数组元素与指针

（5）p++与p+1不等价：表面上这两种方式没多大区别，但实际上有很大差异，p++不必每次都重新计算地址，速度快，能大大提高执行效率。

【例9-6】 任意输入10个数，将这10个数按逆序输出。

（1）用下标法访问数组

```c
#include "stdio.h"
void sort(int b[10])
{
    int i;

    for(i=0;i<10;i++)
        scanf("%d",&b[i]);
    printf("\n");
    for(i=9;i>=0;i--)
        printf("%d ",b[i]);
    printf("\n");
}
void main()
{
    int a[10];

    sort (a);
}
```

（2）数组名访问数组

```c
#include "stdio.h"
void sort (int b[10])
{
    int i;

    for(i=0;i<10;i++)
        scanf("%d",&b[i]);
    printf("\n");
    for(i=9;i>=0;i--)
        printf("%d ",*(b+i));
    printf("\n");
}
void main()
{
    int a[10];

    sort (a);
}
```

（3）指针变量访问数组

```c
 (a)#include "stdio.h"
void sort (int b[10])
{
    int i,*p;

    p=b;
    for(i=0;i<10;i++)
        scanf("%d",&b[i]);
    printf("\n");
    for(i=9;i>=0;i--)
        printf("%d ",*(p+i));
}
void main()
{
    int a[10];

    sort (a);
}
```

```c
(b)#include "stdio.h"
  void sort(int b[10])
  {
     int i,*p;

     p=b;
     for(i=0;i<10;i++)
         scanf("%d",&b[i]);
     printf("\n");
     for(p=b+9;p>=b;p--)
         printf("%d ",*p);
  }
void main()
{
    int a[10];

    sort (a);
}
```

程序运行结果如图9-12所示。

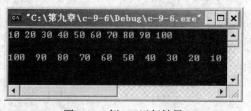

图9-12 例9-6运行结果

将上述 3 种算法比较如下。

① 例 9-6 中（1）、（2）、（3）-（a）执行效率是相同的，编译系统需要将 a[i] 转换成 *(a+i) 处理，即先计算地址再访问数组元素。

② 例 9-6 中（3）-（b）执行效率比其他方法快，因为它有规律地改变地址值的方法（p--）能大大提高执行效率。

9.3.3　指针变量的运算

如果指针 p 指向数组 a，即 p= &a[0]，则：

（1）p++ 或 (p+=1) 表示使 p 指向下一元素 a[1]。

（2）*p++ 等价于 *(p++)，由于 * 与 ++ 的优先级相同，结合方向为自右向左，因此等价于 *(p++)。作用是优先得到 p 指向的变量的值 a[0]，再使 p 指向下一元素 a[1]。

（3）*(p++) 与 *(++p) 的作用不同，前者是取 *p 即 a[0]，然后使 p 加 1，指向 a[1]；后者是 p 先加 1 指向 a[1]，然后取 *p 即 a[1]。

（4）(*p)++ 与 ++(*p)，前者先返回 p 所指向的元素的值（a[0]），然后该元素值加 1(a[0]+1)，后者表示先给 p 所指向的变量加 1，然后返回该值（a[0]+1）。

【例 9-7】　指针变量的运算。

```c
#include "stdio.h"
void pOper(int b[],int *p1)
{
    printf("%d,",++(*p1));
    printf("%d\n", *p1);
    p1=b;
    printf("%d,",( *p1)++);
    printf("%d\n", *p1);
    p1=b;
    printf("%d,",*p1++);
    printf("%d\n", *p1);
    p1=b;
    printf("%d,",*(++p1));
    printf("%d\n", *p1);
}
void main()
{
    int a[]={10,20,30,40};
    int *p = a;

    pOper(a,p);
}
```

程序运行结果如图 9-13 所示。

图 9-13　例 9-7 运行结果

9.3.4　指针与二维数组

用指针变量可以指向一维数组，也可以指向多维数组。多维数组的首地址称为多维数组的指针，存放这个指针的变量称为指向多维数组的指针变量。多维数组的指针并不是一维数组指针的简单拓展，它具有自己的独特性质，在概念上和使用上，指向多维数组的指针比指向一维数组的指针更复杂。本节以二维数组为例介绍多维数组的指针变量。

1. 二维数组元素地址的表示方法

二维数组的首地址是这段连续存储空间的起始地址，它既可以用数组名表示，也可以用数组中第一个元素的地址表示。

设有一个二维数组 a[3][4]，其定义如下：

```
int a[3][4]={{0,2,4,6},{1,3,5,7},{9,10,11,12}};
```

这是一个 3 行 4 列的二维数组，如图 9-14 所示，可以把二维数组看作是由多个一维数组组成的，即二维数组 a 由 3 个一维数组 a[0]、a[1]、a[2]组成，或者说二维数组 a 包含 3 个元素：a[0]、a[1]、a[2]。而每一个元素又是一个一维数组，包含 4 个元素，如 a[0]包含 a[0][0]、a[0][1]、a[0][2]、a[0][3]。

a 是二维数组名，代表二维数组的首地址，也是第 0 行的首地址，a 由 3 个元素 a[0]、a[1]、a[2]组成，所以 a+1 代表下一元素 a[1]的首地址，即第 1 行的首地址，从 a[0]到 a[1]要跨越一个一维数组的空间（包含 4 个整型元素，共 8 个字节）。若 a 数组首地址为 2000，则 a+1 为 2008；a+2 代表第 2 个一维数组的首地址，值为 2016，如图 9-15 所示。

a[0]	2000 0	2002 2	2004 4	2006 6
a[1]	2008 1	2010 3	2012 5	2014 7
a[2]	2016 9	2018 10	2020 11	2022 12

图 9-14　二维数组 a 的 3 个元素

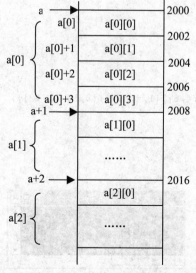

图 9-15　二维数组中的地址

a[0]、a[1]、a[2]既然是一维数组名，C 语言又规定数组名代表数组的首地址，因此 a[0]表示第 0 行一维数组的首地址，即&a[0][0]；a[1]表示第 1 行一维数组的首地址，即&a[1][0]；a[2]表示第 2 行一维数组的首地址，即&a[2][0]。a[0]是一个一维数组，该数组由 4 个元素组成，a[0]表示第一个元素 a[0][0]的地址，则 a[0]+1 表示下一个元素 a[0][1]的地址&a[0][1]，即 a[0]+1=&a[0][1]；a[1]+2=&a[1][2]……。对各元素内容的访问也可以写成*(a[0]+1),*(a[1]+2)。

a、a+1、a+2 是行指针，指向行，每加一次 1 就向下移动一行。

a[0]，a[1]，a[2]是列指针，指向列，每加一次 1 就指向下一个元素。

在指向行的行指针前面加上"*"，行指针就变成了列指针。如&a[0][1]除了可以用 a[0]+1 表示外，还可以用*a+1 表示。a 是行指针，*a 则表示列指针，每加一个 1 向后移动一列。同理，&a[1][2]除了可以用 a[1]+2 表示外，还可以用*（a+1）+2 表示。在此我们要注意，*a、*(a+1)不能表示地址 a、a+1 中的内容，因为 a、a+1 并不是一个变量（二维数组中的某一元素）的存储单元，也就谈不上内容了，要表示二维数组中的某一元素，必须有具体的行标和列标。

要表示二维数组 a[3][4]中元素 a[1][2]及其地址，可以有以下几种表示方式：

元素 a[1][2] 的地址	元素 a[1][2]
&a[1][2]	a[1][2]
a[1]+2	*（a[1]+2)
*(a+1)+2	*(*(a+1)+2)

2. 指向二维数组元素的指针变量

【例 9-8】 用指向元素的指针变量输出数组元素的值。

```c
#include "stdio.h"
void pPutArr(int a[][4])
{
    int *p;

    for(p=a[0];p<a[0]+12;p++)
    { if ((p-a[0])%4==0)  printf("\n");
      printf("%4d",*p);
    }
    printf("\n");
}
void main()
{
    int a[3][4]= {{0,2,4,6},{1,3,5,7},{9,10,11,12}};

    pPutArr(a);
}
```

程序运行结果如图 9-16 所示。

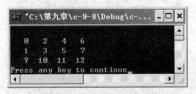

图 9-16　例 9-8 运行结果

本程序段中将 p 定义成一个指向整型数据的指针变量，执行语句 p=a[0]后将第 0 行第 0 列地址赋给指针变量 p，即 p 指向二维数组中元素 a[0][0]的起始地址，如图 9-16 所示，执行 p++，等价于执行 a[0]+1，从上面的讲解可以得知，a[0]+1 指向下一个元素，所以 p++的功能是指向下一个元素的起始地址。if 语句的作用是使一行输出 4 个数据，然后换行。本程序功能是顺序输出数组中各元素的值，比较简单，若要输出某个指定的数组元素，如 a[1][2]，必须首先计算出该元素在数组中的相对位置（即相对于数组起始位置的相对位移量）。计算 a[i][j]在数组中的相对位移量的公式为 i×m+j（其中 m 为二维数组的列数）。在图 9-15 中，要输出元素 a[1][2]，则要使指针 p 向下移动 1×4+2=6 个位移量，要输出元素 a[2][2]，则要使指针 p 向下移动 2×4+2=10 个位移量。

在例 9-8 中，p=a[0]不可写成 p=a，虽然值相同，但意义不一样。

当 p=a[0]时，p++等价于 a[0]+1，即 p 指向下一个元素。

当 p=a 时，p++等价于 a+1，即 p 指向下一行。

例 9-8 中，输出二维数组中的元素使用的方法是把指针 p 定义为指向整型数据的指针，即"int *p"，利用 p++指向下一个元素输出数组中的所有元素，如图 9-17 所示。还可以使用另一种方法，使 p 不是指向整型变量的，而是指向一个包含 m 个元素的一维数组的起始地址，p++指向下一个一维数组的起始地址，这样的指针称为"行指针"，其定义方式为：

类型说明符　(*指针变量名) [长度]

其中"类型说明符"为所指数组的数据类型。"*"表示其后的变量是指针类型。"长度"表示一维数组的长度。注意"(*指针变量名)"两边的括号不可少，缺少括号则表示是指针数组，意义就完全不同了。

若有定义"int a[3][4]；int (*p)[4]；p=a；"则表示行指针 p 是一个指向包含 4 个元素的一维数组的指针，它的值为数组 a 的首地址，如图 9-18 所示。把二维数组 a 分解为三个一维数组：a[0]、a[1]、a[2]，若数组 a 的起始地址为 2000，则 p 的值为 p=a=2000；p+1 相当于 a+1，指向下一个一维数组 a[1]的起始地址，即 p+1=a+1=2008，也就是说 p+i 指向一维数组 a[i]的起始地址。从之前的内容可知，第 i 行第 j 列元素的地址可由 *(a+i)+j 得到，由于 p=a，该表达式还可以写成*(p+i)+j，那么*(*(p+i)+j)则是 i 行 j 列元素的值。

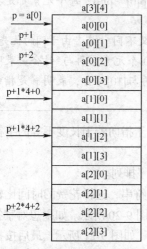

图 9-17　指向二维数组元素的指针

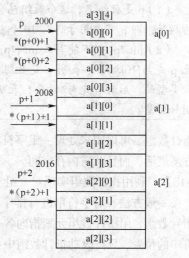

图 9-18　指向二维数组的指针

【例9-9】 输出二维数组任意行任意列元素的值。

```c
#include "stdio.h"
void pPutTwoDim(int a[3][4])
{
    int i,j;
    int (*p)[4];

    p=a;
    scanf("%d %d",&i,&j);
    printf("a[%d,%d]=%d\n",i,j,*(*(p+i)+j));
}
void main()
{
    int a[3][4]= {{0,2,4,6},{1,3,5,7},{9,10,11,12}};

    pPutTwoDim(a);
}
```

程序运行结果如图9-19所示。

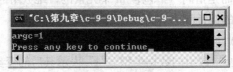

图9-19 例9-9运行结果

9.3.5 指针数组

一个数组若其元素均为指针类型数据，称为指针数组。即每一个元素都是指针类型数据的数组。指针数组的定义形式为：

类型名 *指针数组名[数组长度]；

例如：int *p[10];

（1）p是数组名，这个数组包含10个元素：p[0]～p[9]，每个元素都是指向整型数据的指针，即p可以用于保存10个整数的地址。

（2）int *p[10]不能写成int (*p)[10]，两者含义不同。前者由于[ ]的优先级高于*，因此p先与[10]结合，表明p是数组，数组中有10个元素，再与*结合，表明此数组是指针类型的。后者p先与*结合，表明p是指针，再与[10]结合，表明p是指向一维数组的指针变量。

引用指针数组，可以用来处理一组字符串，比较适合于指向若干长度不等的字符串，使字符串处理更方便灵活，而且节省内存空间。

【例9-10】 利用指针数组实现对一组学生姓名的升序排列。

分析：按一般方法，对字符串进行排序，需要移动字符串，这样花费的时间比较多。此时，可以利用指针数组，用指针数组元素指向各个字符串，如图9-20所示。如果想对字符串排序，不必改变字符串的位置，只需改动指针数组中各元素的指向，如图9-21所示，最后按指针数组元素的顺序输出各元素所指向的字符串。

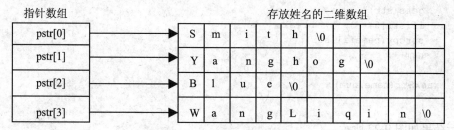

图 9-20　指针数组指向各字符串

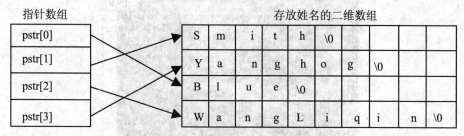

图 9-21　利用指针数组对字符串排序

程序如下:

```c
#include "stdio.h"
#include "string.h"
#define STUNUM 10
void rankStr(char name[STUNUM][20],int num)
{
    char *pstr[STUNUM],*temp;
    int i,j,k;

    for(i=0;i<num;i++)
        pstr[i]=name[i];
    for(j=1;j<num;j++)
    { k=num-j;
       for(i=0;i<num-j;i++)
         if(strcmp(pstr[i],pstr[k])>0)
                k=i;
        if(k!=num-j)
        { temp=pstr[k];
          pstr[k]=pstr[num-j];
          pstr[num-j]=temp;
        }
     }
     for(i=0;i<num;i++)
         printf("%dth:%s\n",i+1,pstr[i]);
}
void main()
{
    char name [STUNUM][20];
    char str[10];
    int i,j,k,num=0;

    for(i=0;i<STUNUM;i++)
    { printf("input the name of the %dth student: ",i+1);
```

```
        gets(str);
        if(str[0]=='#')   break;
        strcpy(name[i],str);
        num++;
    }
    rankStr(name,num);
}
```

运行结果如图 9-22 所示。

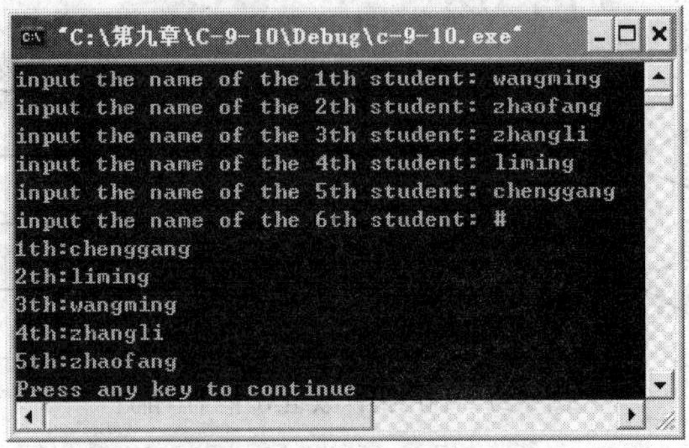

图 9-22　例 9-10 运行结果

9.4　指针与字符串

9.4.1　字符串的表示形式及其相关操作

C 程序允许使用两种方法访问一个字符串。

1. 字符数组

将字符串的各字符（包括结尾标志'\0'）依次存放到字符数组中，利用下标变量或数组名对数组进行操作。

【例 9-11】　字符数组应用。

```
#include "stdio.h"
void main()
{
    char string[]="I am a student.";

    printf("%s\n",string);
}
```

程序运行结果：I am a student.

（1）字符数组 string 长度未明确定义，默认的长度是字符串中字符个数外加结尾标志，string 数组长度应该为 16。

（2）string 是数组名，它表示字符数组首地址，string+3 表示序号为 3 的元素的地址，它指向 m。string[3],*(string+3)表示数组中序号为 3 的元素的值（m），如图 9-23 所示。

（3）字符数组允许用"%s"格式进行整体输出。

2. 字符指针

对字符串而言，也可以不定义字符数组，直接定义指向字符串的指针变量，利用该指针变量对字符串进行操作。

【例 9-12】 字符指针的应用。

```c
#include "stdio.h"
void main()
{
    char *string="I am a student.";

    printf("%s\n",string);
}
```

```
string
    ┌─────────┐
    │    I    │  string[0]
    ├─────────┤
    │         │  string[1]
    ├─────────┤
    │    a    │  string[2]
    ├─────────┤
    │    m    │  string[3]
    ├─────────┤
    │         │  string[4]
    ├─────────┤
    │    a    │  string[5]
    ├─────────┤
    │         │  string[6]
    ├─────────┤
    │    s    │  string[7]
    ├─────────┤
    │    t    │  string[8]
    ├─────────┤
    │    u    │  string[9]
    ├─────────┤
    │    d    │  string[10]
    ├─────────┤
    │    e    │  string[11]
    ├─────────┤
    │    n    │  string[12]
    ├─────────┤
    │    t    │  string[13]
    ├─────────┤
    │    .    │  string[14]
    ├─────────┤
    │   \0    │  string[15]
    └─────────┘
```

图 9-23 字符数组

程序运行结果：I am a student.

在这里没有定义字符数组，在程序中定义了一个字符指针变量 string。C 程序将字符串常量 "I am a student." 按字符数组处理，在内存中开辟一个字符数组用来存放字符串常量，并把字符数组的首地址赋值字符指针变量 string，这里的 "char *string="I am a student.";" 语句仅是一种 C 语言表示形式，其真正的含义是：

```c
char *string;
string="I am a student.";
```

在输出时，用 "printf("%s\n",string);" 语句，%s 表示输出一个字符串，输出项指定为字符指针变量 string，系统先输出它所指向的一个字符，然后自动使 string 加 1，使之指向下一个字符，然后再输出一个字符，直到遇到字符串结束标志'\0'为止。

对字符指针变量赋值，可采用下面的方式。

（1）char *string;
    string="I am a student";

（2）char *string="I am a student";

但对数组的初始化 char str[20]= "I am a student"; 不能等价于：

char str[20];

str[]=" I am a student ";

即数组可以在定义时整体赋值，但不能在赋值语句中整体赋值。

【例9-13】 输入两个字符串，比较是否相等，相等输出 YES，不等输出 NO。

```
1: #include "stdio.h"
2: #include "string.h"
3: void comp(char *s1,char *s2)
4: {
5:         int t=0;

6:         gets(s1);
7:         gets(s2);
8:         while(*s1!='\0' || *s2!='\0')
9:         {
10:          if(*s1!=*s2)    {t=1;break;}
11:          s1++;
12:          s2++;
13:         }
14:         if(t==0)  printf( "YES" );
15:         else  printf( "NO" );
16: }
17: void main()
18: {
19:         char a1[10],a2[10],*s1,*s2;

20:         s1=a1;
21:         s2=a2;
22:         comp(s1,s2);
23: }
```

程序运行结果如图 9-24 所示。

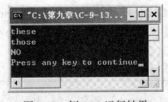

图 9-24　例 9-13 运行结果

程序的第 20 行、第 21 行是必不可少的，如果没有这两行代码，程序编译时会出现警告 "local variable 's1/s2' used without having been initialized"，原因是在编译时虽然给指针变量 s1、s2 分配了地址，但却没有赋值，也就是说 s1、s2 所指向的内存单元是一个不可预料的值。它可能指向空白的单元，也有可能指向已经存放指令或数据的有用的内存单元，这就破坏了程序。所以，这种写法是不提倡的。

9.4.2 字符指针作函数参数

将一个字符串从一个函数传递到另一个函数，一方面可以用字符数组名作参数，另一方面可以用指向字符串的指针变量作参数，在被调函数中改变字符串的内容，在主调函数中得到改变了的字符串。

【例 9-14】 将输入字符串中的大写字母改成小写字母，然后输出字符串。

```c
#include "stdio.h"
#include "string.h"
void inv(char *s)
{
    int i;

    for(i=0;i<=strlen(s);i++)
    if (*(s+i)>64 && *(s+i)<92)
        *(s+i)+=32;
}
void main()
{
    char str[20],*string;

    string=str;
    gets(string);
    inv(string);
    puts(string);
}
```

图 9-25 例 9-14 运行结果

程序运行结果如图 9-25 所示。

9.5 函数指针与指针函数

9.5.1 函数指针及指向函数的指针变量

1. 函数指针：函数在编译时被分配给的入口地址

函数所对应的程序在内存中占用一片连续的存储单元，其首地址就是函数的入口地址，C 语言规定，函数名代表函数指针，指向函数在内存的首地址。例如：

```c
int fun(int n){…}
```

则 fun 是函数指针，语句 "printf("%x\n",fun);" 输出函数的入口地址。

2. 指向函数的指针变量

（1）指向函数的指针变量：用于存放函数指针（入口地址）的指针变量。

（2）定义方法：类型(*指针变量名)( )。

```c
如 int (*pfun)( );
```

说明

① 类型是指针变量要指向的函数的返回值的类型。

② *pfun 两侧的( )必不可少，int (*pfun)() 与 int *pfun() 含义不同。前者 pfun 先与 * 结合，表明是指针变量，再与( )结合，表明其是一个指向函数的指针变量，函数的返回值是整型的；后者 pfun 先与( )结合，表明其是一个函数，函数的返回值是指向整型变量的指针。

③ 最后的( )不能省略，且( )内必须为空。

（3）赋值方法：pfun=fun;　（fun 为函数名，代表了函数的入口地址）。

① 函数指针可以指向相同类型（返回值的类型）的任意函数，如 pfun=fun; pfun=max;。

② 给函数指针赋值时只需用函数名，不需要用括号以及参数。

③ 对函数指针做算术或关系运算无意义，如 pfun++,pfun>pm 无意义。

3. 通过函数指针变量调用函数

通过函数指针调用函数的方式：

(*函数指针变量名) (实参列表)

【例 9-15】　输入 10 个数，求其中的最大值。

```c
#include "stdio.h"
int max(int *p)
{
    int  i,t=*p;

    for(i=1;i<10;i++)
        if(*(p+i)>t)    t=*(p+i);
    return (t);
}
void main()
{
    int i,m,a[10];
    int (*f)();                 /*定义指向函数的指针变量 f*/

    f=max;                      /*指针变量 f 指向函数 max*/
    for(i=0;i<10;i++)
        scanf("%d",&a[i]);
    m=(*f)(a);                  /*利用指针变量 f 调用函数，等价于 m=max(a) */
    printf("max=%d",m);
}
```

程序运行结果如图 9-26 所示。

用函数指针变量调用函数时，将（*f）代替函数名，在(*f)后的括号中根据需要写上实参。

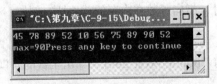

图 9-26　例 9-15 运行结果

调用函数有两种方法。

（1）使用函数名称调用函数。

（2）使用函数指针调用函数。

以例 9-15 为例，调用 max()函数，用函数名调用的方法是 m=max(a)，用函数指针 f 调用该函数时将 max 替换为(*f)即可，即 m=(*f)(a)。

9.5.2　指针函数

一个函数可以返回一个整型值、实型值或字符型值，也可以返回指针型数据。这种返回指针

值的函数叫做指针函数。其一般定义形式为:

类型名 *函数名(形参列表)
{ 函数体 }

例如: int *fun1(int x)

  {…}

其中, fun1 是函数名, x 为参数, 由于()运算符的优先级别高于*运算符, 所以 fun1 先与()结合, 显然这是函数形式。这个函数前面有一个 int *, 表示此函数的返回值是一个指针, 该指针指向整型数据。

【例 9-16】　求一维数组的最大元素及其所在位置。

```
#include "stdio.h"
void main()
{
    int a[10],i,*max;
    int *findmax(int b[]);      // 函数声明

    for(i=0;i<10;i++)
      scanf("%d",a+i);
    max=findMax(a);             // 调用 findmax 函数, 将返回值赋给指针 max
    printf("max:a[%d]=%d\n",max-a,*max);
}
int *findMax(int b[])           // findmax 是指针函数, 其返回值是一个指向整型数据的指针
{
    int i,max;

    max=0;
    for(i=1;i<10;i++)
        if (b[max]<b[i])   max=i;
    return(&b[max]);            // 返回数组中最大值的地址
}
```

程序运行结果如图 9-27 所示。

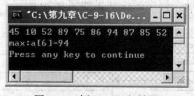

图 9-27　例 9-16 运行结果

　　　　指针型函数返回的地址量应该为外部变量或静态变量的地址, 不能是函数内部定义的自动型或寄存器变量的地址。因为自动型或寄存器变量在定义它的函数执行结束时, 系统分配给它的存储空间已释放, 所以不能返回这些量的地址。

9.5.3　指向指针的指针

如果指针变量中保存的是另一个指针变量的地址,这样的指针变量称为指向指针变量的指针,

简称指向指针的指针。

（1）定义方法：类型 **指针变量名；

例如：int i=5,*p,**pp;

（2）赋值

例如：p=&i;pp=&p;

存储状态如下所示：

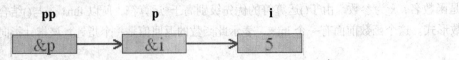

（3）引用方法

① 直接引用 pp 为变量 pp 的值：&p；而 p 为变量 p 的值：&i。

② *pp 为 pp 所指的存储单元的内容（即 p 的值&i）；而*p 为 i。

③ **pp 为 pp 所指的指针变量所指的存储单元的内容，也就是 i 的值 5，即**pp=*p=i=5。

【例 9-17】 指向指针的指针简单应用。

```
#include "stdio.h"
void pp(char *name[])
{
    int i;
    char **p;

    for(i=0;i<4;i++)
    {   p=name+i;
        printf("%s\n",*p);
    }
}
void main()
{
    char *name[]={ "Smith", "Yanghong", "Blue","Wangliqin"};

    pp(name);
}
```

程序存储状态如图 9-28 所示，程序运行结果如图 9-29 所示。

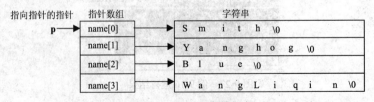

图 9-28 例 9-17 存储状态

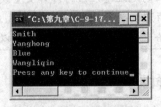

图 9-29 例 9-17 运行结果

9.6 带参数的 main 函数

以前我们编写的程序中，main 函数是不带参数的，但实际上，main 函数是可以有参数的，指针数组的一个重要应用就是作为 main 函数的参数。带参数的 main 函数定义如下：

int 或 **void main(int argc , char *argv[])**
{
...
}

可以看出，main 函数可以有两个参数，且只能有两个参数，第 1 个参数 argc 是一个整型数据，第 2 个参数 argv 是一个字符指针数组，每一个指针都指向一个字符串。

在前面课程的学习中，main 函数始终作为主调函数，也就是说，允许 main()调用其他函数并传递参数。其他任何函数均不能调用 main()函数，当然也就无法向 main 函数传递参数了。那么，带参数的 main 函数的参数是由谁传递的？怎样传递呢？

当一个 C 的源程序经过编译、链接后，会生成扩展名为.exe 的可执行文件，这是可以在操作系统下直接运行的文件，换句话说，就是由系统来启动运行的。对 main 函数既然不能由其他函数调用和传递参数，就只能由系统在启动运行时传递参数。

在操作系统环境下，一条完整的运行命令应包括两部分命令与相应的参数。其格式为：

命令 参数 1 参数 2...参数 n

如 file1 Monday Tuesday Wednesday。

命令（file1）就是可执行文件的文件名，其后所跟参数需用空格分隔。参数的个数就是 main 函数的参数 argc 的值，注意，命令也作为一个参数，如以上命令的参数有 4 个，分别是 file1、Monday、Tuesday、Wednesday。所以，argc 的值为 4。main 函数的第 2 个参数 argv 是一个指针数组，该指针数组的大小由参数 argc 的值决定，即为 char*argv[4]，分别指向 4 个字符串，即指向 4 个参数：argv[0]指向"file1"，argv[1]指向"Monday"，argv[2]指向"Tuesday"，argv[3]指向"Wednesday"。

【例 9-18】 带参数的 main 函数。

```c
#include "stdio.h"
void main(int argc,char *argv[])
{
    int i;

    printf("argc=%d\n",argc);
    for(i=1;i<argc;i++)
        printf("%s\n",argv[i]);
}
```

将程序保存在 c:\根目录下，名为 file1。在 Visual C++中编译、连接该程序，则会在 c:\debug\目录下生成一个名为 file1.exe 的可执行文件。在操作系统环境下，改变目录到 c:\debug，即输入命令"cd c:\debug"，然后输入"file1.exe china beijing"，则会出现如图 9-30 所示的运行结果。

图 9-30 例 9-18 运行结果

9.7 指针的应用举例

【例 9-19】 利用指针实现将 5 个整数输入到数组 a[]中，然后将数组 a[]逆序复制到数组 b[]中，并输出数组 b[]中的值。

```c
#include <stdio.h>
void assign(int a[],int b[])
{
    int i;
    int *pa,*pb;

    pa=a;
    printf("Please enter five integers:\n");
    for(i=0;i<5;i++)
        scanf("%d",pa++);
    for(i=0;i<5;i++)
        printf("a[%d]=%d  ",i,a[i]);
    pa=a;
    printf("\n");
    pb=b+4;
    for(i=0;i<5;i++)
       *pb--=*pa++;
    for(i=0;i<5;i++)
        printf("b[%d]=%d  ",i,b[i]);
}
void main()
{
    int a[5],b[5];

    assign(a,b);
}
```

程序运行结果如图 9-31 所示。

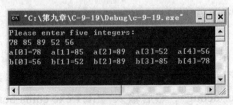

图 9-31 例 9-19 运行结果

【例 9-20】　用指针改写冒泡法。

```c
#include <stdio.h>
#define SIZE 10
void sort(int *v,int n)
{
    int i,temp,*pi;

    for(i=0;i<n-1;i++)
        for(pi=v;pi<v+n-i-1;pi++)
            if(*pi>*(pi+1))
                { temp=*pi;  *pi=*(pi+1); *(pi+1)=temp;}
}
void main()
{
    int i,a[SIZE],*p;

    printf("input the numbers:\n");
    for(i=0;i<SIZE;i++)
        scanf("%d",&a[i]);
    for(i=0;i<SIZE;i++)
        printf("%d ",a[i]);
    printf("\n");
    p=a;
    sort(p,SIZE);
    for(i=0;i<SIZE;i++)
        printf("%d ",a[i]);
    printf("\n");
}
```

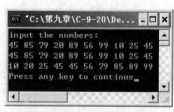

图 9-32　例 9-20 运行结果

程序运行结果如图 9-32 所示。

【例 9-21】　用指针进行字符串的比较。

```c
#include "stdio.h"
#include "string.h"
void cmp(char str1[],char str2[])
{
    char *p1,*p2;

    p1=str1;
    p2=str2;
    do{
      if(*p1>*p2)
          { printf("%s>%s\n",str1,str2);
            break;
          }
      else if(*p1<*p2)
          { printf("%s<%s\n",str1,str2);
            break;
          }
      else
          { p1++;   p2++;}
    }while(*p1=='\0'||*p2=='\0');
    if(*p1=='\0'&&*p2=='\0')
```

```
        printf("%s==%s\n",str1,str2);
}
void main()
{
    char str1[80],str2[80];

    printf("Please enter the first string: ");
    gets(str1);
    printf("Please enter the second string: ");
    gets(str2);
    cmp(str1,str2);
}
```

程序运行结果如图 9-33 所示。

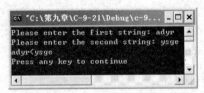

图 9-33 例 9-21 运行结果

习　题　9

1. 选择题

（1）已知"int integera,*p=&integera;"，则下列函数调用中错误的是_____。

A. scanf("%d ",&integera);　　　　　　B. scanf("%d",p);

C. printf("%d",integera);　　　　　　　D. scanf ("%d",*p);

（2）已知"int integerx;"，则下列语句正确的是_____。

A. int pb=&integerx;　　　　　　　　B. int *pb=integerx;

C. int *pb=&integerx;　　　　　　　　D. *pb=*integerx;

（3）已知"double *p[6];"，它的含义是_____。

A. p 是指向 double 型变量的指针　　　B. p 是 double 型数组

C. p 是指针数组　　　　　　　　　　　D. p 是数组指针

（4）已知"int a[]={1,2,3,4},y,*p=&a[1];"，则执行语句 y=(*--p)++之后，变量 y 的值为_____。

A. 1　　　　　　　B. 2　　　　　　　C. 3　　　　　　　D. 4

（5）已知"int a[3][4],*p=&a[0][0];p+=6;"，那么*p 和_____的值相同。

A. *(a+6)　　　　B. *(&a[0]+6)　　　C. *a[1]+2　　　　D. a[1][2]

2. 阅读程序写结果

（1）#include "stdio.h"
 void main()
 {
    int a[]={1,2,3,4,5,6,7,8,9,0};*p=a;

    printf("%x\n",p);   /* 输出结果为 ffe2 */
```
```

```
        printf("%x\n",p+9);
        printf("%x\n",*p+9);
        printf("%x\n",*(p+9));
        printf("%x\n",*++p+9);
}
```

（2）
```
#include "stdio.h"
void main()
{
        char a[ ]= "language",b[ ]= "programe";
        char *p1,*p2;
        int k;

        p1=a; p2=b;
        for(k=0;k<=7;k++)
            if(*(p1+k)==*(p2+k))
                printf("%c",*(p1+k));
}
```

（3）
```
#include "stdio.h"
void main()
{
        int integera=5, integerb=10;

        printf("before swap integera=%d, integerb=%d\n",integera, integerb);
        swap(&integera,& integerb);
        printf("after swap integera=%d, integerb=%d\n",integera, integerb);
}
void swap(int *px,int *py)
{
        int temp;

        temp=*px;
        *px=*py;
        *py=temp;
        printf("in swap integerx=%d, integery=%d\n",*px,*py);
}
```

（4）
```
#include "stdio.h"
void main()
{
        int a[5]={1,3,5,7,9};
        int *num[5]={ &a[0], &a[1], &a[2], &a[3], &a[4]};
        int **p,i;

        p=num;
        for(i=0;i<5;i++)
        { printf ("%d\t",**p);
          p++;
        }
}
```

（5）
```
#include "stdio.h"
void main()
{
        int a[]={2,6,10,14,18};
        int*ptr[]={&a[0], &a[1], &a[2] ,&a[3], &a[4]};
```

```
    int **p,i;

    for(i=0;i<5;i++)
        a[i]=a[i]/2+a[i];
    p=ptr;
    printf("%d",*(*(p+2)));
    printf("%d\n",*(*(++p)));
}
```
（6）
```
#include <stdio.h>
void main()
{
    int i,*p;
    int a[3][3]={{1,2,3},{4,5,6},{7,8,9}};

    p=a;
    for(i=0;i<9;i++)
    { if(i%3==0)
      printf("\n");
      printf("%-4d",*p++);
    }
}
```
（7）
```
#include "stdio.h"
void sub(int x,int y,int*z)
{
    *z=y-x;
}
void main()
{
    int a,b,c;

    sub(10,5,&a);
    sub(7,a,&b);
    sub(a,b,&c);
    printf("%4d,%4d,%4d\n",a,b,c);
}
```
（8）
```
#include "stdio.h"
void main()
{
    int a[8]={1,2,3,4,5,6,7,8};
    int *p[3],**pp,i;

    for(i=0;i<2;i++)
    { p[i]=&a[i*4];
      pp=&p[i];
      printf("%d",**pp);
    }
}
```
（9）
```
#include "stdio.h"
int *fun(char *s)
{
    char *p=s;

    while(*p)  p++;
```

```
            return(p-s);
   }
void  main()
   {
      char *a="abcdef";

      printf("%d\n",fun(a));
   }
```

3. 输入一行文字，找出其中大写字母、小写字母、空格、数字及其他字符各有多少个。

4. 编写程序，求字符串的长度。

5. 求二维数组中的最小值及其下标。

第10章
结构体、共用体及枚举类型的应用

本章之前介绍的数据类型都是只包含一种相同的数据类型，即使是有多个元素的数组，也只能储存同一种类型的数据。在实际问题中，这样的数据类型是不能满足需求的，我们常常需要把一些属于不同数据类型的数据作为一个整体来处理，如表10-1所示的学生学籍表，表中每行记录一个学生对象，代表着该学生的部分属性。很明显，每行记录中的数据不属于同一种数据类型，那么，在C语言中，怎么把这些数据当成一个整体来处理呢？为了增强C语言对表的数据描述力，C语言允许程序员自己构造数据类型，来实现对复杂却又有着紧密联系的数据的整体处理，主要包括结构体类型和共用体类型。

表 10-1　　　　　　　　　　　　　学生学籍表

学　号	姓　　名	性　　别	年　　龄	数　　学	英　　语	平　均　分
112	王林	男	19	98	82	90
113	王洪	女	19	89	93	91
114	赵晓	女	21	75	85	80

本章主要介绍如何定义和使用结构体和共用体这两种数据类型，描述了结构体定义和使用方法、结构体数组、结构体与指针、结构体与函数的使用，共用体的定义、使用方法、共用体类型数据的特点，单链表的概念及基本操作。

10.1　结构体的应用

结构体是由一系列相同或不同类型数据构成的数据集合，构成结构体的数据称为结构体的成员，其中每一个成员可以是一个基本数据类型或结构体。

结构体是一个构造类型，即我们可以根据实际的需要，构造出符合要求的数据类型，使数据的处理更加方便快捷。如我们要通过C语言处理表10-1中的数据，就可以根据表头的内容构造适当的结构体类型，表头由学号、姓名、性别、年龄、数学、英语、平均分七项组成，就可以使用7个基本数据类型构造一个结构体类型。在C语言中，构造一个结构体类型称为结构体类型的定义。

结构体类型并不占用存储空间，它本身也不能存储数据。所以，如果我们要存储表10-1中的三个学生的信息到内存中，则需要通过结构体类型声明三个结构体变量才能处理。举个简单的例子，现在需要将学生的人数（50人）存储到内存中，我们都知道可以用int类型来实现，但是int

类型本身并不能存储数据，而是需要通过 int 来声明一个 int 型变量，然后才能把数据存在这个变量中，如 int stu_num = 50; 结构体类型的使用也是如此，它和基本数据类型的使用在本质上并没有区别。

表内容中的每条记录在 C 语言中都能完全存储于一个结构体变量中，这个变量使得同一个学生的数据整合在一起，因此使用结构体可以方便地记录每个学生的信息，使用起来也更加直观、方便。下面将通过对表 10-1 的处理依次介绍如何使用结构体在 C 语言中处理整体数据。

10.1.1　结构体类型的定义

在程序中要处理表 10-1 中类似的数据，就要使用结构体。首先需要对表头的组成进行描述，这个描述过程在 C 语言中称为结构体类型定义，用来说明表（结构体类型）的名称及由哪些成员组成，这些成员是什么类型的，其定义形式为：

```
struct  [结构体名]
{
    成员列表;
};
```

其中 struct 是关键字，不能省略；结构体名必须是合法的标识符，也可以省写；成员列表的形式与简单变量的声明形式相同；因为结构体类型的定义本身是一条 C 语句，所以必须以分号结尾；这样一个结构体类型就构造好了。如在 C 语言中要构建表 10-1 的表头，应定义成下面的结构体类型：

```
struct  xsxjb          // xsxjb 是结构体类型名，也是表 10-1 的表名
{
    int  num;          // num 称为成员，是表 10-1 中 "学号" 的表示形式，下同
    char  name[10];
    char  gender;
    int  age;
    float  math;
    float  eng;
    int  aver;
};
```

表 10-1 的表头转化为表 10-2 的形式在内存中的形式。再次提醒，定义的结构体类型本身并不占用存储空间。

表 10-2　　　　　　　　　　用结构体类型定义的 xsxjb 表的表头

num	name	gender	age	math	eng	aver

如果把年龄改成出生日期（年、月、日单独存储），要求建立如下表 10-3 的表头，那么在 C 语言中如何定义？从表头的结构中可以看出，此表的结构体类型中的成员 "出生日期" 既是结构体变量又是结构体类型，因此 C 语言规定结构体类型可以嵌套定义，可以用图 10-1 所示的两种方式定义实现。

表 10-3　　　　　　　　　　变换后的 xsxjb 表的表头

num	name	gender	birthday			math	eng	aver
			year	month	day			

```
struct   date
{  int   year;
    int   month;
    int   day;
};
struct   xsxjb
{     char name[10];
    char gender;
    struct   date   birthday;
    float math;
    float eng;
    int aver;
};
```

```
struct   xsxjb
{  char name[10];
    char gender;
    struct   date
    {   int   year;
        int   month;
        int   day;
    }birthday;
    float math;
    float eng;
    int aver;
};
```

图 10-1　变换后的 xsxjb 表的表头在 C 语言中的定义形式

10.1.2　结构体变量的声明

利用结构体类型的定义可以完成表头创建，接下来就要构建表内容了，在 C 语言中对表内容的构建是通过声明结构体变量来完成的，每一个结构体变量代表表中一行记录。在 C 语言中，结构体变量的声明有三种方式。

（1）先定义结构体类型，再声明结构体变量

声明格式： **　　结构体类型名　　变量名列表；**

如：　<u>struct   xsxjb</u>　　　<u>student1,student2;</u>
　　　结构体类型名　　　两个结构体变量名

"struct   xsxjb"如同用 int 来声明整型变量一样，在后面加上两个变量名，这样 xsxjb 表就构建了两条记录，形成如表 10-4 所示的形式。struct 关键字并不能省掉，如果想要省掉，可以使用 typedef 进行重命名，在本章后面的小节会讲到。

表 10-4　　　　　　　　　　　　　用 C 语言构建的 **xsxjb** 表（空表）

	num	name	gender	age	math	eng	aver
student1:							
student2:							

（2）在定义结构体类型的同时声明结构体变量

声明格式：struct　结构体名
**　　　　　{**
**　　　　　　成员项列表；**
**　　　　　}变量名列表；**

声明形式如图 10-2 所示，所得结果如表 10-4 所示。

（3）直接声明无名结构体变量

声明格式：**struct**
　　　　　{
　　　　　　成员项列表；
　　　　　}变量名列表；

声明形式如图 10-3 所示，但没有结构体名，即表名；所得结果如表 10-4 所示。

和前面的定义的基本数据类型的变量一样，这里如果定义成全局或静态局部变量，两个变量都会默认被数值 0 填充，不需要初始化；如果是局部变量，则变量内容都会是随机数据，为了数据的安全，一般需要人为的初始化。

```
struct   xsxjb
{    int num;
     char name[10];
     char gender;
     int age;
     float math;
     float eng;
     int aver;
}student1, student2;
```

图 10-2　在定义结构体类型的
同时声明结构体变量

结构体变量所占的存储空间为各成员所占存储空间之和，却又不仅仅是简单的成员存储空间之和，结构体变量在存储过程中有字节对齐和补齐机制。为了方便系统对内存的管理，32 位的操作系统是按 4 字节(32 位)的倍数进行读写的，如果结构体的某个成员所占空间不是 4 字节的倍数，在编译时编译器会根据后续成员的类型进行对齐，并且在存储所有成员后，还会进行补齐。

对齐的原则是：针对当前成员的空间分配，若后续成员的类型为 char 或者与当前成员类型相同，则不作处理，否则添加存储字节数使当前成员所占用空间为后续成员存储空间的倍数（成员本身的存储空间并不会改变）；

补齐的原则是：若所有成员分配完毕，其存储空间（包括对齐的字节数）不是所占空间最大的成员（字符串成员不考虑）的倍数，则添加存储字节使之成为倍数。在 Linux 标准 C 中，若最大成员所占存储空间大于 4 字节，则补齐字节使结构体变量的总存储空间为 4 的倍数。

所以结构体变量各成员在内存中并不一定占用连续的存储单元，但结构体变量的首地址与第一个结构体变量成员的首地址一定相同。结构体变量 student1 在内存中的存储形式如图 10-4 所示。最终的存储空间是 4+10+1+3+4+4+4+2 = 36 字节。

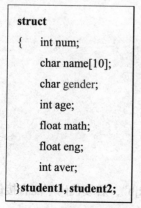

图 10-3　直接声明无名结构体变量

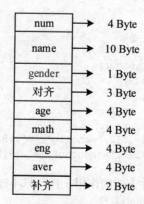

图 10-4　student1 在内存中的存放形式

注意

（1）结构体类型与结构体变量的概念不同。

（2）在编译时对类型不分配内存空间，只对变量分配内存空间。

（3）只有变量能赋值、存取、运算，而类型却不可以。

10.1.3 结构体变量的初始化

结构体变量的初始化和其他变量的初始化类似，让编译器在分配空间的时候直接写进具体的数据。因为结构体变量的声明有三种方式，所以结构体变量的初始化也有三种形式。

（1）先定义 xsxjb 结构体类型，再声明和初始化 student1 和 student2

```
struct xsxjb student1={112,"wanglin",'M',19,98,82,90},
student2={113,"wanghong",'W',19,89,93,91};
```

（2）在定义 xsxjb 结构体类型的同时声明和初始化 student1 和 student2

```
struct  xsxjb
{
    int num;
    char name[20];
    char gender;
    int age;
    float math;
    float eng;
    int aver;
} student1={112,"wanglin",'M',19,98,82,90},
student2={113,"wanghong",'W',19,89,93,91};
```

通过这两种形式都会形成如表 10-5 所示的完整表格。

表 10-5   xsxjb 表（完整表）

	num	name	gender	age	math	eng	aver
student1:	112	wanglin	M	19	98	82	90
student2:	113	wanghong	W	19	89	93	91

（3）在定义无名结构体类型的同时声明和初始化 student1 和 student2。对于无名结构体类型必须在定义类型的时候声明或初始化变量。

```
struct
{
    int num;
    char name[20];
    char gender;
    int age;
    float math;
    float eng;
    int aver;
} student1={112,"wanglin",'M',19,98,82,90},
student2={113,"wanghong",'W',19,89,93,91};
```

它和第二种方式的作用一样，只不过没有类型名"xsxjb"，后续代码不能直接使用"xsxjb"声明或定义其他变量。

10.1.4 结构体变量的引用

结构体变量定义完成后，就可以引用这个变量了，但结构体变量不能整体使用，也不能进行整体的运算，只能引用其成员，分别对成员进行操作。格式是：

结构体变量名.成员名

（1）"."是成员运算符，优先级别为一级。如："student1.num=118;"可以把 student1.num 作为一个整体变量看待，意思是将整数 118 赋给 student1 变量中的 num 成员。

（2）如果结构体成员本身又是一个结构体类型，则要逐级引用。如图 10-1 中要引用 month 成员，则应这样访问：xsxjb.birthday.month。

（3）对结构体变量的成员可以像普通变量一样进行各种运算。如"student1.num++;" "d=student1.math-student2.math;"等。

（4）可以将一个结构体变量赋值给另一个结构体变量。如："student1=student2;"。

使用结构体的一般步骤如下：

（1）根据问题的要求定义一个结构体类型；

（2）用自己定义的结构体类型定义结构体变量；

（3）在程序中使用结构体变量成员处理问题。

结构体成员在使用上和成员的类型一致，如上面的 student1.num，可以直接看成是一个整型变量，所有整型变量的运算法则都可以直接使用。student1.name 则是一个字符数组，在本质上，它也是一个字符指针，所以对它进行操作，也必须符合字符数组的使用规范，如可以通过"[]"引用这个字符串的具体元素，进行单个赋值；而要对 student1.name 进行整体赋值，也和字符串一样，需用特定的函数实现，如"strcpy()"。

10.2　结构体数组

在上一节中，一个结构体变量 student1 中只存储一条记录，即一个学生的信息。如果要存储 50 个学生的信息，则需要有 50 个结构体变量来存放全部的记录，很显然去一一声明 50 多个结构体变量，不仅麻烦，而且不太现实。最好的方法就是使用结构体数组来声明，结构体数组就是每个数组元素都是一个结构体类型的数据。

1. 结构体数组的声明

与结构体变量声明的方法类似，只需要把结构体变量写成数组形式即可。因此结构体数组的声明形式也有三种，这里就不一一列出了。如声明一个能保存 50 个学生学籍的结构体数组，格式为：

```
struct  xsxjb  stu[50];
```

以上声明了一个名为 stu 的结构体类型的数组，数组中有 50 个元素，每个元素都是 struct xsxjb 类型的数据，如表 10-6 所示。结构体数组各元素在内存中连续存放。数组名代表该数组在内存中的首地址，即 stu==&stu[0]且 stu+i==&stu[i]。

表 10-6　　　　　　　　用结构体数组构建的 xsxjb 表（空表）

	num	name	gender	age	math	eng	ave
student[0]:							
student[1]:		·					
…	…	…	…	…	…	…	…
student[49]:							

2. 结构体数组元素的初始化

结构体数组元素的初始化与多维数组的初始化形式类似，既可以实现全部初始化，也可以实现部分初始化。书写上每个结构体数组元素的值可以用"{}"括起来，也可以不用"{}"括起来。如

```
struct xsxjb stu[2]={{112,"wanglin",'M',19,98,82,90},{113,"wanghong",'W',19,89,93,91}};
struct xsxjb  stu[2]={112,"wanglin",'M',19,98,82,90,113,"wanghong",'W',19,89,93,91};
```

如果初始化时，所填写的数据不够，则后面的元素或结构体成员均会自动以"0"填充。

在声明结构体数组 stu 的同时进行全部初始化时，数组元素的个数也可以不指定，如

```
struct xsxjb stu[]={112,"wanglin",'M',19,98,82,90,113,"wanghong",'W',19,89,93,91};
```

编译器会自动把 stu 定义成含有两个元素的结构体数组。

3. 结构体数组元素的引用

结构体数组元素的引用完全类似于结构体变量的引用，只是要用结构体数组元素来代替结构体变量，其他规则不变。即引用形式为：

结构体数组名[下标].成员名。如 stu[1].name。

【例 10-1】 编写选票统计程序：设有三个候选人，分别是李、张、王。10 个人进行投票，投票时输入候选人的姓名，统计 3 个候选人的得票结果并输出。

源程序如下：

```
#include <stdio.h>
#include <string.h>
struct person                //形成如右所示的表，表名为 person
{
    char name[20];
    int count;
}candidate[3]={"li",0,"zhang",0,"wang",0};
void main()
{
    int i,j;
    char candidate_name[20];

    for(i=0;i<10;i++)
    {
        scanf("%s",candidate_name);
        for(j=0;j<3;j++)
            if(strcmp(candidate_name,candidate[j].name)==0)
                candidate[j].count++;
    }
    printf("\n");
    for(i=0;i<3;i++)            //输出候选人的名字和得票数
        printf("%5s:%d\n",candidate[i].name,candidate[i].count);
}
```

name	count
li	0
zhang	0
wang	0

程序运行结果如图 10-5 所示。

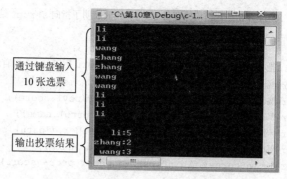

通过键盘输入
10 张选票

输出投票结果

图 10-5　例 10-1 程序的运行结果

10.3　指向结构体的指针

为了方便对结构体变量和结构体数组的操作，可以用一个指针变量来指向结构体变量和结构体数组中的元素。指向结构体变量的指针指向该记录所占用的内存段的起始地址，即该指针变量的值是结构体变量的起始地址。

1. 指向结构体变量的指针

指向结构体变量的指针要求先声明，后使用。基本步骤如下。

（1）声明

struct 结构体类型名 ***ps**, stu1, stu[10]; //声明 ps 为指向结构体变量的指针

如：struct　xsxjb　***ps**, stu1, stu[10]; //声明 ps 为指向结构体变量的指针

ps = &stu1; //对 ps 进行赋值

（2）指向结构体变量的指针的引用

指向结构体变量的指针的引用有三种形式：

结构体指针变量名–>成员名 < == > (*结构体指针变量名) . 成员名 < == > 结构体变量名 . 成员名

其中 "->" 是指向运算符，和 "." 运算符一样，优先级为一级。以上三种用于表示结构体成员的形式是完全等效的。如 ps->num < == > (*ps).num < == > stu1.num，因为 "." 运算符的优先级比 "*" 高，这里的 "()" 不能省。

因为使用 "->" 和使用 "." 是等效的，所以使用 "->" 对成员进行引用时，得到的依然是成员本身，在使用上依然和成员的数据类型一致，不要认为 ps 是个指针，那么通过 ps 引用得到的也是一个指针。如如果需要输入某个学生的年龄，需要这样使用：scanf("%d",&(ps->age));，必须加上取地址符，这里(ps->age)的括号可以不加，加上是为了增加代码的可读性。

【例 10-2】　指向结构体变量的指针的使用。源程序如下：

```
#include <stdio.h>
struct stu            //定义了一个名为 struct stu 的结构体类型
{
    int num;
    char *name;
    char gender;
    float score;
}boy1={102,"Zhang ping",'M',78.5},*pstu;
```

//声明并初始化结构体变量boy1，同时声明了指向struct结构体类型的指针变量pstu

```c
void main()
{
    pstu=&boy1;      //把boy1的起始地址赋给pstu，因此pstu指向boy1的首地址
    printf("Number=%d\nName=%s\n",boy1.num,boy1.name);
    printf("gender=%c\nScore=%f\n\n",boy1.gender,boy1.score);
    printf("Number=%d\nName=%s\n", (*pstu).num,(*pstu).name);
    printf("gender =%c\nScore=%f\n\n",(*pstu).gender,(*pstu).score);
    printf("Number=%d\nName=%s\n",pstu->num,pstu->name);
    printf("gender=%c\nScore=%f\n\n",pstu->gender,pstu->score);
}
```

程序运行结果如图10-6所示。

图10-6　例10-2程序的运行结果

（1）ps->num：得到 ps 所指向结构体变量中成员 num 的值。

（2）ps->num++：得到 ps 所指向结构体变量中成员 num 的值，用完后 num 的值再加 1。

（3）++ps->num：将 ps 所指向结构体变量中成员 num 的值加 1，然后再使用。

2. 指向结构体数组元素的指针

结构体指针变量可以指向一个结构体数组，这时结构体指针变量的值是整个结构体数组的首地址；结构体指针变量也可以指向结构体数组的某一元素，这时结构体指针变量的值是该结构体数组元素的首地址。

【例10-3】　指向结构体数组元素的指针输出结构体数组，即表内容。源程序如下：

```c
#include <stdio.h>
#define  N  5
struct stu                     //定义了名为stu的结构体类型
{
    int num;
    char *name;
    char gender;
    float score;
}boy[N]={
        {101, "Zhou ping",'M',45},
        {102, "Zhang ping",'M',62.5},
        {103, "Liou fang",'F',92.5},
```

```
        {104, "Cheng ling",'F',87},
        {105, "Wang ming",'M',58},
    };                      //声明并初始化结构体数组 boy
void main()
{
    struct stu *ps;        //声明 ps 为指向 stu 类型的指针
    printf("No\tName\t\t\tgender\tScore\t\n");
    for(ps=boy;ps<boy+N;ps++)  //输出表 stu, ps++指向该数组中的下一个元素, 如图 10-7 所示
    printf("%d\t%s\t\t%c\t%f\t\n",ps->num,ps->name,ps-> gender,ps->score);
}
```

程序运行结果如图 10-8 所示。

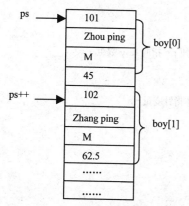

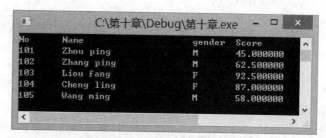

图 10-7　指向结构体数组的指针　　　　图 10-8　例 10-3 程序的运行结果

一个结构体指针变量只能指向结构体变量或结构体数组中的某元素，不能使它指向结构体变量的某个成员，也就是说不允许取一个成员的地址来赋给它。如 ps=&boy[1].gender；的赋值方式错误；而只能是 ps=boy；（赋给数组首地址）或 ps=&boy[0]；（赋给 0 号元素首地址）。

10.4　结构体与函数

10.4.1　函数的形参与实参是结构体

当需要将一个结构体变量的值作为参数传递给另一个函数时，可以有以下三种方法：

（1）用结构体变量的成员作参数，完成的是值传递。

（2）用一个完整的结构体变量作为参数，因为需要将该结构体变量的全部成员值一个一个传递，既费时间又费空间，开销大，运行效率低，这种多值传递的方式是不可取的。所以建议用第 3 种方法。

（3）用指向结构体变量（或数组）的指针作实参，将结构体变量（或数组）的地址传给形参。完成的是地址传递，从而减少了时间和空间的开销，提高了运行效率。

【例 10-4】　计算一组学生的平均成绩和不及格人数，用结构体指针变量作函数参数编写程

序。源程序如下：

```c
#include <stdio.h>
struct stu                          //boy 被定义为外部结构体数组，因此在整个源程序中有效
{
    int num;
    char *name;
    char gender;
    float score;
}boy[5]={{101,"Li ping",'M',45},{102,"Zhang ping",'M',62.5},{103,"He fang",'F',92.5},
    {104,"Cheng ling",'F',87},{105,"Wang ming",'M',58}};
void main()
{
    struct stu *ps;                 //定义结构体指针变量 ps

    void ave(struct stu *ps);
    ps=boy;                         //把 boy 的首地址赋给 ps，使 ps 指向 boy 数组
    ave(ps);
}
void ave(struct stu *ps)            //函数 ave() 的形参是结构体指针变量 ps
{
    int c=0,i;
    float ave,s=0;

    for(i=0;i<5;i++,ps++)
    {
        s+=ps->score;
        if(ps->score<60) c+=1;
    }
    printf("s=%f\n",s);
    ave=s/5;
    printf("average=%f\ncount=%d\n",ave,c);
}
```

程序运行结果如图 10-9 所示。

图 10-9　例 10-4 程序的运行结果

10.4.2　函数的返回值类型是结构体

我们已经知道，函数的返回值可以为整型、实型、字符型和指向这些数据类型的指针，还有无返回值类型等。在新的 C 标准中还允许函数的返回值为结构体类型的值，提供了两种方法来实现。

1. 结构体类型函数

定义形式：

```
struct  结构体名    函数名([形参表])
{
      变量声明;
      程序执行语句;
}
```

【例 10-5】　结构体类型函数。

```
#include <string.h>
#include <stdio.h>
struct data
{
   char  s[30];
   int  n;
   float  x;
};
struct  data  example()          //定义结构体类型函数, 函数名前没有 "*" 号
{
   struct  data  emp;

   strcpy(emp.s,"An example !");    //字符串的复制用 strcpy()函数
   emp.n=68;                        //给结构体变量成员赋值
   emp.x=213.52;
   printf("%s %d %f\n",emp.s,emp.n,emp.x);
   printf("Function to run after:\n");
   return(emp);
}
void main()
{
   struct  data  redata;

   printf("\nOperation function:\n");
   redata=example();                //结构体变量之间的赋值, 函数返回一个结构体变量
   printf("%s%d%f\n",redata.s,redata.n,redata.x);
}
```

运行结果如图 10-10 所示。

图 10-10　例 10-5 程序的运行结果

2. 结构体指针型函数

定义形式:

```
struct   结构体名   *函数名([形参表])
{
      变量声明;
      程序执行语句;
}
```

该函数的返回值是一个结构体变量的指针，也就是结构体变量的地址，是单值传递，减少了时间和空间的开销，提高了效率。由于变量是有生存期的，这里返回的必须是一个全局变量或静态局部变量的地址，或者是通过 malloc() 函数申请的结构体的地址。

【例 10-6】 实现电话号码查询，设有一个电话号码表，给定一个用户 ID，找出其所对应的信息。

```c
#include <stdio.h>
#include <stdlib.h>
#define NULL 0
#define N 3

struct data
{
    int telnumber;
    int idnumber;
    char name[30];
    char address[100];
}person[N];

int personlist()                //输入相应的用户信息
{
    int i;

    for(i=0;i<N;i++)
    {
        person[i].idnumber=i;
        printf("Input telephone number:");
        scanf("%d",&person[i].telnumber);
        printf("Input name:");
        scanf("%s",person[i].name);
        printf("Input address:");
        scanf("%s",person[i].address);
        if(person[i].telnumber==NULL)
    break;
    }
    return 1;
}

struct data *found(int n)        //给定 ID，查找对应信息；定义为指针型函数，返回地址
{
    int i;

    for(i=0;person[i].telnumber!=NULL;i++)
        if(person[i].idnumber==n)   break;
     return(&person[i]);
}

void main()
{
    int number;                  //定义相应的 ID 的变量
    struct data *sp;             //定义一个结构体指针变量，用来存放用户查找得到的地址

    personlist();
```

```
printf("\n Input id to find:");
scanf("%d",&number);
if(number==NULL)  exit(0);
sp=found(number);              //以用户 ID 作为函数参数
if(sp->idnumber!=NULL)
{
    printf("\nTelephone number:%d",sp->telnumber);
    printf("\nName:%s",sp->name);
    printf("\nAddress:%s",sp->address);
}
else
    printf("\nDon't find!");
}
```

 结构体指针型函数的函数名前有*，而结构体型函数名前没有*。

运行结果如图 10-11 所示。

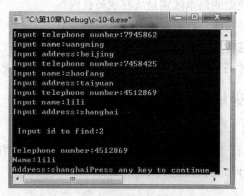

图 10-11　例 10-6 程序的运行结果

10.5　共用体的应用

　　表 10-7 是某学校的人员登记表，要求设计一个简单的学校人员管理程序，其中学校人员包括教师、职工和学生三类。从表中可以看到姓名、性别、年龄、职业这 4 个成员项对学生、教师、职员都是相同的类型的数据，但最后一项"班级/职称/职级"就要分成三种情况来写。而在这一项中，班级编号可用整型量表示，职称和职级只能用字符型。这样就要求把这两种不同类型的数据都填入"班级/职称/职级"这个成员项中。为了解决这个问题，C 语言提供了共用体数据类型来处理这种特殊性成员项。从中也可以看出共用体类型不能完成一张单独的表头，它是完成表头中某一特殊类型的成员项的。

表 10-7　　　　　　　　　　　　某学校人员登记表

姓　　名	性　　别	年　　龄	职　　业	班级/职称/职级
王林	男	19	学生	1 年级
王洪	女	46	教师	教授
赵晓	女	38	职工	处长

10.5.1　共用体类型的定义

共用体也是一种构造数据类型，又称联合体，是把不同类型的数据项组成一个整体，这些不同类型的数据项存放在同一段内存单元中。共用体类型的定义形式与结构体类型的定义形式类似，只是关键字不同，共用体的关键字为 union，其定义形式为：

```
union  共用体类型名
{
    成员表列;
};
```
如：union ranks
```
    {
        char c;
        int i;
        float f;
    }
```

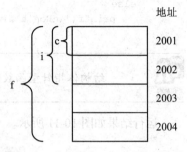

图 10-12　共用体类型定义及成员存储

共用体类型与结构体类型的根本区别是所有成员在内存中从同一地址开始存放，共用体的数据长度等于最长的成员长度，如图 10-12 所示，这样三个不同类型的成员就从同一地址开始存储。所以每一时刻只能有一个成员存在，即占用分配给该共用体的内存空间。

10.5.2　共用体变量的声明和引用

1．共用体变量的声明

定义了共用体类型以后，就可以用它来声明共用体变量了，共用体变量的声明和结构体变量的声明相同，因此也有三种形式，如图 10-13 所示。

（1）先定义共用体类型，再声明共用体变量	（2）定义共用体类型的同时声明共用体变量	（3）直接声明无名共用体变量

如：union   ranks
　　{
　　　　int grade;
　　　　char title[10];
　　　　char post[16];
　　};
union ranks rank;
	如：union ranks
	　　{
	　　　　int grade;
	　　　　char title[10];
	　　　　char post[16];
	　　} rank;
		如：union
		　　{
		　　　　int grade;
		　　　　char title[10];
		　　　　char post[16];
		　　} rank;

图 10-13　声明共用体变量的三种形式

变量 rank 为共用体 ranks 类型，但这里的 rank 并不指表中的一条记录，即不是针对表内容所定义的变量，而是针对表头中某一共用成员的变量值。如表 10-7 所示的表头就可以这样定义：

```
struct rydjb
{
    char name[20];
    char gender,
    int age;
    char occp;
```

```
        union ranks rank;
    };
```

这样表 10-7 的表头就可以转化为如表 10-8 所示的形式。从中可以看到 rank 变量代表的是"班级/职称/职级"这个成员项，从表中也可看到共用体变量共用一个成员空间，但 rank 不出现在表头中。

表 10-8　　　　　　　　　　　　　rydjb 表的表头

name	gender	age	occp	grade/title/post

2. 共用体变量的引用

共用体变量的引用和结构体变量的引用方式相同，也有三种形式：

共用体变量名 . 成员名 < == > 共用体指针名 –> 成员名 < == > (*共用体指针名) . 成员名

如定义了共用体变量：union ranks rank,*ps;，则共用体变量的引用可以是 rank.grade、ps->title、(*ps).post 等。

（1）由于共用体变量将不同类型的变量存放到同一内存单元，所以在每一时刻，存放和起作用的是最后一次存入的成员值。

（2）共用体变量不能初始化赋值，赋值只能在程序中进行。

（3）可以用一个共用体变量为另一个共用体变量赋值。

【例 10-7】　将一个整数按字节输出其内容。

利用整型量 i、字符数组 c[2] 构成共用体类型，它们共用两个字节存储单元，当给 i 赋值时，就可相应得到 c[0]、c[1]。如 i=24897，即二进制为 0110000101000001，在内存中的存储如图 10-14 所示。这时相应的 c[0] 的八进制数为 101，即字符 'A'；c[1] 的八进制数为 141，即字符 'a'。

```
#include <stdio.h>
union ic
{
    int i;
    char c[2];
};
void main()
{
    void i_c(union ic *q);
    union ic a,*p;

    scanf("%d",&a.i);
    p=&a;
    i_c(p);
}
void i_c(union ic *q)
{
    printf("C0=%o,C1=%o\n",q->c[0],q->c[1]);
    printf("C0=%c,C1=%c\n",q->c[0],q->c[1]);
}
```

程序运行结果如图 10-15 所示。

该程序用共用体变量指针 p 作函数参数，在 main() 函数中指针变量 p 指向共用体变量 a，函数 i_c()的形参 q 也是指向 union ic 类型的指针变量，调用时，q 接受了实参 p 的值，这时的 q 也指向了共用体变量 a，因此 q->c[0]和 q->c[1]就是 a 的两个字节的内容按照正确的形式转化得出的。

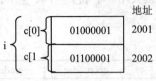

图 10-14　i 与 c[2]的关系

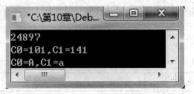

图 10-15　例 10-7 程序运行的结果

10.5.3　共用体变量程序举例

【例 10-8】　设有某学校的人员登记表，其中学校人员包括教师、职工和学生三类。教师的数据有姓名、年龄、性别、职业、职称五项；学生的数据有姓名、年龄、性别、职业、班级五项。职工的数据有姓名、年龄、性别、职业、职级五项。要求编程输入人员数据，再以表格输出。

从该要求中，可以形成如表 10-7 所示的学校人员登记表。根据前面的知识编程如下：

```c
#include <stdio.h>
//建立人员登记表的表头
union ranks
{
    int grade;
    char title[10];
    char post[16];
};
struct rydjb
{
    char name[20];
    char gender;
    int age;
    char occp;
    union ranks rank;
};

void main()
{
    struct rydjb per[3];                //用结构体数组 per 建立人员登记表的表内容（空表）
    int n,i;
    for(i=0;i<3;i++)                    //用循环完成输入三个人员信息
    {
        printf("input  name,gender,age,job\n ");
        scanf("%s %c %d %c",per[i].name,&per[i].gender,&per[i].age,&per[i].occp);
        switch(per[i].occp)            //根据职业判断是哪类人员
        {
            case 's':                  //职业为学生（s）
                scanf("%d",&per[i].rank.grade);   break;
            case 't':                  //职业为教师（t）
                scanf("%s",per[i].rank.title);    break;
            case 'w':                  //职业为职员（w）
                scanf("%s",per[i].rank.post);     break;
```

```
    }
  }
  printf("\nname\tgender\tage\tjob\toccp and rank\n\n");//按一定格式输出人员登记表
  for(i=0;i<3;i++)
  {
    printf("%s\t%c\t%d\t%c\t",per[i].name,
     per[i].gender,per[i].age,per[i].occp);
    switch(per[i].occp)
    {
      case 's': printf("%d\n",per[i].rank.grade);  break;
      case 't': printf("%s\n",per[i].rank.title);  break;
      case 'w': printf("%s\n",per[i].rank.post);   break;
    }
  }
}
```

程序运行结果如图 10-16 所示。

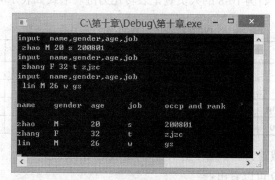

图 10-16　例 10-8 程序的运行结果

 　　C 语言最初引入共用体的目的之一是为了节省存储空间,另外一个目的是可以将一种类型的数据不通过显式类型转换而作为另一种类型数据使用。

10.6　单链表的应用

10.6.1　链表概述

在表内容中,用结构体数组存放记录,为程序设计带来了方便,增加了灵活性,但结构体数组的大小在编写程序时就要事先确定了,不能在程序运行的过程中进行调整。这样一来,如果在程序设计时,无法确定表内容的大小时,只能根据可能的最大需求定义数组,这样常常会造成存储空间的浪费。而且在对结构体数组元素进行插入或删除操作时,需要移动大量数组元素。

我们希望 C 语言提供一种方案,可以随时调整表内容的大小,实现数据记录的动态存储。这样可以提高程序的可重用性,最大化地充分利用内存空间,而且数据记录是动态存储的话,插入或删除记录的操作也会变得很简单。

链表为解决这类问题提供了一个有效的途径。链表是一种常用的能够实现动态存储分配的结构体类型。即在运行程序的过程中,表结构的规模可以根据实际的需要动态改变,是进行动态存储分配的一种结构。链表是由链接指针连接在一起的结点的集合，如图 10-17 所示的是一种单链表结构。

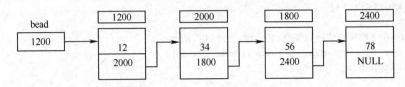

图 10-17　单链表结构

从图 10-17 中可看出单链表由三部分构成。

（1）头指针变量 head 指向该链表的首结点。

（2）在链表中，每条记录称为结点。每个结点由两个域组成：数据域（存储结点本身的信息）、指针域（指向后继结点的指针，用来存放下一个结点的地址）。即链表是在原来结构体类型表的基础上增加了一项指针域。如例 10-8 的人员登记表转化为链表形式如表 10-9 所示。

表 10-9　　　　　　　　　　　　　　　rydjb 表转化为 rydjb 链表形式

	数　据　域					指　针　域
	name	gender	age	occp	grade/title/post	next
head(1000)→	wanglin	M	19	s	1	1200
head(1200)→	wanghong	W	46	t	professor	1800
tail (1800)→	zhaoxiao	W	38	w	sectionchief	NULL

（3）尾结点的指针域置为 NULL（空），作为链表的结束标志。

从图 10-17 和表 10-9 可以看出：

（1）在链表中把表中的每条记录作为一个最基本的存储单元，称为结点。

（2）各结点在内存中的存储地址可以不连续。其各结点的地址是在需要时向系统申请分配，系统根据内存的当前情况，既可以连续分配地址，也可以跳跃式分配地址。

（3）无论在链表中访问哪一个结点，都必须从头指针 head 开始，逐个访问链表中的每个结点，直到结点的指针域为空时为止。

在 C 语言中，用结构体类型来描述结点的结构体。如：

```
struct  rydjb
{
    char  name[20];
    char  gender;
    int   age;
    char  occp;
    union  ranks
    {
        int  grade;
        char  title[10];
        char  post[16];
    } rank;                      数据域
    struct  rydjb *next;  →   指针域
};
```

其中 next 是指向与结点类型完全相同的指针。在链表结点的数据结构中，非常特殊的一点就是结构体内的指针域的数据类型使用了未定义成功的数据类型。这是在 C 语言中唯一规定可以先使用后定义的数据结构。

10.6.2 动态分配内存库函数

为能让链表在需要时动态地开辟和释放一个结点的存储单元，C 语言编译系统的库函数提供以下相关库函数。

（1）malloc()函数

函数原型：void *malloc(unsigned size);

作用：在内存的动态存储区中分配一个长度为 size 的连续空间，分配后不会清零。

返回值：分配空间成功，则返回值是一个空类型指针，指向该分配域的起始地址；否则返回值为 NULL。

（2）calloc()函数

函数原型：void *calloc(unsigned n, unsigned size);

作用：在内存的动态存储区中分配 n 个长度为 size 的连续空间。即 n 为数组元素的个数，每个数组元素长度为 size。分配后会自动清零。

返回值：分配空间成功，则返回值是一个空类型指针，指向该分配域的起始地址；否则返回值为 NULL。

（3）realloc()函数

函数原型：void *realloc(void *p, unsigned size);

作用：释放 p 指向的空间，并按 size 指定的大小重新分配空间，同时将原有数据拷贝到新分配的内存区域。若新分配的空间比原空间大，增加的空间不会清零。

返回值：重新分配空间成功，返回所分配内存的首地址；操作失败，则返回值为 NULL。如

```
int  *pn = NULL;
pn=malloc(10*sizeof(int));
    …
pn=realloc(pn,40*sizeof(int));
```

（4）free()函数

函数原型：void free(void *p);

作用：释放由 p 指向的内存空间。p 必须是最近一次调用 calloc()、malloc()或 realloc()函数时，函数申请成功返回的指针。

为了安全，在使用 free()函数前应检查该指针是否为空。如

```
int  *pn = NULL;
double *pd=NULL;
pn=malloc(10*sizeof(int));
pd=malloc(10*sizeof(double));
        …
if(pn!=NULL) {free(pn);pn=NULL;}
if(pd!=NULL) {free(pd);pd=NULL;}
```

10.6.3 单链表的基本操作

在 C 语言中，对单链表的基本操作有创建单链表、检索（查找）结点、插入结点、删除结点

和修改结点等操作。

1. 创建单链表

创建单链表采用尾插入法，其基本思路是首先向系统申请一个结点的空间，然后输入结点数据域的数据项，并将指针域置为空（链尾标志），最后将新结点插入到链表尾。对于链表的第一个结点，还要设置头指针变量。

【例 10-9】 编写一个 create() 函数，按照规定的结点结构体，创建一个单链表（链表中的结点个数不限，以输入学号 0 作结束）。

创建单链表的主要步骤如下：

（1）建立表头。规定的结点结构体如下，所得表头如图 10-18 所示。

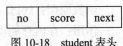

图 10-18　student 表头

```c
struct  student
{
        char  no[6];                    //学号
        int  score;                     //成绩
        struct  student  *next;         //指针域
};
```

（2）利用 malloc() 函数申请一个新结点的空间，如图 10-19 所示。

（3）输入结点数据域的各数据项。

（4）判断学号是否为 0，如是则释放该结点并退出循环；否则置新结点的指针域为空。

图 10-19　新结点

（5）判断是否是空表，若是则将新结点连接到表头；若非空表，则将新结点连接到表尾，并设置新的尾指针。

（6）若有后续结点要接入链表，则转到（2）。

（7）返回头指针。

源程序如下：

```c
#include  <stdio.h>
#include  <stdlib.h>
#include  <string.h>
#define  LEN sizeof(struct student)

struct student                          //链表数据结构
{
    char no[6];                         //学号
    int score;                          //成绩
    struct student *next;               //指针域
};
struct student *create();               //创建结点函数声明
void print_st(struct student *head);    //输出所有结点的信息

void main()
{
    struct student *head;               //定义链表的头指针
    head = create();                    //调用函数创建链表
    print_st(head);                     //调用函数输出链表内容
```

```
}
struct student *create()                              //创建结点定义
{
    struct student *head=NULL,*new1,*tail;
    int count=0;                                      //链表中的结点个数 (初值为 0)
    for( ; ; )                                        //缺省 3 个表达式的 for 语句
    {
        new1=(struct student *)malloc(LEN);           //1.申请一个新结点的空间
        printf("Input  the  number  of  student No.%d: ",count+1);
                                                      //2.输入结点数据域的各数据项
        scanf("%6s",new1->no);
        if(strcmp(new1->no,"000000")==0)              //如果学号为 6 个 0，则退出
        {
            free(new1);                               //释放最后申请的结点空间
            break;                                    //结束 for 语句
        }
        printf("Input  the  score  of  the  student No.%d: ",count+1);
        scanf("%d",&new1->score);
        count++;
        new1->next = NULL;                            //3.置新结点的指针域为空
        if(count==1)                                  //4.将新结点插入到链表尾，并设置新的尾指针
            head=new1;                                //是第一个结点，置头指针
        else
            tail->next=new1;                          //非首结点，将新结点插入到链表尾
        tail=new1;                                    //设置新的尾结点
    }
    return(head);
}
void print_st(struct student *head)
{
    struct student *head1;
    head1=head;                                       //获取链表的头指针
    while(head1!=NULL)
    {
        printf("%10s%10d",head1->no,head1->score);    //输出链表结点数据域的值
        head1=head1->next;                            //移到下一个结点
    }
}
```

运行结果如图 10-20 所示。

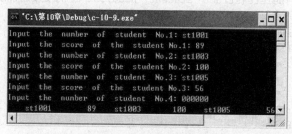

图 10-20 例 10-9 运行结果

创建单链表也可采用头插入法，它是指新插入的结点总是作为链表的第一个结点。用头插法创建链表的过程如下：

（1）建立一个空链表，即 head=NULL；与尾插法不同的是这里不需定义尾指针。

（2）生成新结点 new，对新结点 new 的数据域赋值。由于新插入的结点成为头结点，其指针域不必赋值。

（3）将 new 所指结点插入到链表：先将 new 结点的后继作为当前的头结点，然后使 new 结点成为当前的头结点，即 "new->next=head; head=new;"。

（4）重复步骤（2）～步骤（3），继续插入新结点直到结束。

执行过程如图 10-21 所示。

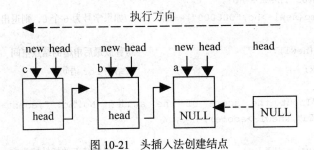

图 10-21　头插入法创建结点

2. 从单链表中删除结点

在单链表中删除某一结点，只需将这个结点从原链表中分离出来即可。如要将结点 b 删除，只需将结点 a 指向结点 c 就可以了，即将 b 从原链表中分离，如图 10-22 中虚线所示。

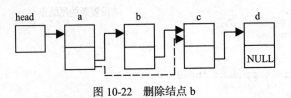

图 10-22　删除结点 b

【例 10-10】　编写一个 delete() 函数，完成在单链表中删除第 *i* 个结点的操作。

基本思路：通过单链表的头指针，首先找到链表的第一个结点；然后顺着结点的指针域找到第 *i*-1 个结点 p，将第 *i* 个结点从表中删除。删除结点 p 后面的结点 q 的关键算法如下。

```
q=p->next;   p->next=q->next;    free(q);
```

源程序如下：

```
struct stduent *delete(struct student* head,int i) //i是要删除的结点数
{
     struct  student *p,*q;
     int count=1;

     p=head;
     if(i==1)
     {
          head=p->next;
          free(p);
```

```
        }                                              //删除第一个结点
        else
        {
        while(count<i&&(p->next!=NULL))
            {
                    p=p->next;
                    count++;
            }
            if(p==NULL)  printf("\nThere isn't the node,exit.");
            else
            {
                    q=p->next;                         //删除结点 q
                    p->next=q->next;
                    free(q);
            }
        }
        return head;
}
```

3. 向单链表中插入结点

在单链表中插入某一结点，也就是建立此结点与前后结点之间的链表关系，如图 10-23 虚线所示。

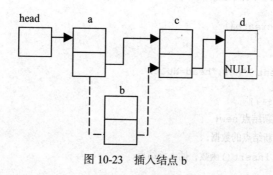

图 10-23　插入结点 b

【例 10-11】　编写一个 insert()函数，完成在单链表的第 i 个结点后插入 1 个新结点的操作。当 i=0 时，表示新结点插入到第一个结点之前，成为链表新的首结点。

基本思路：通过单链表的头指针，首先找到链表的第一个结点；然后顺着结点的指针域找到第 i 个结点 p，最后将新结点插入到第 i 个结点之后。在 p 后插入新结点 new 的关键算法为：

```
new->next=p->next;  p->next=new;
```

源程序如下：

```
struct  student  *insert(struct student *head,struct student *new,int i)
{
    struct  student  *p;

    if(head==NULL)                                //将新结点插入到一个空链表中
    {
        head=new;
        new->next=NULL;
    }
```

```
        else                                //非空链表
            if(i==0)                        //使新结点成为链表新的首结点
            {
                new->next=head;
                head=new;
            }
            else                            //其他位置
            {
                p=head;
                for( ;p!=NULL&&i>1;p=p->next,i--);  //查找单链表的第 i 个结点，用 p 指向它
                    if(p==NULL)             //越界错
                        printf("Out of the range, can't insert new node!\n");
                    else                    //一般情况 p 指向第 i 个结点
                    {
                        new->next=p->next;
                        p->next=new;
                    }
            }
        }
    return(head);
}
```

从例 10-11 可以看出，我们也可以利用 insert()函数创建有 *n* 个结点的单链表，其基本思路是：

```
struct  student  *create()
{
    int  j,n=10;
    struct  student  *new,*head=NULL;

    for(j=0;j<n;j++)
    {   1.创建新结点 new;
        2.输入新结点的数据;
        3.调用 insert()函数，插入该结点;
    }
    4.返回头指针;
}
```

上面所介绍的单链表只是链表家族中的一个成员，链表这个大家庭中还有环形链表、双向链表等，相关的算法将在"数据结构"课程中介绍。

链表的头指针是非常重要的参数，对链表的输出和查找都要从链表的头开始，所以执行完某个函数的操作后，都要返回链表头结点的地址。

10.6.4 单链表的应用举例

【例 10-12】 创建 a、b 两个链表，每个链表中的结点包括学号、成绩，当学号输入为 0 时认为链表结束（输入结点时均按照学号的大小从小到大输入）。要求把两个链表合并，按学号升序排列。

```
#include  <stdlib.h>
#include  <stdio.h>
#define  NULL 0
#define  LEN sizeof(struct student)
```

```
struct student
{
    long num;
    int score;
    struct student *next;
};
struct student listA,listB;
int n,sum=0;
struct student *creat();                              //建立链表
struct student *insert(struct student *,struct student *);//插入函数
void print(struct student *);                         //输出函数
/* * * * * * * * * * * * * * * * * * * * * * * * * * * * * * * * * */
void main()
{

    struct student *ahead,*bhead,*abh;        //头指针声明
    ahead = creat();                          //调用建立链表函数，创建链表 ahead
    sum = n;                                  //n 表示结点个数
    bhead = creat();                          //调用建立链表函数，创建链表 bhead
    sum = sum + n;
    abh = insert(ahead,bhead);                //调用 insert()函数，创建最终链表
    print(abh);
}
/* * * * * * * * * * * * * * * * * * * * * * * * * * * * * * * * * */
struct student *creat()                       //建立链表,采用的是尾插法
{
    struct student *p1,*p2,*head;
    n=0;
    p1=p2=(struct student *)malloc(LEN);
    printf("Please enter the number and results: \n");
    scanf("%ld,%d",&p1->num,&p1->score);
    head=NULL;
    while(p1->num!=0)
    {
        n=n+1;
        if(n==1)
            head=p1;
        else
            p2->next=p1;
        p2=p1;
        p1=(struct student *)malloc(LEN);
        scanf("%ld,%d",&p1->num,&p1->score);
    }
    p2->next=NULL;
    return(head);
}
/* * * * * * * * * * * * * * * * * * * * * * * * * * * * * * * * * */
struct student *insert(struct student *ah,struct student *bh)  //插入函数
{
    struct student *pa1,*pa2,*pb1,*pb2;

    pa2=pa1=ah;
    pb2=pb1=bh;
```

```
        do
        {
            while((pb1->num>pa1->num)&&(pa1->next!=NULL))    //寻找 b 结点的插入位置
            {
                pa2=pa1;
                pa1=pa1->next;
            }
            if(pb1->num<=pa1->num)              //找到了插入位置，插入位置在 pa1 所指向的结点之前
            {
                if(ah==pa1)
                    ah=pb2;
                else
                    pa2->next=pb2;             /*将要插入的结点（pb2 所指向的结点）与其插入点之前的结点
                                               （pa2 所指向的结点）相连*/
                pb1=pb1->next;                 //pb1 指向链表 b 中下一结点
                pb2->next=pa1;                 /*将要插入的结点（pb2 所指向的结点）与其插入点之后的结点
                                               （pa1 所指向的结点）相连*/
                pa2=pb2;                       //指针 pa2 在链表 a 中指向下一个结点
                pb2=pb1;                       //指针 pb2 在链表 b 中指向下一个结点
            }
        }while((pa1->next!=NULL)&&(pb1!=NULL));
        if((pb1->num>pa1->num)&&(pa1->next==NULL))
        {
            pa1->next=pb1;
            pb1->next=NULL;
        }
        return(ah);
    }
/* * * * * * * * * * * * * * * * * * * * * * * * * * * * * * * * * * */
void print(struct student *head)    //输出函数
{
    struct student *p;
    printf("\nA total of %d records, they are:\n",sum);
    p=head;
    if(p!=NULL)
        do
        {
            printf("%ld,%d\n",p->num,p->score);
            p=p->next;
        }while(p!=NULL);
}
```

运行结果如图 10-24 所示。

【例 10-13】　13 个人围成一个圈，从第 1 个人开始顺序报号 1、2、3。凡报到"3"者退出圈子，求出圈的顺序。

```
#include <stdio.h>
#define N 13
struct person
{
    int num;                //num 表示每个人的编号，也就是要报的号码
    int next;               //next 表示下一个人的编号
```

```
}link[N+1];
void main()
{
    int i,n=0,h;
    for(i=1;i<=N;i++)          /*通过 for 循环不仅给每个人编了号，而且通过编号建立了一个首尾相连的
                                 简单链表，完成了题目中的"13 个人围成一个圈"*/
    {
        if(i==N)      link[i].next=1;
        else          link[i].next=i+1;
        link[i].num=i;
    }
    printf("\n");
    h=N;
    printf("Leaving the circle member and order \n");
    while(n<N-1)
    {
        i=0;
        while(i!=3)                   //通过 while 循环找到报号为 3 的人
        {
            h=link[h].next;
            if(link[h].num)           //如果此人的 num 为 0，即此人已经退出圈子
                i++;
        }
        printf("%3d",link[h].num);
        link[h].num=0;                //将报号为 3 的人的 num 置为 0，表示此人已经退出圈子
        n++;
    }
}
```

程序运行结果如图 10-25 所示。

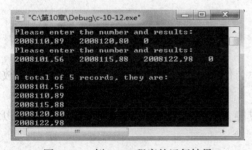

图 10-24　例 10-12 程序的运行结果

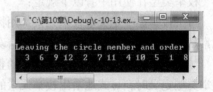

图 10-25　例 10-13 程序的运行结果

10.7　枚 举 类 型

在实际应用中，有些变量的取值被限定在一个有限的范围内。如一个星期只有 7 天，一年只有 12 个月，人的性别只有男、女等，对这样的变量可以说明为枚举类型。所谓枚举是指将变量的值一一列举出来，变量的值只限于列举出来的值的范围内。

应该说明的是，枚举类型是一种基本数据类型，而不是一种构造类型，因为它不能再分为任何基本类型。

1．枚举类型的定义

枚举类型定义的一般形式为：

enum 枚举名{元素名 1,元素名 2,元素名 3,…元素 n};

如 enum　weekday {sun,mon,tue,wed,thu,fri,sat}。

该枚举变量类型名为 weekday，枚举值共有 7 个，即一周共有 7 天。

2．枚举变量的声明

如同结构体和共用体一样，枚举变量也可用不同的声明方式，即先定义后声明、同时定义声明或无名类型直接声明。设有变量 a、b、c 被说明为上述的 weekday 类型，可采用下述任一种方式。

（1）说明与定义分开，即先定义后声明

```
enum  weekday
{
  …
};
enum  weekday  a,b,c;
```

（2）说明与定义合一，即同时定义声明

```
enum  weekday
{
  …
} a,b,c;
```

（3）无名枚举类型直接声明

```
enum
{
  …
} a,b,c;
```

3．枚举类型变量使用

枚举类型在使用中有以下规定：

（1）枚举类型定义中枚举元素都用标识符表示，但都是常量，而不是变量，因此不能为枚举元素赋值，如"red=5; blue=2;"都是错误的。

（2）每个枚举元素都有一个确定的整数值，其隐含值按顺序依次为 0、1、2……。也可以在枚举类型定义时，显式地给出枚举元素的值，如

```
 enum  weekend{sun=7,mon=1,tue,wed,thu,fri,sat};
```

定义了 sun 的值为 7，mon 的值为 1，以后顺次加 1，即 tue 为 2，sat 为 6。

（3）只能把枚举值赋予枚举变量，不能把元素的数值直接赋予枚举变量。如"a=sun;b=mon;"是正确的。而"a=0;b=1;"是错误的。如果一定要把数值赋予枚举变量，则必须用强制类型转换，如"a=(enum weekend)2;"，其意义是将序号为 2 的枚举元素赋予枚举变量 a，相当于"a=tue;"。

（4）枚举元素的实质是整形数据，使用时不要加单引号或双引号。

（5）枚举值可用来做比较判断，也可用作循环控制。如

```
if(today==sun) …;
if(nextday>sun) …;
if(day=mon;day<=fri;day++)…;
```

【例 10-14】　编写程序，已知某日是星期几，求下一天是星期几。

```
#include <stdio.h>
enum weekday {SUN,MON,TUE,WED,THU,FRI,SAT};
enum weekday nextday(enum day d)
    { return (enum weekday)((int)d+1)%7;}
void main()
{
  enum weekday d1,d2;
  static *name[]={"SUN","MON","TUE","WED", "THU","FRI","SAT"};
  d1=SAT;
  d2=nextday(d1);
  printf("%s\n",name[(int)d2]);
}
```

程序运行结果如图 10-26 所示。

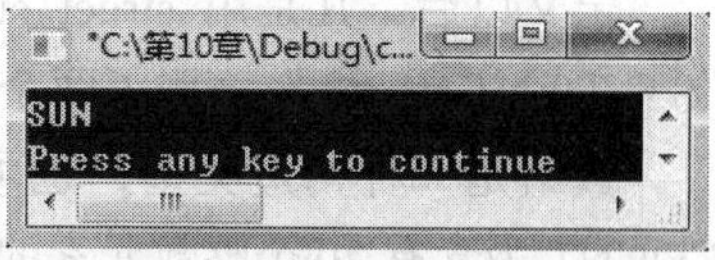

程序说明：

（1）函数 nextday()的参数是枚举类型变量，用来接收某日
是星期几；函数返回的值是下一日是星期几，也是枚举类型。

（2）枚举元素的标识符虽然具有整型值，但枚举变量与整
型值是两种不同的表示，可用强制类型进行转换。

图 10-26　例 10-14 的程序运行结果

（3）枚举变量的输出，可以通过间接的方法，此例中是用指针数组的下标对应字符串的方法。
实用中也常用 switch 语句，如

```
switch(d2)
{
    case  sun: printf("%s\n","sun"); break;
    case  mon: printf("%s\n","mon"); break;
    case  tue: printf("%s\n","tue"); break;
     …
    case  sat: printf("%s\n","sat");
}
```

10.8　类　型　定　义

　　C 语言提供了丰富的数据类型，特别是构造数据类型的出现为程序设计带来了很大方便。C
语言还提供类型定义（typedef）语句，由用户自己定义数据类型名。所谓类型定义就是为已经存
在的数据类型重新命名一个新名字。如数据类型 float 可重新命名为 REAL。

　　类型定义的一般格式为：

typedef　原类型名　　新类型名；

　　其功能是将原类型名表示的数据类型用新类型名代替。如 "typedef　float　REAL;" 以后就
可用 REAL 来代替 float 做浮点型变量的类型说明，即 "REAL　a, b;" 等效于 "float　a, b;"。

　　给类型定义新的名字，能提高程序的可移植性。如有些中小型机一个整型变量占 4 个字节，
若要把其上的 C 程序正确移植到微机上（微机上 int 型一般占 2 个字节），只需要将程序最前面的
typedef　int　INTEGER 定义改为：

```
typedef  long  INTEGER;
```

则后面程序中所有用 INTEGER 说明的变量都是 long 型，占 4 个字节。

自定义的类型如结构类型、共用体类型、枚举类型等，书写较麻烦，可利用 typedef 定义一个简短明确的名字。如前面定义过的 struct student 类型，可以用 typedef 来简化类型定义：

```
typedef  struct  student
{
  int num;
  char name[15];
  char gender;
  int age;
  float score;
}STUDENT;
```

定义以后，凡是用 struct student 说明变量或函数参数的地方均可用 STUDENT 替换。如 "STUDENT st1,st2;" 声明了两个结构变量 st1、st2。

数组是一种构造类型，也可以为它定义新类型名。如 "typedef int COUNT[20];" 定义 COUNT 为含有 20 个整数元素的数组类型，利用它可以声明变量。如 "COUNT a1,a2;" 说明 a1、a2 为整型数组，含有 20 个元素。

最后应强调指出 typedef 定义只是对已存在的类型用一个新名称标识而已，并没有创造出新的类型。在应用中，typedef 和#define 有相似之处。如

```
typedef  int  INTEGER;
#define  INTEGER  int
```

其作用都是用 INTEGER 代替 int。但二者又是不同的，#define 是在预处理时做简单的替换，而 typedef 是在编译时处理，这种处理并不是做简单的替换。

习 题 10

1. 如果有以下的定义：

```
struct  person
{
  char  name[20];
  int  age;
  char  gender;
};
struct  person  a={"xiao min",20,'m'},*p=&a;
```

则对字符串"xiao min"的引用方式可以是下面哪些？

A. (*p).name   B. p.name   C. a.name   D. p->name

2. 下面哪些定义的结构体在内存分配上是等价的？

（1）struct abc
```
  {
    char x;
    char y;
```

```
        int data;
    };
（2）struct  abc
    {
        char x,y;
        int data;
    };
（3）struct  abc
    {
        int data;
        char x;
        char y;
    };
```

A.（1）和（2）   B.（2）和（3）

C.（1）和（3）   D.（1）、（2）和（3）

3. 在 VC6.0 中编译以下代码，通过输出结果理解编译器在给结构体分配空间时所遵循的原则。

```c
#include <stdio.h>

typedef struct Goods{
    char name[17];
    double price;
    char special;
    int num;
    short saled;
}gs;
typedef struct Goodsa{
    char name[17];
    double price;
    char special;
    short saled;
    int num;
}ga;
typedef struct Goodsb{
    char name[17];
    char special;
    short saled;
    double price;
    int num;
}gb;

int main()
{
    printf("%d\n", sizeof(gs));
    gs a[2];
    printf("a.name    : %d\n", (int)&a[1].price - (int)&a[1].name);
    printf("a.price   : %d\n", (int)&a[1].special - (int)&a[1].price);
    printf("a.special : %d\n", (int)&a[1].num - (int)&a[1].special);
    printf("a.num     : %d\n", (int)&a[1].saled - (int)&a[1].num);
    printf("a.saled   : %d\n\n", (int)&a[2].name - (int)&a[1].saled);
    printf("%d\n", sizeof(ga));
    ga b[2];
    printf("b.name    : %d\n", (int)&b[1].price - (int)&b[1].name);
```

```
        printf("b.price   : %d\n", (int)&b[1].special - (int)&b[1].price);
        printf("b.special : %d\n", (int)&b[1].saled - (int)&b[1].special);
        printf("b.num     : %d\n", (int)&b[1].num - (int)&b[1].saled);
        printf("b.saled   : %d\n\n", (int)&b[2].name - (int)&b[1].num);
        printf("%d\n", sizeof(gb));
        gb c[2];
        printf("c.name    : %d\n", (int)&c[1].special - (int)&c[1].name);
        printf("c.special : %d\n", (int)&c[1].saled - (int)&c[1].special);
        printf("c.saled   : %d\n", (int)&c[1].price - (int)&c[1].saled);
        printf("c.price   : %d\n", (int)&c[1].num - (int)&c[1].price);
        printf("c.num     : %d\n\n", (int)&c[2].name - (int)&c[1].num);
        return 0;
}
```

4. 读懂源程序，并写出正确结果。

```
#include <stdio.h>
struct stu
{
    char name[10];
    int  score[3];
};
void main()
{
    struct stu student={"xiao wang",{99,87,90}};
    struct stu *p1=&student;
    int *p2=student.score;

    printf("%d\n",student.score[0]);   //屏幕显示_____
    printf("%s\n",p1->name);           //屏幕显示_____
    printf("%d\n",p2[2]);              //屏幕显示_____
    printf("%d\n",*(p2+1));            //屏幕显示_____
}
```

5. 读懂源程序，并写出正确结果。

```
#include <stdio.h>
struct st
{
    int x;
    int *y;
} *p;
int dt[]={10,20,30,40};
struct st aa[4]={50,&dt[0],60,&dt[1],70,&dt[2],80,&dt[3]};
void main()
{
    p=aa+2;
    printf("\n%d",(++p)->x);
}
```

6. 读懂源程序，并写出正确结果。

```
#include <stdio.h>
int func(int d[],int n)
```

```
{
    int i,s=1;
    for(i=0;i<n;i++)  s*=d[i];
    return s;
}
void main()
{
    int  a[]={1,2,3,4,5,6,7,8},x;
    x=func(a,4);
    printf("\n %d",x);
}
```

7. 读懂源程序，并写出正确结果。

```
#include <stdio.h>
void main()
{
    union
    {
      int i[2];
      long k;
      char c[4];
    }t,*s=&t;
    s->i[0]=0x39;
    s->i[1]=0x38;
    printf("%lx\n",s->k);
    printf("%c\n",s->c[0]);
}
```

8. 读懂源程序，写出正确结果，思考结构体指针和结构体数组指针有什么区别。

```
#include<stdio.h>
void  main()
{
      struct student
      {
          int  num;
          char name[10];
          char sex[3];
      };
      struct student stu[2] = { {2014056,"张三","男"},
                                {2014057,"李四","男"}};
      struct student* ps = stu;

      printf("%d  %s  %s\n", stu[0].num, stu[0].name, stu[0].sex);
      printf("%d  %s  %s\n", stu->num, stu->name, stu->sex);
      printf("%d  %s  %s\n", ps[0].num, ps[0].name, ps[0].sex);
      printf("%d  %s  %s\n\n", ps->num, ps->name, ps->sex);
      ps++;
      printf("%d  %s  %s\n", ps[0].num, ps[0].name, ps[0].sex);
      printf("%d  %s  %s\n", ps->num, ps->name, ps->sex);
}
```

9. 编写程序。有两个链表 a 和 b。设结点中包含学号、姓名。从链表 a 中删除与链表 b 中有相同学号的那些结点。

第11章
文件

操作系统是以文件为单位对数据进行管理的。文件是程序设计中一个重要的概念，在程序设计语言中，从文件读取数据到内存称为输入，将程序产生的数据写入文件中称为输出，由于C语言没有输入输出语句，所以对文件的读写均是由库函数来完成的。在本章将介绍主要的文件操作函数。

11.1　C文件概述及文件类型指针

11.1.1　C文件概述

文件（file）是存储在外部存储设备（如磁盘）上数据的集合。操作系统是以文件为单位对数据进行管理的，即当需要某些存储在外部介质上的数据时必须先按文件名找到所指定的文件，然后再从该文件中读取数据。

在 ANSI C 中，文件的处理方法采用的是缓冲文件系统。所谓的缓冲文件系统是指系统自动地为在内存区中的每一个正在使用的文件开辟一个缓冲区。从内存向磁盘文件输出数据时必须先送到内存中的缓冲区，装满缓冲区后才一起写入磁盘文件中。如果从磁盘文件中向内存读入数据时，则一次从磁盘文件中将一批数据读入内存的缓冲区中，待缓冲区充满后，再将数据从缓冲区逐个送给程序数据区的程序变量，如图 11-1 所示。

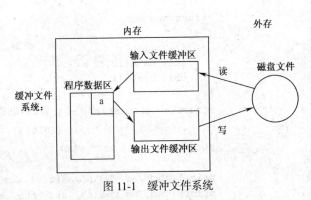

图 11-1　缓冲文件系统

11.1.2　文件的分类

在 C 语言中从不同的角度可对文件作不同的分类。从用户的角度看，文件可分为普通文件和设备文件。普通文件是指驻留在磁盘或其他外部介质上的一个有序数据集，如源文件、目标文件、可执行程序。设备文件是指与主机相连的各种外部设备，如显示器、打印机、键盘等。在操作系统中，把外部设备也看作是一个文件来进行管理，把它们的输入、输出等同于对磁盘文件的读和写。通常把显示器定义为标准输出文件，把键盘定义为标准的输入文件。

从文件编码的方式来看，文件可分为 ASCII 码文件和二进制码文件两种。ASCII 文件也称为文本文件，这种文件在磁盘中存放时每个字符对应一个字节，用于存放对应的 ASCII 码。例如，数 32767 的存储形式为：

ASCII 码　　00000011 00000010 00000111 00000110 00000111

　　　　　　　↓　　　　　↓　　　　↓　　　　↓　　　　↓

十进制码　　　3　　　　　2　　　　7　　　　6　　　　7

存放时共占用 5 个字节。ASCII 码文件可在屏幕上按字符显示，如源程序文件就是 ASCII 文件，用 DOS 命令 TYPE 可显示文件的内容。

二进制文件是按二进制的编码方式来存放文件的。例如，数 32767 的存储形式为：01111111 1111111，只占 2 个字节。C 系统在处理这些文件时，并不区分类型，都看成是字符流，按字节进行处理。输入输出字符流的开始和结束只由程序控制而不受物理符号（如回车符）的控制，因此也把这种文件称作"流式文件"。

11.1.3　文件类型指针

在 C 语言中，对文件操作都是通过标准函数实现的，同时，在使用文件操作函数时，必须声明一个文件指针变量，只有通过文件指针变量，才能找到与其相关的文件，实现对文件的访问。

声明文件指针变量的格式如下：

FILE　*fp；

其中，fp 是用户给出的文件指针变量名，其类型是 FILE 型，C 语言是区分大小写的，因此在写类型名称 FILE 时必须全部使用大写字母。FILE 是一个保存文件有关信息（如文件名、文件状态及文件缓冲区位置等）的结构体变量。Visual C++ 6.0 在 stdio.h 文件中对 FILE 文件类型做了如下声明：

```
struct _iobuf
{
    char *_ptr;
    int  _cnt;
    char *_base;
    int  _flag;
    int  _file;
    int  _charbuf;
    int  _bufsiz;
    char *_tmpfname;
};
typedef struct _iobuf FILE;
```

有了结构体 FILE 类型之后，就可以用它来声明若干个 FILE 类型的变量，以便存放若干个文件的信息。

11.2　文件的操作

11.2.1　文件的打开和关闭操作

要对一个文件进行操作，必须首先打开这个文件，然后才能存取，使用完成后，还要关闭这个文件，以保证本次操作有效。

1. 文件的打开

文件在打开后才能进行操作，文件打开通过调用 fopen 函数实现。函数的原型为：

```
FILE *fopen(char *path, char *mode);
```

调用 fopen 的格式是：

<文件指针变量>=**fopen**（文件名，方式）

例如：

```
FILE *fp;
fp=fopen("d: \\data.txt", "r");
```

其意义是：打开 D 驱动器磁盘的根目录下的文件 data.txt。只允许进行"读"操作，并使 fp 指向该文件。其中文件名包含文件名.扩展名，路径要用"\\"表示，打开方式"r"表示只读。

在 C 语言中，文件的打开方式有很多，如表 11-1 所示。

表 11-1 文件打开方式说明

文件使用方式	含 义
r（只读）	为输入打开一个文本文件
w（只写）	为输出打开一个文本文件
a（追加）	向文本文件尾增加数据
rb（只读）	为输入打开一个二进制文件
wb（只写）	为输出打开一个二进制文件
ab（追加）	向二进制文件末尾追加数据
r+（读写）	为读/写打开一个文本文件
w+（读写）	为读/写建立一个新的文本文件
a+（读写）	为读/写打开一个文本文件
rb+（读写）	为读/写打开一个二进制文件
wb+（读写）	为读/写建立一个新的二进制文件
ab+（读写）	为读/写打开一个二进制文件

对于文件使用方式有以下几点说明。

（1）文件使用方式由 r、w、a、t、b 和+六个字符拼成，各字符的含义如下。

① r(read)：读。

② w(write)：写。

③ a(append)：追加。

④ t(text)：文本文件，可省略不写。

⑤ b(binary)：二进制文件。

⑥ +：读和写。

（2）凡用"r"打开一个文件时，该文件必须已经存在，且只能从该文件读出。

（3）用"w"打开的文件只能向该文件写入。若打开的文件不存在，则以指定的文件名建立该文件；若打开的文件已经存在，则将该文件删去，重建一个新文件。

（4）若要向一个已存在的文件末尾追加新的信息，只能用"a"方式打开文件。但此时该文件必须是存在的，否则将会出错。

（5）如果 fopen 返回一个空指针值 NULL，表明未能打开文件。在程序中可以用这一信息来判别是否完成打开文件的工作，并作相应的处理。因此常用以下程序段打开文件：

```
if((fp=fopen("file.txt ","rb")= =NULL)
{
    printf("can not open file\n");
    exit(0);
}
```

这段程序的意义是：如果不能打开文件，则给出提示信息 "can not open file"，终止正在执行的程序，待用户检查出错误，修改后再运行。exit 函数的作用是关闭所有文件，终止程序的运行。

（6）把一个文本文件读入内存时，要将 ASCII 码转换成二进制码，而把文件以文本方式写入磁盘时，也要把二进制码转换成 ASCII 码，因此文本文件的读写要花费较多的转换时间。对二进制文件的读写不存在这种转换。

（7）标准输入文件 stdin（键盘）、标准输出文件 stdout（显示器）、标准出错输出 stderr（出错信息）是由系统打开的，可直接使用。

2．文件的关闭

文件在使用前必须打开文件，不再使用文件时必须关闭它。应该养成终止程序之前关闭所有文件的习惯，因为关闭文件会使操作系统刷新所有与该文件有关的磁盘缓冲区，并且释放文件占用的系统资源，这样就会避免丢失数据。关闭文件使用的函数是 fclose()。其函数原型为：

int fclose(FILE *fp);

例如：fclose(fp); 表示关闭 fp 所指的文件。

fclose 函数也有返回值，当顺利地执行了关闭操作，则返回值为 0；否则返回 EOF（−1），EOF 是在 stdio.h 文件中定义的符号常量，其值为−1。

【例 11-1】　从键盘接收一个文件名，为了读写，打开一个二进制文件。

```
#include <stdio.h>
void main()
{
    FILE *fp;
    char  f[13];

    printf("Enter file name:");
    scanf("%s",f);      // 输入要打开的文件名
    fp=fopen(f,"wb+"); // 以读写方式打开文件
    fclose(fp);/
}
```

程序运行结果如图 11-2 所示。

在保存文件目录下可以看到建立的文件 file.dat，字节数为 0。

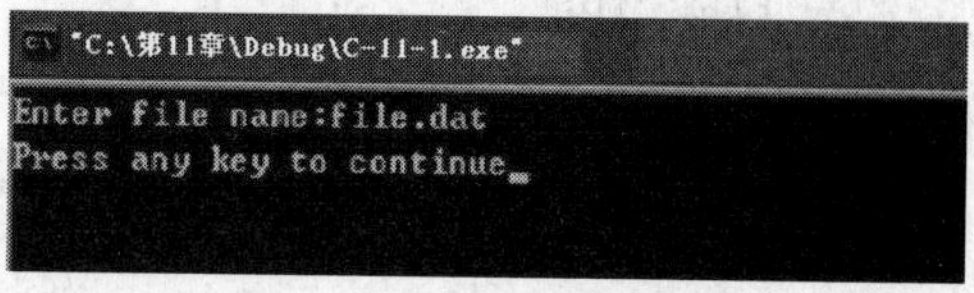

图 11-2　例 11-1 的运行结果

11.2.2　文件读写操作

对文件的读写操作其实就是内存与外存之间数据的交换。对文件进行读操作的目的是把存储在外存的文件中的数据读到内存中，而文件的写操作则是把内存中的数据写入外存的文件中。建立和打开文件的目的是为了对其进行读写操作，Visusl C++提供了很丰富的文件读写操作函数。

本节主要讲解字符输入输出函数、数据块读写函数、按格式输入输出函数和字符串输入输出函数。

1. 字符输入输出函数

字符输入输出函数的功能是从文件中一次读写一个字符。

（1）字符输出库函数 fputc 函数

该函数原型为：

```
int fputc(char ch,FILE *fp);
```

fputc 函数将字符 ch（可以是字符表达式、字符常量、变量等）写入 fp 所指向的文件。若操作成功则返回要输出的字符 ch 的 ASCII 值；否则返回 EOF（-1）。例如 fputc(c,stdout)，是将变量 c 写入文件 stdout 中，而 stdout 文件是指显示器，故而 fputc(c,stdout) 是将变量输出到屏幕。

（2）字符输入库函数 fgetc 函数

该函数原型为：

```
int fgetc(FILE *fp);
```

fgetc 函数是从 fp 所指向的文件中读出一个字符，字符由函数返回。返回的字符可以赋值给变量，也可以直接参与表达式运算。若操作成功则返回输入的字符的 ASCII 值；若遇到文件结束则返回 EOF（-1）。

文本文件的内部全部是 ASCII 字符，其值不可能是 EOF(-1)，所以可以使用 EOF（-1）确定文件结束；但是对于二进制文件不能这样做，因为可能在文件中间某个字节的值恰好等于-1，如果此时使用-1 判断文件结束是不恰当的。为了解决这个问题，ANSI C 提供了 feof(fp) 函数判断文件是否真正结束，如果文件结束函数 feof(fp) 的值为 1（真），否则为 0（假）。feof 函数既适合文本文件，也适合二进制文件文件结束的判断。

```
while(!feof(fp))
{
       …
}
```

以上代码表示 fp 所指文件没有结束时就重复执行循环体，当文件已经到达末尾结束循环。

【例 11-2】 从键盘输入一行字符，写入到文本文件 file.txt 中。

```
#include  "stdio.h"
#include  "stdlib.h"
void main()
{
    FILE *fp;
    char ch;

    if((fp=fopen("file.txt","w"))==NULL)   /*打开文件 file.txt（写）*/
    {
         printf("can't open file\n");
         exit(1);
    }
    printf("please input a string:");
    do                          /* 不断从键盘读字符并写入文件，直到遇到换行符 */
    {
         ch=getchar();          /* 从键盘读取字符 */
         fputc(ch,fp);          /* 将字符写入文件 */
```

```
    }while(ch!='\n');
    fclose(fp);                    /* 关闭文件 */
}
```

程序运行结果如图 11-3 所示。

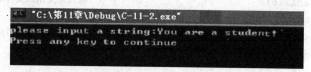

图 11-3　例 11-2 的运行结果

在保存程序的路径下，找到并打开 file.txt。该文件的内容如图 11-4 所示。

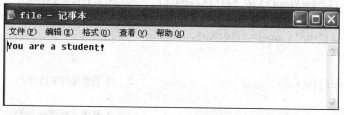

图 11-4　file.txt 的内容

【例 11-3】　读出文件 file.txt 中的字符并显示到屏幕。

```
#include <stdio.h>
void main()
{
    FILE *fp;
    char c;

    fp=fopen("file.txt", "r");     /*以只读方式打开文件*/
    while(!feof(fp))               /*当文件没有结束时就重复执行*/
    {
        c=fgetc(fp);               /*从文件中读出单个字符赋予 c*/
        putchar(c);
    }
    fclose(fp);
}
```

程序运行结果如图 11-5 所示。

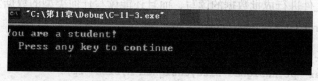

图 11-5　例 11-3 的运行结果

【例 11-4】　文件备份：将磁盘上一个文本文件的内容复制到另一个文件中。

```
#include "stdio.h"
#include "stdlib.h"
void main()
```

```
{
    FILE *fp_in,*fp_out;
    char infile[20],outfile[20];

    printf("Enter the infile  name:\n");
    scanf("%s",infile);                           /* 输入欲复制源文件的文件名*/
    printf("Enter the outfile name:\n");
    scanf("%s",outfile);                          /* 输入复制目标文件的文件名 */
    if((fp_in=fopen(infile,"w+"))==NULL)          /* 打开源文件 */
    {
        printf("can't open file:%s",infile);
        exit(1);
    }
    if((fp_out=fopen(outfile,"w+"))==NULL)        /* 打开目标文件 */
    {
        printf("can't open file:%s",outfile);
        exit(1);
    }
    while(!feof(fp_in))                           /* 若源文件未结束 */
    {
        fputc(fgetc(fp_in),fp_out);               /* 从源文件读一个字符，写入目标文件 */
    }
    fclose(fp_in);                                /* 关闭源、目标文件 */
    fclose(fp_out);
}
```

程序运行结果如图 11-6 所示。

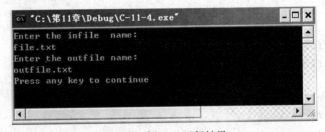

图 11-6　例 11-4 运行结果

2. 数据块读写函数 fwrite()和 fread()

fwrite 和 fread 函数是 C 语言提供的用于整块数据的读写函数。这两个函数主要用于二进制文件，它们不仅能对文件进行成批数据的读写，而且还能读写任何类型的数据。

fread 函数和 fwrite 函数原型为：

int fread(char *pt,unsigned size,unsigned n,FILE *fp);
int fwrite(char *pt,unsigned size,unsigned n,FILE *fp);

其中：pt 是一个指针，在 fread 函数中，它表示存放输入数据的首地址，在 fwrite 函数中，它表示存放输出数据的首地址。size 表示数据块的字节数。n 表示要读写的数据块块数。fp 表示文件指针。

若调用 fwrite 和 fread 函数成功，则函数返回值为写入或读出的数据块的个数，即 n 的值；若调用不成功，返回值是零。例如：

```
int data[5];
fread(data,2,5,fp);
```

其意义是从 fp 所指的文件中，每次读 2 个字节（一个整数）送入整型数组 fa 中，连续读 5 次。即读 5 个整数到数组 data 中。

```
int data[5]={1,2,3,4,5},i;
for(i=0;i<5;i++)
fwrite(&data[i],2,1,fp);
```

其意义是将数组 data 中的数据写入 fp 所指的文件中。

【例 11-5】 从键盘输入两个学生数据，写入一个文件 stu 中，再读出这两个学生的数据显示在屏幕上。

```
#include"stdio.h"
#include"stdlib.h"
#include"conio.h"
struct student                        /*定义学生的结构体类型*/
{
    char name[10];
    int num;
    int age;
    char addr[15];
}stu1[2],stu2[2],*pp,*qq;

void main()
{
    FILE *fp;
    char ch;
    int i;

    pp=stu1;
    qq=stu2;
    if((fp=fopen("stu","wb+"))==NULL)
    {
        printf("Cannot open file strike any key exit! ");
        getch();
        exit(1);
    }
    for(i=0;i<2;i++,pp++)
    {
        printf("please input NO.%d student\n",i+1);
        printf("name:");
        scanf("%s",pp->name);
        printf("number:");
        scanf("%d",&pp->num);
        printf("age:");
        scanf("%d",&pp->age);
        printf("address:");
        scanf("%s",pp->addr);
    }
    pp=stu1;
```

```
        fwrite(pp,sizeof(struct student),2,fp);
        rewind(fp);
        fread(qq,sizeof(struct student),2,fp);
        printf("\nThe data of file:\n");
        printf("\nname            number      age address\n");
    for(i=0;i<2;i++,qq++)
        printf("%s\t%8d%7d%8s\n",qq->name,qq->num,qq->age,qq->addr);
        fclose(fp);
}
```

程序运行结果如图 11-7 所示。

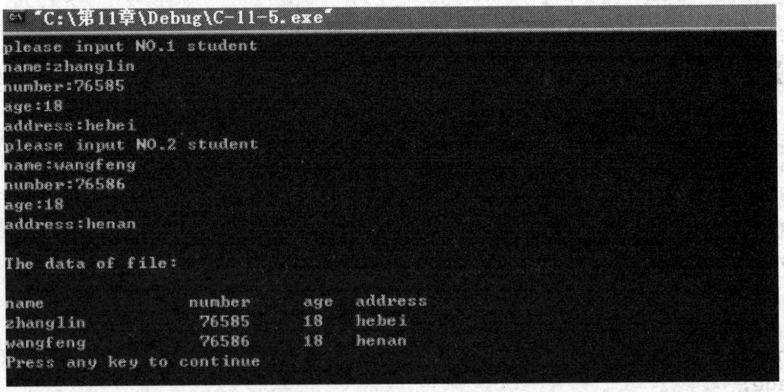

图 11-7 例 11-5 运行结果

本例声明了一个结构 student，说明了两个结构体数组 stu1 和 stu2 以及两个结构体指针变量 pp 和 qq。pp 指向 stu1，qq 指向 stu2。程序第 25 行以读写方式打开二进制文件"stu"，输入两个学生数据之后，写入该文件中，然后把文件内部位置指针移到文件首，读出两块学生数据后，在屏幕上显示。

3. 按格式输入输出函数

fscanf 函数和 fprintf 函数与前面使用的 scanf 和 printf 函数的功能相似，都是格式化读写函数。两者的区别在于 fscanf 函数和 fprintf 函数的读写对象不是键盘和显示器，而是磁盘文件。

（1）按格式输入库函数 fscanf()

该函数原型为：

int fscanf(FILE *fp,char *format,args,…);

例如：

```
fscanf(fp, "%d%s",&i,s);
```

其作用是将 fp 指向的文件中的数据送给变量 i 和字符数组 s。

（2）按格式输出库函数 fprintf()

int fprintf(FILE *fp,char *format,args,…);

例如：

```
fprintf(fp,"%d%c",j,ch);
```

其作用是将整型变量 j 和字符型变量 ch 的值按%d 和%c 的格式输出到 fp 指向的文件上。

【例 11-6】 将字符串 "cprogram"、整数 789 与浮点数 1.364 写入文件 f116.dat。

```c
#include<stdio.h>
#include<stdlib.h>
#include<conio.h>
void main()
{
    void WriteP();
    WriteP();
}
void WriteP()
{
    char a1[80],a2[80];
    int  b1,b2;
    float c1,c2;
    FILE *fp;

    if((fp=fopen("f116.dat","wb+"))==NULL)
    {
        printf("Cannot open file strike any key exit! ");
        getch();
        exit(1);
    }
    printf("please input a string :");
    gets(a1);
    printf("please input a integer and float:");
    scanf("%d%f",&b1,&c1);
    fprintf(fp,"%s %d %f ",a1,b1,c1 );
    fclose (fp);
    if((fp=fopen("f116.dat","rb"))==NULL)
    {
        printf("Cannot open file strike any key exit!");
        getch();
        exit(1);
    }
    fscanf(fp,"%s%d%f",a2,&b2,&c2);
    printf("\noutput:\n");
    printf("%s\n%d\n%f\n",a2,b2,c2);
    fclose(fp);
}
```

程序运行结果如图 11-8 所示。

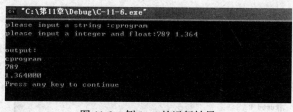

图 11-8　例 11-6 的运行结果

4. 字符串输入输出函数

fgets 函数和 fputs 函数是用来从指定文件中读出一个字符串和写入一个字符串。

（1）读字符串函数 fgets()

该函数的原型为：

```
char *fgets(char *buf,int n,FILE *fp);
```

其中的 *n* 是一个正整数。表示只能从文件中读出 *n*-1 个字符，然后在最后加一个字符后串结束标志 '\0'。

函数的功能是从 fp 所指的文件中读一个长度为 *n*-1 的字符串，存入起始地址为 buf 的空间。

例如：fgets(str,n,fp);的意义是从 fp 所指的文件中读出 *n*-1 个字符送入字符数组 str 中。

① 在读出 *n*-1 个字符之前，如遇到了换行符或 EOF，则读出结束。

② fgets 函数也有返回值，返回地址 buf，若遇文件结束或出错，返回 NULL。

（2）写字符串函数 fputs()

该函数的原型为：

```
int fputs(char *str,FILE *fp);
```

其中 str 可以是字符串常量，也可以是字符数组名或指针变量。

该函数的功能是将 str 指向的字符串输出到 fp 所指的文件。若操作成功返回值为 0，若出错返回值为非 0。

例如：fputs("abcd", fp);

其意义是把字符串 "abcd" 写入 fp 所指的文件之中。

【例 11-7】 将字符串 "turbo C " 写入文件 f87.txt 中。

```
#include<stdio.h>
#include<stdlib.h>
#include<conio.h>
void main()
{
    FILE *fp;
    char str[]="turbo C";

    if((fp=fopen("f87.txt","w"))==NULL)
    {
        printf("文件不能打开");
        exit(1);
    }
    fputs(str,fp);    /*向 fp 指向的文件 f87.txt 写入字符串变量 str 的内容*/
    fclose(fp);
}
```

程序运行后，在保存该文件的路径下，找到并打开 f87.txt 文件，该文件的内容如图 11-9 所示。

图 11-9 f87.txt 文件的内容

【例 11-8】 把例 11-7 中建立的文件 f87.txt 的内容输出在屏幕上。

```
#include<stdio.h>
#include<stdlib.h>
#include<conio.h>
void main()
{
    FILE *fp;
    char st[20];

    if((fp=fopen("f87.txt","r"))==NULL)
    {
        printf("Cannot open file strike any key exit!");
        getch();
        exit(1);
    }
    fgets(st,20,fp);
    printf("f87.txt 文件中的内容如下:\n");
    printf("%s\n",st);
    fclose(fp);
}
```

程序运行结果如图 11-10 所示。

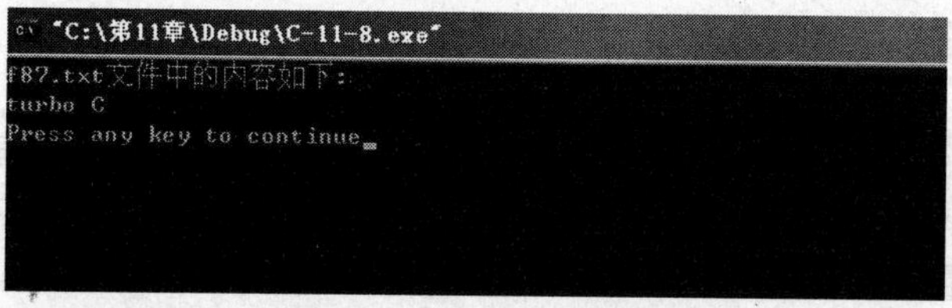

图 11-10 例 11-8 的运行结果

11.2.3 文件的定位

前面介绍的对文件的读写方式都是顺序读写，即读写文件只能从头开始，顺序读写各个数据。但在实际问题中常要求只读写文件中某一指定的部分。为了解决这个问题可移动文件内部的位置指针到需要读写的位置，再进行读写，这种读写称为随机读写。实现随机读写的关键是要按要求移动位置指针，这称为文件的定位。文件定位移动文件内部位置指针的函数主要有两个，即 rewind 函数和 fseek 函数。

1. rewind 函数
该函数的原型为：

void rewind(FILE *fp);

该函数的功能是将 fp 指示的文件中的位置指针置于文件开头位置，并清除文件结束标志和错误标志。

【例 11-9】 已知磁盘上已经有一个名为 c-11-7.cpp（例 11-7）的源文件，试编写程序，先将该文件的内容显示在屏幕上，然后再将该文件复制到 b1.c 文件中。

```
#include<stdio.h>
#include<stdlib.h>
#include<conio.h>
```

```
void main()
{
    void CopyF();
    CopyF();
}
void CopyF()
{
    FILE *fp1,*fp2;

    fp1=fopen("cpp5.cpp","r");
    fp2=fopen("b1.c","w");                    /* 打开文件 */
    while(!feof(fp1))  putchar(getc(fp1)); /* 从文件 c-11-7.cpp 读出，写向屏幕 */
    rewind(fp1);                              /* 重返文件头 */
    while(!feof(fp1))putc(getc(fp1),fp2); /* 从文件 c-11-7.cpp 读出，写向文件 b1.c */
    fclose(fp1);
    fclose(fp2);
}
```

程序运行结果如图 11-11 所示。

2. fseek 函数

fseek 函数用来移动文件内部位置指针。

函数的原型为：

int fseek(FILE *fp,long offset,int base);

其中：fp 指向被移动的文件。offset 表示移动的字节数，要求位移量是 long 型数据，以便在文件长度大于 64KB 时不会出错。当用常量表示位移量时，要求加后缀 "L"。base 表示起始点，即从何处开始计算位移量，规定的起始点有三种：文件首、当前位置和文件尾。其表示方法如表 11-2 所示。

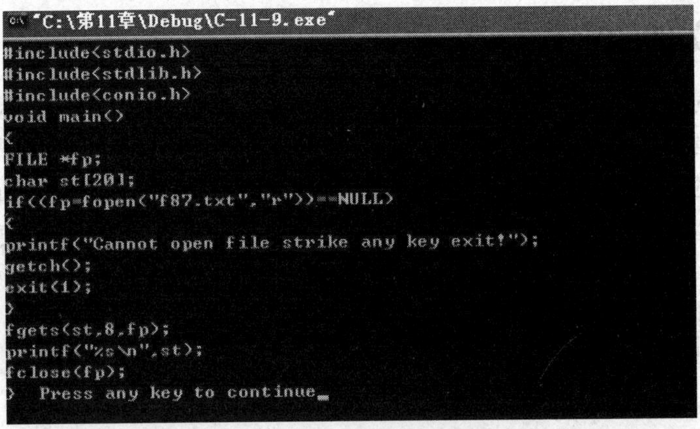

图 11-11　例 11-9 的运行结果

表 11-2　　　　　　　　　　　　　　　　起始点表示方法

起 始 点	表 示 符 号	数 字 表 示
文件首	SEEK—SET	0
当前位置	SEEK—CUR	1
文件末尾	SEEK—END	2

例如：

fseek(fp,100L,0); 把位置指针移到离文件首 100 个字节处。

fseek(fp,100L,1); 把位置指针移到离当前位置 100 个字节处。

fseek(fp,-50L,0); 把位置指针移从文件末尾处向后退 50 个字节。

还要说明的是 fseek 函数一般用于二进制文件。在文本文件中由于要进行转换，故往往计算的位置会出现错误。文件的随机读写在移动位置指针之后，即可用前面介绍的任一种读写函数进行读写。由于一般是读写一个数据块，因此常用 fread 和 fwrite 函数。下面用例题来说明文件的随机读写。

【例 11-10】 在学生文件 stu（例 11-5 程序创建的文件）中读出第二个学生的数据。

```c
#include<stdio.h>
#include<conio.h>
#include "stdlib.h"
struct stu
{
    char name[10];
    int num;
    int age;
    char addr[15];
}boy,*qq;

void main()
{
    FILE *fp;
    char ch;
    int i=1;

    qq=&boy;
     if((fp=fopen("stu","rb"))==NULL)
    {
        printf("Cannot open file strike any key exit!");
        getch();
        exit(1);
    }
    rewind(fp);
    fseek(fp,i*sizeof(struct stu),0);
    fread(qq,sizeof(struct stu),1,fp);
    printf("\n\nname\tnumber age addr\n");
    printf("%s\t%5d %7d %s\n",qq->name,qq->num,qq->age,qq->addr);
}
```

程序运行结果如图 11-12 所示。

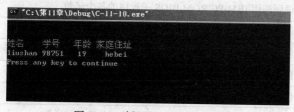

图 11-12 例 11-10 的运行结果

11.2.4 文件出错的检测

在磁盘文件的输入与输出操作中，可能会出现各种各样的错误。为了避免出错，C 语言提供了一些函数用来检查输入输出函数调用中的错误。

ferror 函数是用来测试文件操作是否有错误，若返回值为零表示正确，否则表示出错。该函数的原型为：

```
int ferror(FILE *fp);
```

同一文件每一次调用输入输出函数，均产生一个新的 ferror 函数值，因此对文件每一次读写操作之后，应及时检查 ferror 函数置是否正确，以避免数据丢失。

clearerr 函数的作用是使文件错误标志和文件结束标志置为 0。其函数原型是：

```
int clearerr(FILE *fp);
```

若对文件读写时出现了错误，ferror 函数就返回一个非零值，而该值一直保留到对文件执行下一次读、写为止。若及时调用 clearerr 函数或 rewind 函数，或任何其他输入输出函数就能清除出错标志，使 ferror 的函数复位为 0。

当文件操作出现错误时，为了避免数据丢失，正常返回操作系统，可以调用过程控制函数 exit 函数，终止程序的执行。调用的一般形式是：

```
exit([status]);
```

exit 函数的功能是清除并关闭所有已打开的文件，写出文件缓冲区中的所有数据，程序按正常情况由 main 函数结束并返回操作系统。

11.3 库 文 件

C 系统提供了丰富的系统文件，称为库文件，C 的库文件分为两类，一类是扩展名为 ".h" 的文件，称为头文件，在前面的包含命令中已多次使用过。在 ".h" 文件中包含了常量定义、类型定义、宏定义、函数原型以及各种编译选择设置等信息；另一类是函数库，包括了各种函数的目标代码，供用户在程序中调用。通常在程序中调用一个库函数时，要在调用之前包含该函数原型所在的 ".h" 文件。C 系统中常用库文件如表 11-3 所示。

表 11-3　　　　　　　　　　　　　　C 系统中常用的库文件

库 文 件 名	说　　　明
ALLOC.H	说明内存管理函数（分配、释放等）
ASSERT.H	定义 assert 调试宏
BIOS.H	说明调用 IBM-PC ROM BIOS 子程序的各个函数
CONIO.H	说明调用 DOS 控制台 I/O 子程序的各个函数
CTYPE.H	包含有关字符分类及转换的名类信息（如 isalpha 和 toascii 等）
CTYPE.H	包含有关字符分类及转换的名类信息（如 isalpha 和 toascii 等）
DIR.H	包含有关目录和路径的结构、宏定义和函数
DOS.H	定义和说明 MS-DOS 和 8086 调用的一些常量和函数
ERRON.H	定义错误代码的助记符
FCNTL.H	定义在与 open 库子程序连接时的符号常量
FLOAT.H	包含有关浮点运算的一些参数和函数

库 文 件 名	说 明
GRAPHICS.H	说明有关图形功能的各个函数、图形错误代码的常量定义、针对不同驱动程序的各种颜色值，及函数用到的一些特殊结构
IO.H	包含低级 I/O 子程序的结构和说明
LIMIT.H	包含各环境参数、编译时间限制、数的范围等信息
MATH.H	说明数学运算函数，还定了 HUGE VAL 宏，说明了 matherr 和 matherr 子程序用到的特殊结构
MEM.H	说明一些内存操作函数（其中大多数也在 STRING.H 中说明）
PROCESS.H	说明进程管理的各个函数，spawn…和 EXEC …函数的结构说明
SETJMP.H	定义 longjmp 和 setjmp 函数用到的 jmp buf 类型，说明这两个函数
SHARE.H	定义文件共享函数的参数
SIGNAL.H	定义 SIG[ZZ(Z) [ZZ)]IGN 和 SIG[ZZ(Z) [ZZ)]DFL 常量，说明 rajse 和 signal 两个函数
STDARG.H	定义读函数参数表的宏、（如 vprintf,vscarf 函数）
STDDEF.H	定义一些公共数据类型和宏
STDIO.H	定义 Kernighan 和 Ritchie 在 Unix System V 中定义的标准和扩展的类型和宏。还定义了标准 I/O 预定义流：stdin,stdout 和 stderr，说明 I/O 流子程序
STDLIB.H	说明一些常用的子程序（转换子程序、搜索/ 排序子程序等）
STRING.H	说明一些串操作和内存操作函数
SYS\STAT.H	定义在打开和创建文件时用到的一些符号常量
SYS\TYPES.H	说明 ftime 函数和 timeb 结构
SYS\TIME.H	定义时间的类型：time[ZZ(Z) [ZZ)]t
TIME.H	定义时间转换子程序 asctime、localtime 和 gmtime 的结构，以及 ctime、 difftime、gmtime、 localtime 和 stime 用到的类型，并提供这些函数的原型

11.4 文件操作应用举例

【例 11-11】 编写一个学生管理系统，每个学生包括姓名、学号、年龄和住址，从键盘输入每位学生的信息，并保存到指定的文件 stu 中，另该系统中还可以根据学生的学号或名字进行查询。

```
#include"stdio.h"
#include"stdlib.h"
#include"conio.h"
#include"string.h"
#define SIZE 20
//定义学生的结构体类型
struct student
{
    char name[10];
    int num;
    int age;
    char addr[15];
```

```
}stu1[SIZE],stu2[SIZE],*pp;

void main()
{
void input();
    void searchname();
    void serchnumber();
    int choice;

    while(1)
    {
        //显示菜单
        printf("\n1.input .\n");
        printf("2.search by name.\n");
        printf("3.search by number.\n");
        printf("0.exit.\n");
        printf("choice:");
        scanf("%d",&choice);

        switch(choice)
        {
            case 1:input();break;
            case 2:searchname();break;
            case 3:searchnumber(); break;
            case 0:exit(0);
        }
    }
}
```

//定义函数 input，该函数的功能是从键盘输入学生的相关信息，并将该信息保存到文件 stu.dat 中

```
void input()
{
    FILE *fp;
    int i,n;
    pp=stu1;

    if((fp=fopen("stu.dat","ab+"))==NULL)
    {
        printf("Cannot open file strike any key exit! ");
        getch();
        exit(1);
    }
    printf("please input number of student:");
    scanf("%d",&n);
    for(i=0;i<n;i++,pp++)
    {
        printf("NO.%d \n",i+1);
        printf("name:");
        scanf("%s",pp->name);
        printf("number:");
        scanf("%d",&pp->num);
        printf("age:");
        scanf("%d",&pp->age);
        printf("address:");
        scanf("%s",pp->addr);
    }
```

```
        pp=stu1;
        fwrite(pp,sizeof(struct student),n,fp);
        rewind(fp);
        for(n=0;fread(&stu2[n],sizeof(struct student),1,fp)!=NULL;n++);
        printf("\nThe data of file:\n");
        printf("\nname          number     age address\n");
        for(i=0;i<n;i++)
        printf("%s\t%8d%7d%8s\n",stu2[i].name,stu2[i].num,stu2[i].age,stu2[i].addr);
        fclose(fp);
        }
```

/*定义函数 searchname，该函数的功能是按学生的姓名进行查找，如果找到了输出该学生的相关信息，若没有找到则输出 "No search" */

```
    void searchname()
    {
        FILE *fp;
        int i,n;
        char name[10];

        pp=stu1;
        printf("Please input the name of student which needs look up :");
        scanf("%s",name);
        if((fp=fopen("stu","rb+"))==NULL)
         {
            printf("Cannot open file strike any key exit! ");
            getch();
            exit(1);
        }
        for(n=0;fread(&stu2[n],sizeof(struct student),1,fp)!=NULL;n++);
        fclose(fp);
        for(i=0;i<n;i++)
        if(strcmp(stu2[i].name,name)==0)
        {
            printf("Find:");
            printf("\nname          number     age address\n");
            printf("%s\t%8d%7d%8s\n",stu2[i].name,stu2[i].num,stu2[i].age,
stu2[i].addr);
            break;
        }
        if(i>=n) printf("\nNo search\n");
    }
```

/*定义函数 searchnumber，该函数的功能是按学生的学号进行查找，如果找到了输出该学生的相关信息，若没有找到则输出 "No search" */

```
    void searchnumber()
    {
            FILE *fp;
            char ch;
            int i,n;
            int snum;

            pp=stu1;
            printf("Please input the number of student which needs look up :");
            scanf("%d",&snum);
            if((fp=fopen("stu","rb+"))==NULL)
            {
                printf("Cannot open file strike any key exit! ");
```

```
        getch();
        exit(1);
    }
    for(n=0;fread(&stu2[n],sizeof(struct student),1,fp)!=NULL;n++);
    fclose(fp);
    for(i=0;i<n;i++)
    if(stu2[i].num==snum)
    {
        printf("Find:");
        printf("\nname          number    age address\n");
        printf("%s\t%8d%7d%8s\n",stu2[i].name,stu2[i].num,stu2[i].age,
stu2[i].addr);
        break;
    }
    if(i>=n)  printf("\nNo search\n");
}
```

程序运行中，若输入 1 时，表示输入数据，程序运行结果如图 11-13 所示。

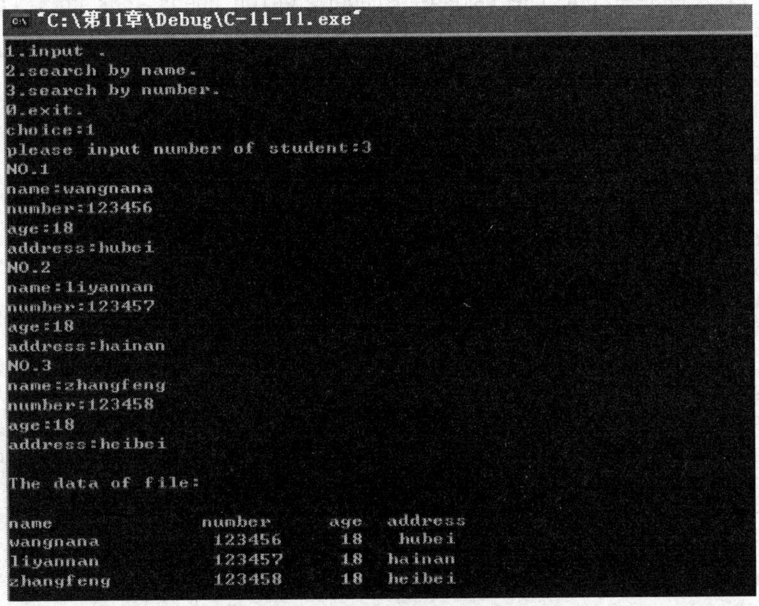

图 11-13　输入数据运行结果

若输入 2 时，表示按姓名查询，程序运行结果如图 11-14 所示。

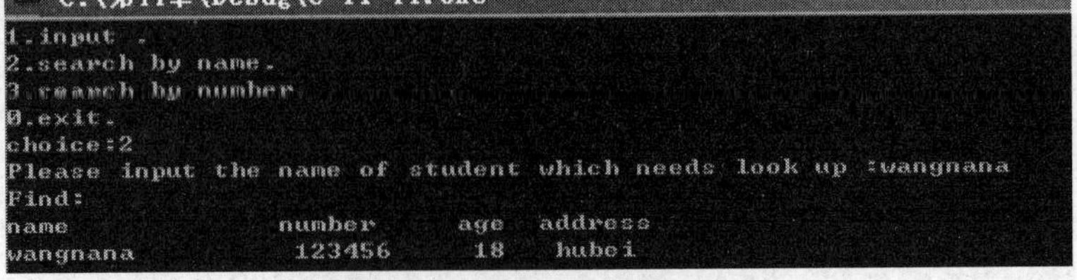

图 11-14　按姓名查询程序结果

若输入 3 时，表示按学号查询，程序运行结果如图 11-15 所示。

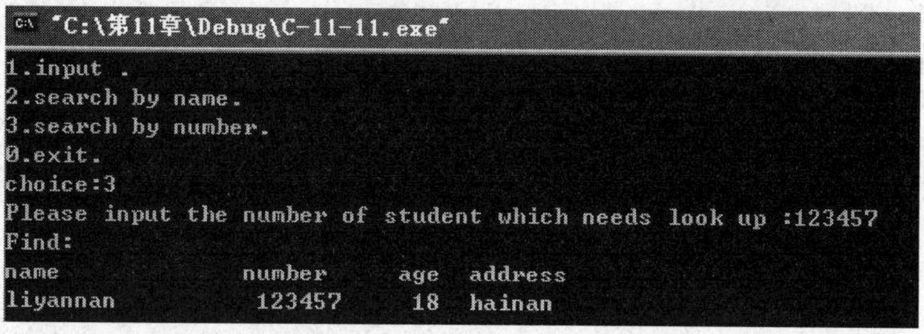

图 11-15　按学号查询程序结果

习 题 11

1. 选择题

（1）当已存在一个 abc.txt 文件时，执行函数 fopen ("abc.txt", "r++")的功能是＿＿＿＿＿。

A）打开 abc.txt 文件，清除原有的内容

B）打开 abc.txt 文件，只能写入新的内容

C）只能读取原有内容打开 abc.txt

D）可以读取和写入新的内容

（2）若用 fopen( )函数打开一个新的二进制文件，该文件可以读也可以写，则文件打开模式是＿＿＿＿＿。

A）"ab+"　　　　B）"wb+"　　　　　C）"rb+"　　　　　　D）"ab"

（3）若 fp 是指向某文件的指针，且已读到此文件末尾，则库函数 feof(fp)的返回值是＿＿＿＿＿。

A）EOF　　　　B）0　　　　　　　C）非零值　　　　　D）NULL

2. 填空题

（1）C 语言中根据数据的组织形式，把文件分为＿＿＿＿＿和＿＿＿＿＿两种。

（2）使用 fopen("abc","r+")打开文件时，若 abc 文件不存在，则＿＿＿＿＿。

（3）使用 fopen("abc","w+")打开文件时，若 abc 文件已存在，则＿＿＿＿＿。

（4）C 语言中文件的格式化输入输出函数对是＿＿＿＿＿；文件的数据块输入输出函数对是＿＿＿＿＿；文件的字符串输入输出函数对是＿＿＿＿＿。

（5）C 语言中文件指针设置函数是＿＿＿＿＿；文件指针位置检测函数是＿＿＿＿＿。

（6）在 C 程序中，文件可以用＿＿＿＿＿方式存取，也可以用＿＿＿＿＿方式存取。

（7）在 C 程序中，数据可以用＿＿＿＿＿和＿＿＿＿＿两种代码形式存放。

（8）在 C 语言中，文件的存取是以＿＿＿＿＿为单位的，这种文件被称作＿＿＿＿＿文件。

（9）feof(fp)函数用来判断文件是否结束，如果遇到文件结束，函数值为＿＿＿＿＿，否则为＿＿＿＿＿。

3. 程序填空题

（1）下面程序用变量 count 统计文件中字符的个数。

```c
#include <stdio.h>
void main( )
{
    FILE *fp;
    long count=0;
    if((fp=fopen("letter.dat",   (1)  ))==NULL)
```

```
        {
        printf("cannot open file\n");
        exit(0);
            }
        while(!feof(fp))
        {
            (2)    ;
            (3)    ;
        }
        printf("count=%ld\n", count);
        fclose(fp);
    }
```

（2）以下程序中用户由键盘输入一个文件名，然后输入一串字符（用#结束输入）存放到此文件文件中形成文本文件，并将字符的个数写到文件尾部。

```
#include <stdio.h>
#include <stdlib.h>
void main(void)
{
    FILE *fp;
    char ch, fname[32];
    int count=0;
    printf("Input the filename : ");
    scanf("%s", fname);
    if ((fp=fopen(       (1)       , "w+"))==NULL)
    {
        printf("Can't open file: %s \n", fname);
        exit(0);
    }
    printf("Enter data: \n");
    while ((ch=getchar())!='#')
    {
        fputc(ch, fp);
        count++;
    }
    fprintf(        (2)        , "\n%d\n", count);
    fclose(fp);
}
```

4. 程序填空题

（1）将"Turbo C"和"BASIC"写入文件 aa.txt。

（2）将 aa.txt 文件中的内容输出到屏幕上。

（3）有 5 个学生，每个学生有 3 门课的成绩，从键盘输入学生数据（包括学生号、姓名、三门课成绩），计算出平均成绩，将原有数据和计算出的平均分数存放在磁盘文件"stud"中。

（4）将上题"stud"文件中的学生数据，按平均分进行排序处理，将已排好序的学生数据存入一个新文件"stu-sort"中。

（5）将上题已排好序的学生成绩文件进行插入处理。插入一个学生的三门课成绩，程序先计算新插入学生的平均成绩，然后将其按成绩高低顺序插入，插入后建立一个新文件。

5. ASCII 码文件与二进制文件有什么不同？各自的特点是什么？

6. 对文件的打开与关闭的含义是什么？为什么要打开和关闭文件？

第12章
编译预处理

本章着重介绍三类预处理命令。编译预处理是 C 语言区别于其他高级语言的一个重要特征，编译预处理是指在对源程序作正常编译之前，先对源程序中一些特殊的预处理命令作出处理，产生一个新的源程序，然后再对新的源程序进行正常的编译，以得到目标代码。合理地使用 C 语言提供的编译预处理功能，可以有效地提高程序的可读性、可维护性、可移植性，减少目标程序的大小，并为模块化程序设计提供帮助。C 语言提供的预处理命令主要包括宏定义、文件包含、条件编译三类。

12.1 宏 定 义

宏定义是编译预处理的一种，是 C 语言借用了宏汇编语言的思想，并在 C 语言中加以扩展得到的。宏定义语句#define 通用的方法是在源程序的开头给某一个常量指定一个符号名，根据实际应用的需要可以分为带参数的宏定义和不带参数的宏定义两种形式。

1. 不带参数的宏定义

不带参数的宏定义是指其后没有参数的宏定义，其定义的一般形式为：

#define   标识符   字符串

其中：

（1）#define 是宏定义命令。"标识符" 是宏名，为了与变量名区分，一般用大写字母。在编译时，程序中所有出现 "宏名" 的地方都用该字符串的内容进行替换，此过程称为 "宏展开"。

（2）在进行宏定义的预处理时，只是做简单的替换，不做任何语法检查，替换时不管其含义是否正确。预处理命令的结尾不应有分号，如果宏定义末尾加了分号，则该分号一起被替换。

（3）宏名的有效范围是定义命令之后到本源文件结束或遇到 "#undef 宏名"，用#undef 命令终止宏定义的作用域的使用方法如下：

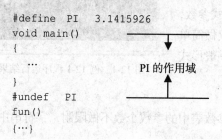

```
#define  PI   3.1415926
void main()
{
    ...                        PI 的作用域
}
#undef   PI
fun()
{...}
```

在函数 fun() 中不能再使用 PI。

（4）宏定义可以嵌套，后面定义的宏可以引用前面已定义的宏，层层置换。例如：

```
#define  R  2.0
#define  PI  3.1416
#define  CIRC  2*PI*R
#define  AREA  PI*R*R
void main()
{
    printf("CIRC =%f\n AREA =%f\n", CIRC, AREA);
}
```

经预处理后，printf() 函数调用语句展开为：

```
printf("CIRC =%f\n AREA =%f\n ",2*3.1416*2.0,3.1416*2.0*2.0);
```

（5）双引号中与宏名相同的字符串不做宏替换。如上例中的 printf() 函数语句中有两个 CIRC，一个在双引号内，不做替换，另一个在双引号外，则做替换。

（6）宏定义是用于预处理命令的一个专用名词，与定义变量不同，只做字符替换，不分配内存。宏定义可以嵌套定义，但不能递归定义。

【例 12-1】 不带参数的宏定义。

```
#define PI 3.14152926
void round(float rr)
{
    float circ,area,volum;

    circ=2.0*PI*rr;
    area=PI*rr*rr;
    volum=4.0/3.0* PI*rr*rr*rr;
    printf("circ=%10.4f\n area=%10.4f\n volum=%10.4f\n", circ, area, volum);
}
void main()
{
    float r;

    printf("input radius:");
    scanf("%f",&r);
    round(r);
}
```

程序运行结果如图 12-1 所示。

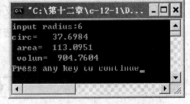

图 12-1　例 12-1 程序运行结果

2. 带参数的宏定义

C 语言允许宏带有参数，在宏定义中的参数称为形式参数，在宏调用中的参数称为实际参数。带参数的宏定义不仅做简单的字符替换，还要进行参数替换。带参数的宏定义的一般形式如下：

#define　宏名（参数表）字符串

其中，宏名的命名规则符合标识符的命名规则，参数表中的参数个数不做限制，字符串中包含着参数表中指定的参数。例如：

```
#define  RECT(A,B)   A*B
```

在调用带参数的宏时，一对圆括号不可少，圆括号中实参的个数应与宏定义中形参的个数相同，多个参数之间用逗号隔开，如"S=RECT(a,b);"。在编译时预处理命令用宏体来替换宏，并以相应的参数来替换宏体中的形参。例如以上的语句经过宏替换后为"S=a*b;"。因此，当实参取不同值时，宏替换将取得不同的值，这是使用带参数宏定义的优点。

使用函数或者函数宏可使功能明确化，而且可以减少冗余描述，避免描述中由于疏忽而引起的信息不一致。与函数相比，函数宏既可以像函数一样定义程序中经常使用的代码段，同时能避免因为把代码封装在函数中所带来的函数调用的开销。但作为一种预编译处理机制，函数宏不能被调试工具识别，因而无法检查语法的合法性。以下列出了一些函数宏使用过程中最常见的问题及可能出现的故障现象，并给出了正确的使用方式。

（1）由操作符优先级引起的问题

由于宏展开的过程只是简单地进行字符串替换，如果宏的参数是复合结构，那么通过替换之后可能因为各个参数之间的操作符优先级高于单个参数内部操作符优先级而破坏宏体的结合顺序，因而产生预想不到的情形。下面是一个函数宏的定义和展开的例子：

```
#define ceil_div(a,b)  (a+b-1)/b
...
m=ceil_div(n&&k,sizeof(int));
...
```

表达式 m=ceil_div(n&&k,sizeof(int))在预处理后被展开成：

```
m=(n&&k+sizeof(int)-1)/sizeof(int)
```

由于 +|– 的优先级高于&&的优先级，展开后的表达式等价于：

```
m=(n&&(k+sizeof(int)-1))/sizeof(int)
```

为了防止这类问题发生，正确的做法是将宏体及其参数都用圆括号括起来，对于上面的例子，可以将宏定义成如下形式：

```
#define ceil_div(a,b)  (((a)+(b)-1)/(b))
```

那么，表达式 m=ceil_div(n&&k,sizeof(int))在预处理后被展开成：

```
m=(((n&&k)+(sizeof(int))-1)/(sizeof(int)))
```

这里通过为宏体及其参数添加完备的括号，以确保宏体的整体性和参数的独立性，避免宏展开时产生与原意不符的变化。再比如下面的宏定义是用来求平方值的：

```
#define  SQUARE(x)  x*x
```

若在程序中出现语句"a=SQUARE(n+1);"，则经预处理后被替换成："a=n+1*n+1;"，这显然不是所期望的结果。所以要将宏定义字符串的参数用括号括起来，就可以避免上述错误，即"#define SQUARE(x) (x)*(x)"。又如语句"printf("%d\n",27/SQUARE(n+1);"，经替换后为"printf("%d\n",27/(n+1)*(n+1));"，这也与我们的期望不符。为了保证得到所期望的结果，可以在宏定义的参数中再加上外层括号，如#define　SQUARE(x)　((x)*(x))，就可以避免上述错误。

（2）由多余的分号引起的问题

通常情况下，可以在宏的后面加上一个分号，这样可以使函数宏在形式上更像一个通常的 C 语言函数调用。例如：

```
#define SWAP(x,y) {\
    int t;\
    t=x;\
    x=y;\
    y=t;}
```

但如果函数宏的调用过程为：

```
if(condition)
    SWAP(x,y);                    // 多余的分号
else
    {…}
```

这样会由于多出的那个分号产生编译错误。为了避免这种错误，同时又保持 SWAP(x,y);的写法，通常需要把宏定义为 do{}while(0)的形式，即

```
#define SWAP(x,y) do{\
    int t;\
    t=x;\
    x=y;\
    y=t;}while(0)
```

（3）由宏参数的副作用引起的问题

使用函数宏时需要注意宏展开后对副作用的影响。如果宏的实际参数中包含有副作用的运算符（如运算符++、--等）或者实际参数本身就是一个函数，而该参数又在宏定义中多次出现，那么副作用也可能被多次执行，从而产生不确定的结果。例如：

```
#define ABS(a,b) ((a)>(b)?(a)-(b):(b)-(a))
…
c=ABS(x,foo(y));
    …
```

表达式 c=ABS(x,foo(y)) 在预处理后被展开成：

```
c=((x)>(foo(y))?(x)-(foo(y)):(foo(y))-(x))
```

此时，无论条件表达式(x)>(foo(y))是否成立，函数 foo()总会被调用两次。而在源文件中这是无法直接看出来的，由此而引发的错误也难以察觉。因此在定义宏的过程中，如果宏参数在宏中多次出现，应该采取一定的措施，避免副作用的发生。合理的处理方式是适当地引入中间变量，分解宏定义中带有副作用的表达式。Linux 系统下的程序编译器 GCC（全称 GNU Compiler Collection）对此有一种扩展形式：

```
#define ABS(a,b) ({\
    typeof(a) A_=(a);\
    typeof(b) B_=(b);\
    (A_<B_) ? A_:B_;})
```

（4）宏定义时，宏名和左括号间不能出现空格，否则将空格以后的字符都当成字符串的一部分。例如：

```
#define  S  (r)  PI*r*r
```

被认为 S 是符号常量，代表字符串"(r) PI*r*r"。如果有语句"area=S(2.0);"，经宏替换后则成为"area=(r) PI*r*r(2.0);"，这显然是不对的。

【例 12-2】 在宏调用中实参是表达式。

```
#define  SQ(y)  (y)*(y)                          /*宏定义，形参为 y*/
int para(int num1)
{
     int sq1;

     sq1=SQ(num1+1);
     return sq1;
}
void main()
{
     int num,sq;

     printf("input a number: ");
     scanf("%d",&num);
     printf("sq=%d\n", para(num));               /*输出结果*/
}
```

程序运行结果如图 12-2 所示。

上例中第 1 行为宏定义，形参为 y，程序第 6 行宏调用中实参为 num1+1，是一个表达式，在宏展开时，用 num1+1 代换 y，再用(y)*(y)代换 SQ，得到语句"sq=(num1+1)* (num1+1);"，这与函数的调用是不同的，函数调用时要把实参表达式的值求出来再赋予形参。而宏替换中对实参表达式不做计算直接照原样替换。

可以看出，带参数的宏定义也可以由函数来实现，但使用带参数的宏定义比函数调用要快，因为宏是在编译之前完成替换的，不像函数调用需要许多时间上的额外开销，但宏所占空间较多，程序中每遇到一个宏就要将对应的内容替换过来。所以在程序中一般用宏来表示一些简单的字符串或表达式。

【例 12-3】 带参数的宏定义。

```
#define  PI   3.14152926
#define  L(r)   2*PI*r
void para(float radius)
{
     float circle;

     circle=L(radius);
     printf("circle=%f\n",circle);
}
void main( )
{
     float r;
```

```
        printf("r=");
        scanf("%f",&r);
        para(r);
}
```

程序运行结果如图 12-3 所示。

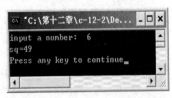

图 12-2　例 12-2 程序运行结果　　　　　　图 12-3　例 12-3 程序运行结果

12.2　"文件包含"处理

文件包含是 C 预处理程序的另一个重要功能。文件包含是指一个源文件可以将另外一个指定的源文件的内容包含进来。文件包含命令的一般形式有如下两种：

　　#include　"文件名"

或　**#include　<文件名>**

其中，文件名允许是 C 编译系统提供的预定义文件名或用户自定义的 C 的程序、数据等文件，其扩展名不一定是 ".h"，也可以是其他扩展名，如 ".c" 文件等。如#include　<stdio.h>、#include "file1.c"。stdio.h 是 C 预定义的标准头文件，而 file1.c 则是用户自定义的 C 程序文件。

文件包含命令中的文件名既可以用尖括号括起来，也可以用双引号括起来。两者的区别是，用尖括号时，系统只在规定的标准目录中寻找被包含的文件；用双引号时，系统先在源程序文件所在的目录中寻找，若未找到，再到标准目录中寻找，一般用双引号形式较为可靠。

被包含文件通常放在文件开头，因此常称头文件，一般用 ".h" 作扩展名（h 是 head 的缩写），C 编译系统提供了许多头文件，在使用标准库函数进行程序设计时，需要在源程序中包含相应的头文件。

文件包含也是模块化程序设计的一种手段。设计程序时，可以把一批具有公用性的宏定义、数据结构及函数说明单独组成一个头文件，其他程序文件凡要用到头文件中的定义或说明，就用文件包含命令把它包含进来，这样做可使一个大程序的各个文件使用统一的数据结构和常量，能保证程序的一致性，减少错误，也便于程序修改，减少其他文件重复定义的工作量。

在使用文件包含命令时，应该注意以下几个问题：

（1）一个#include 命令一次只能包含一个文件，若想包含多个文件，必须用多个#include 命令。

（2）文件包含允许嵌套，即在一个被包含的文件中又可以包含另一个文件。如果文件 1 包含文件 2，而文件 2 中要用到文件 3 的内容，则可以在文件 2 中用#include 命令包含文件 3，再在文件 1 中用#include 命令包含文件 2，如图 12-4 所示。

同样，上面的问题也可以这样解决，在文件 1 中用两个#include 命令分别包含文件 2 和文件 3，而且文件 3 应出现在文件 2 之前。如图 12-5 所示。

file1.c

```
#include    "file2.h"
   ...
```

file2.h

```
#include    "file3.h"
   ...
```

file3.h

```
不包含#include
   ...
```

图 12-4 文件嵌套 1

file1.c

```
#include    "file3.h"
#include    "file2.h"
   ...
```

file3.h

```
不包含#include
   ...
```

file2.h

```
不包含#include
   ...
```

图 12-5 文件嵌套 2

（3）被包含文件应是源文件，而不是目标文件。

（4）当被包含文件中的内容修改了时，包含该文件的所有源文件都要重新进行编译处理。

【例 12-4】 文件包含举例。

```
/* powers.h */
#define  sqr(x)     ((x)*(x))
#define  cube(x)    ((x)*(x)*(x))
#define  quad(x)    ((x)*(x)*(x)*(x))
/*eg5_19.c*/
#include <stdio.h>
#include "d:\powers.h"
#define  MAX_POWER 10
main()
{   int n;

    printf("number\t exp2\t exp3\t exp4\n");
    printf("----\t----\t-----\t------\n");
    for(n=1;n<=MAX_POWER;n++)
    printf("%2d\t %3d\t %4d\t %5d\n",n,sqr(n),cube(n),quad(n));
}
```

程序运行结果如图 12-6 所示。

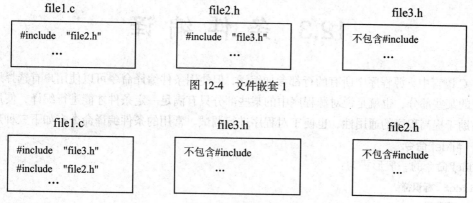

图 12-6 例 12-4 程序运行结果

12.3 条件编译

在 C 语言中，源程序中所有的行都参加编译，但使用条件编译命令可以使用户有选择地编译源程序的某些部分，也就是说对源程序中的某些部分只有满足一定条件才能进行编译，使用条件编译有助于提高程序的通用性，也便于对程序进行调试。常用的条件编译命令有如下三种形式。

1. #ifdef 命令

#ifdef 命令的一般形式为：

#ifdef 标识符
　　程序段 1
[#else
　　程序段 2]
#endif

其功能是当标识符在此之前被定义过（一般用 # define 定义），则对程序段 1 进行编译，否则对程序段 2 进行编译。其中程序段可以是任意条 C 语句，也可以是预处理命令行，标识符只要求已定义与否，不管定义成什么。上述形式中 # else 可以缺省，简化成下面形式：

#ifdef 标识符
　　程序段
#endif

条件编译常用于程序的调试，例如在调试程序时，常常需要输出一些中间信息，而在调试完成后不需要输出这些信息，为此可在源程序的相应位置上插入如下形式的条件编译段：

```
#ifdef  DEBUG
    printf("a=%d,b=%d\n",a,b);
#endif
```

如果前面已经对 DEBUG 进行了定义，即有 "#define DEBUG"，则在程序运行时显示 a、b 的值，以便做调试分析。程序调试完成后，只要删去 DEBUG 的宏定义，则上述 printf()函数语句就不参加编译，程序运行时也就不再显示 a、b 的值，当然对这类问题不用条件编译也可以解决，如在调试时加上一些 printf()函数语句，调试完成后将它们一一删去，这也是可行的。但当 printf()函数语句太多时，修改的工作量很大，而使用条件编译只需删去前面一条 DEBUG 定义就可以了。

【例 12-5】 第一种形式的条件编译。

```
#include<stdio.h>
#define   DIT  1
void summ()
{
    int i,sum=0;

    for(i=1;i<=100;i++)
        sum=sum+i;
    printf("s1=%d\n",sum);
}
void quad()
{
    int i;  long plot=1;
```

```
    for(i=1;i<=10;i++)
        plot= plot*i;
    printf("s2=%ld\n", plot);
}
void main()
{
    #ifdef DIT
        summ ();
    #else
        quad();
    #endif
}
```

程序运行结果如图 12-7 所示。

2. #ifndef 命令

#ifndef 命令的一般形式如下:

#ifndef 标识符
　　　程序段 1
[#else
　　　程序段 2]
#endif

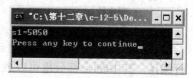

图 12-7　例 12-5 程序运行结果

与第一种形式的区别是将"ifdef"改为"ifndef"。它的功能是,如果标志符未被定义过,则对程序段 1 进行编译,否则对程序段 2 进行编译。这与第一种形式的功能正好相反。其中#else 部分也可以缺省,简化成下面的形式:

#ifndef 标识符
　　　程序段
#endif

【例 12-6】　第二种形式的条件编译。

```
#include<stdio.h>
#define DIT  1
void summ()
{
    int i, sum=0;

    for(i=1;i<=100;i++)
        sum=sum+i;
    printf("s1=%d\n", sum);
}
void quad()
{
    int i;  long plot=1;

    for(i=1;i<=10;i++)
        plot=plot*i;
    printf("s2=%ld\n", plot);
}
void main()
{
    #ifndef DIT
        summ();
```

```
    #else
        quad();
    #endif
}
```

程序运行结果如图 12-8 所示。

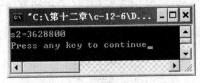

图 12-8　例 12-6 程序运行结果

3. #if 命令

#if 命令的一般形式如下：

#if　常量表达式
　　程序段 1
[#else
　　程序段 2]
#endif

它的功能是：如果常量表达式的值为真（非 0），则对程序段 1 进行编译，否则对程序段 2 进行编译。其中#else 部分也可以缺省，简化成下面的形式：

#if　常量表达式
　　程序段
#endif

【例 12-7】　第三种形式的条件编译。

```
#define R 1
void circleArea(float radius)
{
    float area;

    area=3.14159*radius*radius;                    /*计算并输出圆的面积*/
    printf("area of round is: %f\n", area);
}
void squareArea(float length)
{
    float area;

    area=length*length;
    printf("area of square is :%f\n", area);       /*计算并输出正方形的面积*/
}
void main()
{
    float real;

    printf("input a number : ");
    scanf("%f",&real);
    #if R                                          /*常量表达式的值为真*/
        circleArea(real);
    #else
        squareArea(real);
    #endif
}
```

程序运行结果如图 12-9 所示。

本例中采用了第三种形式的条件编译，在程序的第一行宏定义中，定义 R 为 1，因此在条件编译时，常量

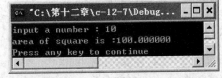

图 12-9　例 12-7 程序运行结果

表达式的值为真，故计算并输出圆的面积。

　　上面介绍的条件编译当然可以用条件语句来实现。但是用条件语句将会对整个源程序进行编译，生成的目标代码程序很长，而采用条件编译可根据条件只编译其中的程序段 1 或程序段 2，生成的目标程序较短。如果条件选择的程序段很长，则采用条件编译的方法是十分必要的。

12.4　程 序 示 例

【例 12-8】　三角形的面积公式为 area=$\sqrt{s(s-a)(s-b)(s-c)}$，其中 $s=\dfrac{a+b+c}{2}$，a、b、c 为三角形的三边，定义两个带参的宏，一个用来求 s，另一个用来求 area。写程序，在程序中用带实参的宏名来求面积 area。

```
#include "math.h"
#define s(a,b,c)  ((a+b+c)/2)
#define area(a,b,c)  (sqrt(s(a,b,c)*(s(a,b,c)-a)*(s(a,b,c)-b)*(s(a,b,c)-c)))
void areaF(float a,float b,float c)
{
    if(a+b>c && a+c>b && b+c>a)
        printf("其面积为: %8.2f\n",area(a,b,c));
    else
    printf("不能构成三角形! ");
}
void main( )
{
    float a,b,c;

    printf("请输入三角形的三条边: ");
    scanf("%f %f %f",& a,& b,& c);
    areaF(a,b,c);
}
```

程序运行结果如图 12-10 所示。

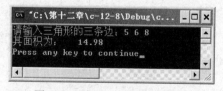

图 12-10　例 12-8 程序运行结果

习 题 12

1. 阅读程序，写出其运行结果。

```
(1)define A 4
   #define B(x)  A*x/2
```

```
       # include  <stdio.h>
       void main( )
       {
            float fc, fa=4.5;

            fc=B(fa);
            printf("%5.1f\n",fc);
       }
(2)# include  <stdio.h>
    void main( )
    {
         int integera=10, integerb=20, integerc;

         integerc=integera/integerb;
         #ifdef  DEBUG
           printf("integera=%d, integerb=%d ",integera, integerb);
         #endif
         printf("integerc=%d\n ",integerc);
    }
(3)#define  PR(ar)  printf("ar=%d",ar)
    #include  <stdio.h>
    void main( )
    {
         int j,a[ ]={1,3,5,7,9,11,13,15},*p=a+5;

         for(j=3;j;j--)
           switch (j)
           { case 1:
             case 2: PR(*p++);break;
             case 3: PR(*--p);
           }
    }
(4)# include  <stdio.h>
    #define  N  2
    #define  M  N+2
    #define  CUBE(x)  (x*x*x)
    void main( )
    {
         int i=M;

         i=CUBE(i);
         printf("%d\n", i);
    }
(5)# include  <stdio.h>
    #define   PR(a)   printf ("a=%d", (int)(a))
    #define   PRINT(a)  PR(a); putchar('\n');
    #define   PRINT2(a,b)  PR(a), PRINT(b)
    #define   PRINT3(a,b,c)  PR(a), PRINT2(b,c)
    void main( )
    {
         float  x=3.1415,y=1.823,z=0.923;

         PRINT3(x,2*y,3*z)
    }
```

```
(6)# include <stdio.h>
   void main( )
   {
        int integerb=5, integery=3;

        #define integerb 2
        #define f(x)  integerb*(x)
        printf("%d,", f(integery+1));
        #undef integerb
        printf("%d, ", f(integery+1));
        #define integerb 3
        printf("%d\n", f(integery+1));
   }
```

2. 分析以下一组宏所定义的输出格式。

```
#define  NL  putchar('\n')
#define  PR(fprmat,value)  printf("value=%format \t",(value))
#define  PRINT1(f,x1)  PR(f,x1);NL
#define  PRINT2(f,x1,x2)  PR(f,x1); PRINT1(f,x2)
```

如果在程序中有以下的宏引用：

```
PR(d,x);
PRINT1(d,x);
PRINT2(d,x1,x2);
```

写出宏展开后的情况，并写出相应输出的结果，设 x=5,x1=3,x2=8。

3. 输入两个整数，求它们相除的余数。用带参的宏来实现。

4. 编译预处理命令的作用是什么？

5. 定义一个带参数的宏。使两个参数的值互换，并写出程序，输入两个数作为使用宏时的实参。输出已交换后的两个值。

6. 编写一个宏定义 LEAPYEAR(y)，用以判定年份 y 是否是闰年。判定标准是：若 y 是 4 的倍数且不是 100 的倍数或者 y 是 400 的倍数，则 y 是闰年。

第三篇 C语言综合应用与实践

第 13 章
程序编码规范

在大型的软件开发项目中，软件开发人员除了要保证程序运行的正确性和提高代码的运行效率之外，还需要考虑代码的规范性。编码是否规范不直接影响程序的功能和性能，但是对程序的可读性和可维护性有重要的影响，是代码质量和水平最直观的体现。高质量的代码规范易懂、意图清晰，易于升级、修改和维护。低质量的代码则晦涩难懂、格式随意，最终使程序员陷入"代码沼泽"中无法自拔。

规范化编程在描述形式上包括规范的书写格式，明确、一致的变量和函数命名规则，准确、简洁的表达方式，一致的缩进风格，易于理解和维护的结构，对 C 语言要素良好的习惯用法，以及准确清晰的注释等多个方面。这里面既有一些普遍公认的规则，也有一些看法不同、见仁见智的地方。读者可以逐步体会其中的含义、考虑各种因素的平衡，逐渐建立起符合专业要求和个人习惯并且规范一致的程序设计风格。

13.1 标识符命名规范

如何为程序元素命名很重要。在软件开发这一高度抽象而复杂的活动中，程序元素的命名随处可见，是阅读者必读的部分。通过细心挑选的名称可以向阅读者传递大量的意图和信息，既有助于开发者快速而准确地阅读和查错，又能方便他人阅读和增补，从而减少不必要的沟通成本。

程序元素命名的一般原则是，应该能准确地表达出它所代表的意义，能够答复诸如"它是什么类型？"、"它有什么用？"、"应该怎么用？"等问题。如变量名 firstName、lastName、age 等，读者很容易明白这些变量是某个 person 结构的一部分。同时，名字之间应该比较容易区分，避免过于相似的名字所引起的混淆。如外形相似的一组变量 moneyAmount 与 money、customerInfo 与 customer、accountData 与 account 等，相较而言，名称本身并没有实质的区别，但是出现在同一源程序文件中时就容易使人混淆。

在遵循前两个原则的基础上，标识符的名字应尽量简洁。程序的清晰程度通常伴随着简洁而来。如变量名 minVal 与 minimalValue，winHi 与 windowsHeight，前者比后者更精练，而精练正是命名的要点。

对于变量的命名，除了上述的原则之外其命名方式也与存储类型相关。对于全局变量应尽量使用具有明确含义的名字，如 WORK_REAL_PER_WEEK（每周工作天数），这是因为全局变量可以在程序的任何部分被引用，其定义、初始化和使用可能不在同一个源程序文件中，使用具有明确含义的名字，不仅可以提高程序的可读性，还可以避免由于频繁地查找全局变量的定义而影响编码的效率。与全局变量不同，局部变量只在一个函数内，甚至一个函数内的某个复合语句中使用。由于局部变量使用周期短、目的一般，其含义往往不使用说明性信息也可以一目了然，此时使用短名字的变量（如 i,j,k,m,n 等）可以使代码显得更加简洁、紧凑。

对于函数的命名一般采用含义清晰的动作性的名字，因为函数所表示的是一种操作而不是运算的对象。如 calculatePay()、deliverPay()、getHandle()、setWindowFlag()等都是含义清晰的函数名，使用这样的函数名可以使函数更加易读易懂。

在多人合作开发的项目中，程序元素的命名风格应该尽量一致，以便使程序代码看上去整齐规范。现实中存在许多命名约定，如匈牙利命名法、Camel 命名法和 Pascal 命名法等。匈牙利命名法是微软推广的一种以类型前缀为基础的命名方法，它按照"属性＋类型＋对象描述"的组合形式来为变量命名。如变量名 g_ihowMuchMoney 就是采用匈牙利命名法，g_指明变量为全局变量，i 指明变量的数据类型为整型。表 13-1、表 13-2 分别给出了 C 语言中常见的属性标识与类型标识。Camel 命名法的命名约定是当变量名或函数名由一个或多个单字组合构成时，第一个字母小写，随后的每个单字的第一个字母大写。如变量名 weekDay、函数名 printMonth()。Pascal 命名法与 Camel 命名法类似，不过 Pascal 命名法约定每一个单字的首字母都采用大写字母的形式。

表 13-1　　　　　　　　　　　　　常见属性描述

属 性 标 识	属 性 描 述	属 性 标 识	属 性 描 述
g_	全局变量	s_	静态变量
c_	常量	m_	成员变量

表 13-2　　　　　　　　　　　　　常见类型描述

类 型 标 识	类 型 描 述	类 型 标 识	类 型 描 述
i	整型	f	单精度浮点型
n	短整型	d	双精度浮点型
l	长整型	fn	函数
u	无符号	p	指针
ch	字符	sz	字符串

匈牙利命名法为标识符的命名定义了一种详尽而冗赘的格式化方式，以便人们通过变量名来辨别变量的作用域和类型。但是所付出的代价是变量名过长、信息冗余。严格遵循这一方法不仅降低了程序的可读性，增加了程序维护的成本，而且在很多情况下也没有达到其提高程序效率，保证程序正确性的目的。而 Camel 命名法和 Pascal 命名法采用大小写字母混排的方式，利用大写字母作为逻辑断点，目的是为了增加标识符的可读性，但是不科学地使用反而会阻碍阅读的进度，如使用 Camel 法命名的变量 geNerAtiOnTimEstAmp。可见，任何命名约定都有其局限性，但是在一个大型项目中，与始终如一地坚持一种实际的约定相比，这些局限性都不是问题。

任何命名约定的应用还与系统平台相关。如 hp、aix 和 sco 在 UNIX 平台下都不适合作变量名，因为它们都是 UNIX 平台或类 UNIX 平台的专有名称。另外，命名约定应尽量与所采用的操作系统或开发平台的风格保持一致。表 13-3 给出了一套适合于 Windows 平台的 C 程序设计命名约定。

表 13-3　　　　　　　　　　　适合于 Windows 平台的 C 程序设计命名约定

标识符类型	命 名 规 范	示　　例
常量和宏	常量和宏全用大写的字母，并用下划线分割单词。推荐使用"形容词 + 名词"的形式定义	#define PAI 3.1415926 #define MAX_LENGTH 100
变量和参数	变量和参数采用 Camel 命名法。推荐使用"名词"或者"形容词 + 名词"的形式定义	float oldValue; float newValue;
全局变量	全局变量采用匈牙利命名法，加前缀 g_，以区别与局部变量，对象描述部分采用 Camel 命名法	int g_ihowManyPeople;
静态变量	静态变量加前缀 s_	static float s_newValue;
函数	函数采用 Pascal 命名法。推荐使用"动词"或者"动词 + 名词"的形式定义	void Draw(void); void SetValue(int value);

结构体类型、共用体类型、枚举类型和自定义类型	采用 Pascal 命名法。推荐使用"名词"或者"名词短语"的形式定义	struct Student{
		　　int m_num;
		　　char m_studentName[10];
		　　char m_addressName[10];
		}

成员变量	成员采用匈牙利命名法，加前缀 m_（表示成员变量），对象描述部分采用 Camel 命名法	
结构体变量、共用体变量和枚举变量	结构体变量、共用体变量和枚举变量采用 Pascal 命名法	struct Student UnderGraduate; sturct Student PostGraduate;
枚举值	枚举值采用 Pascal 命名法	enum WeekDay{Sun,Mon,…};
文件	文件采用 Pascal 命名法	

13.2　代码编写格式

C 语言对于程序的语法有严格的规定，但是对于语句的书写格式却没有任何硬性的要求。如下面的几条语句，尽管阅读起来感觉很不自然，但是只要相关的变量和常量都事先进行了定义和必要的初始化，那么这段代码就可以通过编译并且正确地运行：

```
a*=b
 +c;if(a>=
MAX_VALUE){if(b>c){x++;++y; d=x*y+a;}a=x*y+b*c;}
```

虽然程序的书写格式对于程序的语法和语义没有任何影响，但它对于阅读、理解和维护程序有着重要的作用。良好的程序书写风格可以提高程序描述的清晰程度，有助于改进和优化程序的结构。如将上面的代码改写成以下形式，程序的结构和逻辑就非常清楚了。

```
a*=b+c;
if(a>=MAX_VALUE){
    if(b>c){
        x++;
        ++y;
        d=x*y+a ;
    }
    a=x*y+b*c;
}
```

本节内容主要从表达式的组织、语句的描述形式、程序的缩进风格以及语言要素的使用习惯等方面提供一些规范化编码的方法。在程序设计的入门阶段，对于初学者来说，在编码时需要注意养成良好的编码和书写习惯，避免结构不清、格式随意的信手涂鸦。

13.2.1　清晰的表达式

表达式是 C/C++的短语结构语法，它是处理数据必不可少的功能。表达式的逻辑是否清晰，表达方式是否简洁，描述是否准确、无歧义，书写是否规范，是否对可能出现的错误做出了预防，是否可以方便地移植到开发平台以外的其他软硬件平台上，这些都是表达式规范化的基本指标。表达式逻辑清晰，书写规范，也减少了发生潜在错误的可能。

1.　表达式应保持自然语序的习惯

表达式应该符合正常的语言逻辑，慎用或不用否定之否定!（非）的逻辑表达。因为，否定之否定!（非）的表达方式远不如肯定（是）的表达方式易理解。大多数否定的逻辑可以通过逻辑取反重写。如下面的 if 语句：

```
if(!(accounts<2000)){…}
```

可以通过移除! 以及使用相反的关系运算将否定的表达式变为肯定的测试：

```
if(accounts >= 2000){…}
```

2.　用括号排除二义性

C 语言中复杂的运算符优先级和结合关系是对表达式理解产生歧义的一个重要因素。人们往往很难熟记运算符的优先级与结合关系，因此有时对表达式含义的理解有可能与编译系统理解的不一致，以致造成程序中的逻辑错误而无法察觉。如表达式 x&a==b 有可能被阅读者理解为 (x&a)==b，而实际上&的优先级低于==，原表达式等价 x&(a==b)。

为了避免这类错误的产生，应该在所有可能引起误解的地方以及对运算符的优先级和结合关系没有把握的地方使用圆括号显示地规定出表达式的运算顺序和结合方式。这样一来，不仅能够帮助阅读者更快地看清表达式的结构，还能覆盖编程人员可能并未考虑到的一些操作符优先规则，从而避免因默认的优先级与设计思想不符而导致的程序错误。

3.　避免书写复杂的表达式，慎用表达式的附加功能

C 语言灵活的语法使得编程人员在一个表达式中不但可以描述需要完成的基本功能，而且还可以描述其他可能不易察觉的附加功能。适当采用这类表达式可以使代码简练、高效。如表达式 a=i++在给变量 a 赋值的同时也改变了变量 i 的值，尽管该表达式有副作用，但副作用发生的时机是确定的，语句的执行结果也是确定的。不过这种方式的使用需要有一个适当的限度，其前提是表达式的执行结果既不取决于编译系统的求值方式，也不易引起理解上的混淆。如编程人员为了提高程序的执行效率而习惯于在程序中使用多重赋值表达式：

```
a=(i=3)+(k=i+2)+(a=i+k)
```

这类表达式不但容易引起误解，而且往往带有不易察觉的副作用——在不同的编译系统中可能产生不同的结果。因此，在描述表达式时，应尽可能使用简单、清晰的表达方式，避免为了过度追求程序的简练和效率而使用不易理解的技巧和复杂的表达式。上面的表达式可以改写成：

```
i=3; k=i+2; a=i+k;
a=i+k+a;
```

4. 多行书写长表达式时应避免表达式自动折行

如果在程序中不可避免地要书写长表达式（>80个字符），建议将表达式分成多行书写，以防止代码超出屏幕边界，影响代码的表达。假设教师奖励学生的标准：要求学生表现好并且很少缺课，至少选修过2门选修课，听过2次以上的院级专题讲座，另外这些学生还要参加3个学校社团或者参加过2项体育活动。这是一个包含长表达式的if语句，可以写成如下形式：

```
if(grade>90&&classMissed<=3&&selectedCourses<=2&&lectures>=2&&(numActs>=3|| sports
>=2))
```

或者分成多行书写：

```
if(grade>90
&&classMissed<=3
&&selectedCourses<=2
&&lectures>=2
&&(numActs>=3||sports>=2))
```

两段代码相比，前者由于表达式过长导致代码自动折行。后者在两个表达式项之间将其断开，能够更加清晰地表达出命题的逻辑。

规范化编程建议在多行书写表达式时选择在优先级较低的运算符前换行。另外，新行相对于前一行缩进排列，以便提示阅读者该行代码是前一行代码的延续。

5. 使用空格提升表达式的清晰程度

从便于阅读的角度看，在表达式中适当地使用空白符也可以提升表达式的清晰程度。规范化编程建议，对于长表达式，可以在两个以上的关键字、变量、常量进行对等操作时，在操作符的前后人为地添加一个空格，以降低表达式的"密度"。试比较下面两个表达式：

（1）a>b&&c!=d||!(e>f)&&b!=c||!(a-b)

（2）a > b && c != d || !(e > f) && b != c || !(a - b)

表达式（1）书写紧凑，密集的书写形式令人望而止步；表达式（2）在双目运算符的前后各添加一个空格，明显可以使人感觉到清晰程度的差异。

需要注意的是，添加空格产生的清晰程度是相对的，以下几种情况是不适合加空格的。

- 单目运算符与它的操作数之间应紧密相接。如-2、a++、--b、!c等。
- 括号（包括()、[]与{}）的内侧应该紧靠操作数或其他运算符，不必添加额外的空格。
- 多重括号间不必加空格。

13.2.2 语句的规范性

规范化编程的另一个要点是规范代码中语句的结构。

1. 简单语句

编写代码时，C语言允许在一行中编写多条C语句，以便节省更多的屏幕空间，使代码的整体能够一览无余。但规范化编程并不推荐这么做，经验证明一行中只编写一条语句可以使代码的结构更加清晰，同时这种书写方式有助于追踪代码的执行流程，更容易快速定位错误。

当一条语句太长，可以分成多行来编写。换行的原则与表达式换行原则相同。

一种特殊的情况，有时即便一条语句可以放在一行内（<80个字符），但是为了提高语句的可读性，也可以将语句分成多行书写。例如声明多个相同数据类型的变量，可以采用以下书写格式：

```
/*学生成绩管理程序部分变量*/
unsigned int courseLen          // 课程名的字符数
    ,nameLen                    // 姓名的字符数
,codeLen                        // 学号的字符数
,fNameLen                       // 文件名的字符数
,bufLen;                        // 缓冲区的字符数
```

这里将一条声明语句中的多个变量分别写在单独的行上，既不影响语句的表达，还便于有针对性地注释。

另外，对于二维数组和结构体数组的赋值语句采用多行书写方式更利于表达二维数组和结构体数组的确切含义和处理机制。如结构体数组 girl[2]的赋值形式如下：

```
girl[2]=
    {
        {101,"Wang ping",'F',88},
        {102,"Li ning",'F',75}
    };
```

2. 控制语句的基本结构

对于 if、case、switch、while、do 和 for 等包含条件表达式和执行动作的复合语句，在书写时应遵循换行和缩进原则。条件部分应当独占一行，其执行部分无论是简单语句还是复合语句，都应该缩进排列，并且每个语句占用一行。例如：

```
for(i=0;i<100;i++)
{
    fun1();
    fun2();
}
```

也可以采用"单括号结尾法"（One True Brace Style），它的主要特征是表示开始的括号与前面的代码在同一行中。例如：

```
for(i=0;i<100;i++){
    fun1();
    fun2();
}
```

避免出现以下这种范围层级坍塌到一行的情况。随着代码的完善与增补，这种书写形式将会使语句变得无法阅读。

```
for(i=0;i<100;i++){fun1();fun2();}
```

3. 控制条件

控制语句中条件部分的表达也是规范化编程的重要内容。在条件表达式中，如果是变量之间的比较，可以遵循表达式的一般书写规范。如果是变量与常量之间的比较，则有一些需要特别注意的地方。为了清晰地表达变量与常量比较的含义，需要针对不同的变量类型，采取适当的格式，以增加程序的可读性。如布尔变量 flag 与零值比较的 if 语句标准的书写形式为 if(flag)或 if(!flag)，整型变量 value 与零值比较的 if 语句标准的书写形式为 if(value==0)或 if(value!=0)，指针变量与零值比较的 if 语句标准的书写形式为 if(p==NULL)或 if(p!=NULL)。

4. 嵌套语句

为了保持嵌套语句的良好结构和可读性，在实际编码时，可以采用分层缩进的写法突出显示

嵌套的层次。除了良好的书写格式能够提高嵌套语句的可读性外，选择适当的算法也是提高嵌套语句可读性的重要方法。

【例 13-1】 试比较下面分支结构与循环结构相互嵌套的两段代码。

代码 13-1（a）:

```
if(condition)
{
    for(i=0;i<N;i++)
        DoSomething();
}
else
{
    for(i=0;i<N;i++)
        DoOtherthing();}
}
```

代码 13-1（b）:

```
for(i=0;i<N;i++)
{
    if(condition)
        DoSomething();
    else
        DoOtherthing();
}
```

两段代码相比，代码 13-1(a)比代码 13-1(b)少执行了 N-1 次逻辑判断，当 N 非常大时，代码 13-1(a)具有较高的执行效率。但是，如果 N 非常小，两者效率差别不明显，此时采用代码 13-1(b)的写法则比较好，因为程序更加简洁。

另外，降低代码的嵌套层次也是提高嵌套语句可读性的重要方法。

【例 13-2】 降低嵌套语句嵌套层次的例子。

代码 13-2（a）:

```
if(year%4==0)
{
    if(year%100==0)
    {
        if(year%400==0)
            leap=1;
        else
leap=0;
    }
    else
        leap=1;
}
else
    leap=0;
```

代码 13-2（b）:

```
if(year%4!=0)
{
    leap=0;
    return;
}
if(year%100!=0)
{
leap=1;
return;
}
if(year%400==0)
    leap=1;
else
    leap=0;
```

代码 13-2(a)的嵌套层次较多，程序员编写和阅读程序时，既要考虑问题的逻辑关系，又要兼顾 if 和 else、{和}的配对关系。而代码 13-2(b)将一个复杂的逻辑问题分解成三个规模较小的子问题，然后逐一采用简单的条件控制结构来实现，降低了代码编写与阅读的难度。

同样，对于嵌套在 while 和 for 循环中的类似情况，也可以采取类似的方法，只需要将上面的 return 语句改为 continue 语句就可以了。

13.2.3 缩进的书写格式

C 程序源文件类似一种大纲结构，其中的信息涉及源程序、源程序中的每个函数、函数中的每个程序块以及程序块中的程序块等。在同一源文件中多个函数之间又呈现出一种自上而下、调用依赖的顺序。这种结构中的每一个层次都圈出一个范围，为了使这种范围式的大纲结构清晰可见，我们通常依照源代码行在结构层次中的位置对源代码行做缩进处理。

所谓缩进，是通过在每一行的代码左端空出一部分长度，以便更加清晰地从外观上体现出程序的层次结构。如在同一源文件中，其顶层语句（包含常量、函数的声明、执行语句）相对于main()函数头缩进一个层次；自定义函数的函数体相对与该函数头缩进一个层次；代码块相对于其容器代码块缩进一个层次，依此类推。编程人员相当依赖这种缩进模式。这种缩进模式为源文件提供了一种自顶向下贯穿代码块的良好的信息流，使程序员从代码行左边便可知道自己当前的工作范围，从而快速跳过与当前关注无关的细节。

为了使同一级的语句保持相同的缩进量，通常可以采用 Tab 键缩进和空格键缩进两种方式。Tab 键快捷方便，但在跳格长度设置不同的编辑器中，缩进效果也不同，可能会发生格式混乱；而使用空格可以保证代码在任何编辑器下都能正确显示缩进格式，但是由于需要大量重复按键，一定程度上影响了编码的效率。目前，一些编辑器提供了 Tab 键和空格相互替换的功能，有效地解决了这个矛盾。如在 Visual Studio 开发环境中，在"选择"对话框中对 C 编辑器的代码缩进方式进行设置，如图 13-1 所示，选择"S 插入空间"模式。这样一来，就可以在书写代码时使用 Tab 键和 Shift + Tab 键来调整缩进，而 Visual Studio 会将其转换为空格保存至代码文件中。

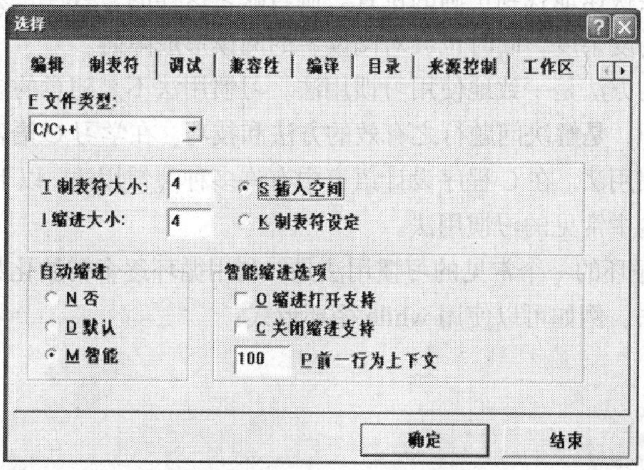

图 13-1 "选择"对话框

目前，在很多语法导向的源程序编辑工具中，一个 Tab 键相当于 8 个空格符的缩进量，而在 Visual C++的编译工具中，默认的 Tab 增量是 4 个空格符。通常使用 8 个字符缩进的代码比使用 4 个字符缩进的代码层次感更鲜明，更易于阅读，但是当嵌套层次较多时会由于缩进量过大导致代码折行。

在代码行的缩进中需要注意的另外一个要点是，缩进只影响人的阅读，并不影响编译系统对程序的理解。如果代码的缩进与编译系统对代码的解释不一致，就有可能造成编程人员对代码的误解。这种错误在条件语句的多重嵌套时容易出现。

【例 13-3】 缩进格式示例。

代码 13-3（a）：错误的缩进格式

```
if (a==b)
    if(b==c)
        printf("a==b==c");
else
    printf("a!=b");
```

代码 13-3（b）：正确的缩进格式

```
if (a==b)
{
    if(b==c)
        printf("a==b==c");
}
else
    printf("a!=b");
```

代码 13-3（a）中的 else 的缩进与第一个 if 的缩进是一致的，这表明了编程人员对代码的期望。但是根据语法，这个 else 实际与第二个 if 相匹配，显然这种缩进格式使得程序的形式和内容相矛盾。为此，应当使用大括号将外层条件语句的执行部分括起来，以保证编程人员对代码的理解与编译系统对代码的理解一致。

现在大多数集成编程环境都提供了语句嵌套时的自动缩进功能，这种功能为编程人员带来便利的同时，也带来了一些隐患，随着对代码的反复修改，编辑工具并不能总是保证缩进与嵌套层次的一致，因此在进行缩进时需要格外注意。

13.2.4　一致性和习惯用法

一致性是指程序中所有的元素风格都必须保持一致，如一致的变量与函数的命名方式、一致的换行与空行的约定、一致的缩进与加括号风格等，它是程序可读性的重要基础。一致性下的规律可以使阅读者得以举一反三，而缺乏一致性则容易让读者产生混淆、难以适从。如有些编程人员会将宏定义安排在相关的头文件中或者使用这些宏的源文件的开头部分。在这样的规律下，阅读者在浏览宏定义时会快速地找到正确的位置。倘若缺乏这样的一致性，宏定义与其他代码混杂在一起，会增加代码的复杂度，同时也会对阅读者的阅读形成障碍。

确保程序一致性的方法是一致地使用习惯用法。习惯用法不是随意的规则和处方，而是源于实际经验中得到的常识，是解决问题行之有效的方法和技巧。在学习 C 语言的过程中，一个中心问题就是熟悉它的习惯用法。在 C 程序设计语言中有许多种习惯用法。以下以 C 程序循环结构为例，介绍一些循环结构中常见的习惯用法。

在 C 程序中关于循环的一个常见的习惯用法是，利用循环逐个初始化数组中各个元素。这就有多种合法的表示方法。例如可以使用 while 循环形式：

```
i=0;
while(i<n)
    a[i++]=1;
```

也可能使用 for 循环形式：

```
for(i=0;i<n;)
    a[i++]=1;
```

或者

```
for(i=n;--i>=0;)
    a[i]=1;
```

而习惯用法是：

```
for(i=0;i<n;i++)
    a[i]=1;
```

这段代码将所有循环控制放在一个 for 循环的条件里，以递增顺序运行，并使用++的习惯形式做循环变量的更新。下标的变化范围从 0 到 $n-1$，以保证循环结束时下标变量的值是一个已知值，它刚刚超出数组里最后元素的位置。相对于 while 循环形式，for 循环形式有更紧凑的结构。而在其他的 for 循环形式中采用不同的方式计算每个元素的下标，并进行相应的赋值操作，虽然也可以实现相应的功能，但是程序的控制结构可能会稍微复杂，也不符合人的自然思维。

对于多维数据结构的处理习惯于使用多重嵌套的循环语句。对二维数组的遍历习惯于使用二重循环，三维数组的遍历使用三重循环。例如依次访问二维数组 a[2][3]的各个元素，可以借助于指针来实现：

```
int i,j, (*p)[3]=a;
for(i=0;i<2; i++)
    for(j=0;j<3;j++)
        printf("%d ", *(*(p+i)+j) );
```

也可以将二维数组 a[2][3]看作一维数组 a[2]来处理：

```
int *p;
for(p=a[0];p<a[0]+6;p++)
    printf("%d", *p );
```

而习惯用法的形式却是：

```
int i,j;
for(i=0;i<2;i++)
    for(j=0;j<3;j++)
        printf("%d ", a[i][j]));
```

与前两种方法相比，习惯用法更加简单、直观，即便初识 C 语言的人不用琢磨也能理解它。

另外，尽管 while 语句、do while 语句和 for 语句的基本功能相同，没有本质的区别。但是由于 do while 语句在循环体的最后执行条件测试，这种执行方式在许多情况下是不正确的，所以人们更习惯于使用 while 语句与 for 语句。如将语句：

```
while((c=getchar())!=EOF)
putchar(c)
```

写成如下形式：

```
do{
    c=getchar();
    putchar(c);
}while(c!=EOF);
```

由于条件测试被放在对 putchar 函数的调用之后，将使这段代码无端地多写出一个字符。只有确保循环体至少执行一次的情况下，使用 do while 语句才是正确的。

关于循环还有多种书写习惯。如无穷循环，人们习惯使用 for(;;){…}或者 while(1){…}；扫描一个链表习惯使用 for(p=list;p!=NULL;p=p->next){…}的形式；循环的书写格式也采用习惯的缩排方式等。

C 语言的习惯用法涉及程序设计时思维的缜密程度、程序结构和代码的组织方法和模式以及语言要素的书写格式等多个方面。这些内容大多是编程人员的经验总结和体会，无关程序的正确性。读者可以根据自己的经验，逐步体会其中的含义。

13.2.5 程序描述的层次

C 程序有两种类型的源文件，以.c 为后缀的源程序文件和.h 为后缀的头文件。

源程序文件的内容主要是对程序实体进行描述，包含以函数为单位的程序代码、全局变量等的定义。在源程序文件内部，对任意程序实体的描述都应遵循"自顶向下，逐步细化"的原则，通过函数对程序的执行过程从抽象到具体逐层进行描述，对程序实现的细节逐层进行分解，在每一个层面上仅描述与该层面相关的细节，使程序中不同部分的代码之间没有不必要的耦合与纠缠，使得编程人员可以比较容易地从整体到局部各自独立地保证代码实现的正确性，在程序出现故障时也可以迅速地将故障定位在可控制的范围之内。因此，规范化编程建议在源程序文件中定义函数时应遵循"先定义 main() 函数，后定义用户自定义函数；先定义主调函数，后定义被调函数"的规则。同时，为了编译系统对函数的调用及其返回值进行正确性检查，建议在 main() 函数前集中对被调函数的原型进行声明，声明时采用规范的函数原型，避免函数原型与旧式的函数说明混用。

头文件通常用来集中管理各类声明，主要包括对函数原型的说明、全局变量的声明、由 struct 或者 typedef 定义的新类型的说明，以及由编译预处理命令#define 定义的宏等说明性内容。不同于源程序文件的是，头文件仅仅是对程序实体的声明以及对类型的定义，它依附于.c 文件，并不能独立存在。在使用时，需要通过编译预处理命令#include 将其包含进一个.c 文件，构成程序的一部分。由于程序的预处理工作是在编译之前由预编译系统进行，并不受限于程序的语法与结构，其定义可以出现在使用之前的任意位置。但是，为了保持程序的良好结构和可读性，同时体现头文件的作用范围，在实际编码时，一般要将编译预处理命令置于源程序文件的开头部分。

以下列出了一个标准的源程序文件的合理布局。

- #include <C 的标准头文件>
- #include "用户自定义文件"
- #define 宏定义
- 全局变量定义
- 函数原型声明
- main 函数定义
- 用户自定义函数

13.3　文　档　注　释

13.3.1　注释

注释用于解释代码的含义，它是帮助程序读者理解程序的一种重要手段。良好的注释应该准确、简练地描述代码的意图和约束，点明程序的突出特征，或是提供一种概观，为读者指定一条正确的代码访问路线。

良好的注释应遵循以下基本原则：

（1）注释内容应该与代码含义保持同步。规范化编程建议，在书写代码的同时书写注释，修改代码的同时更新注释，避免注释与代码相互矛盾，造成读者对程序理解上的困惑。

（2）注释的语言应尽量简明，避免在注释中添加与代码无关的描述。

（3）注释应具有足够的信息量。注释应该表明代码背后的设计思想，能够解释代码实现的算法和机制，避免对代码信息的简单复述。

13.3.2　注释的书写格式

C 语言支持的注释格式有单行注释和多行注释两种形式。

单行注释以"//"开头且只在行尾结束。在 C 语言中，通常对于局部的、针对个别语句的解释采用单行注释。单行注释在书写时应与被注释的代码紧邻，可以置于行末，也可以位于代码的上方，自成一行。需要注意的是，如果单行注释自成一行时，建议注释与注释的代码保持相同的缩进风格，同时与前面的代码用空行隔开，这样不仅利于注释的阅读与理解，而且可使程序排版整齐。

多行注释以"/*"开头并以"*/"结束，可以在程序中跨越多行。对于程序整体功能、结构以及维护过程的说明，程序段落或函数功能的解释，程序结构以及算法的改变记录等内容多采用多行注释。为了突出多行注释的性质，建议多行注释采用下列格式：

```
/*
 * 这是一段很长的注释文本，以至于无法单独地将它放置在一个
 * 由"//"引导的单行注释中。
 */
```

13.3.3　注释的分类及使用

C 程序中的注释有描述性注释、功能性注释和阐释性注释三种类型。描述性注释用来描述程序的目的；功能性注释用来解释程序块的功能；阐释性注释用来阐释程序的细节。

1．描述性注释

描述性注释通常置于每个源程序的开头部分，给出源程序或者主函数的整体说明，对于理解程序本身具有引导作用。描述性注释的内容和详细程度取决于程序的目的、规模和复杂程度。对于简单的程序，注释只需说明程序编写的目的和依据，以及版权等基本信息即可。但对于一些团体合作开发的大型项目来说，描述性注释则要求尽可能地"详尽"。如对于一些复杂的函数需要详细地列出函数的名称、目的或功能、输入参数、输出参数、返回值、调用关系（函数、表）和修改记录等信息。

【例 13-4】　函数注释样例。

```
/*
 ********************************************************
 * 函数名称：// 函数名称
 * 功能描述：// 函数功能、性能等的描述
 * 被调函数：// 被本函数调用的函数清单
 * 主调函数：// 调用本函数的函数清单
 * 访问的表：// 被访问的表（此项仅对于牵扯到数据库操作的程序）
 * 修改的表：// 被修改的表（此项仅对于牵扯到数据库操作的程序）
 * 输入参数：// 输入参数说明，包括每个参数的作用、取值说明及参数间关系
 * 输出参数：// 对输出参数的说明
 * 返 回 值：// 函数返回值的说明
 * 其他说明：// 其他说明
 * 修改记录 1：日期、版本号、修改人、修改内容
 * 修改记录 2……
 ********************************************************
 */
```

2. 功能性注释

功能性注释通常内嵌在源程序中，通常在函数或者某些典型算法（分支结构、循环结构）之前说明其编码意图和逻辑。

另外，在分支结构中，如果条件表达式或者入口值比较复杂，也应该说明条件成立的含义以及每个分支的功能。下面给出了 if 语句与 switch 语句常见的注释形式。

if 语句注释形式：

```
/*说明功能*/
if(条件表达式)        /*条件成立时的含义*/
{…}
else                 /*入口条件含义*/
{…}
```

switch 语句注释形式：

```
/*…说明功能*/
switch(表达式)
{
  case  常量表达式 1:     /*该入口值的含义*/
        语句组 1;      …
…
  case  常量表达式 n:     /*该入口值的含义*/
        语句组 n;
  default:
        语句组 n+1;
}
```

对于一些典型的算法，如多分支结构、深度嵌套的条件结构或循环结构，建议在闭合的右花括号后注释该闭合所对应的起点，以便使代码的层次更加清晰。注释格式如下所示：

```
void main()
{
    if(…)
    {
        while(…)
        {
          …
        }                 /* while 语句结束*/
    …
    }                     /* if 语句结束*/
}                         /*main()函数结束*/
```

3. 阐释性注释

阐释性注释用于阐释程序的细节，用于将程序中晦涩难懂的变量名、参数名或函数名的意义翻译为某种可读的形式。在声明变量、常量、数据结构（包括数组、结构、类、枚举等）时，如果其命名不是充分自注释的，必须加以注释，阐释其物理含义。

阐释性注释使用比较灵活，可以出现在程序的任意位置，编程人员可以根据程序细节的不同而灵活使用。但在同一项目中，为了统一注释风格，通常建议将变量、常量、宏的注释放在其右方，也可以统一放在其上方紧邻位置；而对数据结构的注释应放在其上方紧邻位置，结构中每个域的注释放在此域的右方。

【例 13-5】　结构体注释格式样例。

```
// 定义与学生有关的数据结构
struct student                  // 标记为 student
{
    char num[10];               // 学号
    char name[15];              // 姓名
    int cgrade;                 // C 语言成绩
};
```

准确、简练、格式规范的注释是良好程序风格的必要组成部分。尽管注释对程序的运行不产生任何影响，但对于帮助编程人员和其他需要阅读、理解和维护程序的人具有重要的作用，是保证程序具有可读性和可维护性的重要工具。因此在学习程序设计的开始就应该养成正确使用注释的习惯。

习 题 13

1. 评论下面代码中名字和值的选择。

（1）
```
int a=1;
if(O==l)
    a=O1;
else
    l=O1;
```
（2）
```
#define TURE 0
#define FALSE 1
if((ch=getchar())==EOF)
    eof=TURE;
```

2. 分析下列语句的副作用，通过合理的方式消除副作用。

（1）将 0 赋给数组中三个相邻的元素：val[i++]=val[i++]=val[i++]=0;

（2）*x+=(*xp=(2*k<(n-m)?c[k+1]:d[k--]));

（3）if(!(c=='y'||c=='Y')) return;

（4）length=(length<BUFSIZE)?length:BUFSIZE;

（5）flag=flag?0:1;

3. 把下面的 C 程序改得更清晰些。

（1）
```
int i=1,j=0;
for(;;)
{
    if(i > n)
        break;
    j+=i++;
}
```
（2）
```
for(i=0;i++<10;x+=y)
    scanf("%lf",&y);
```
（3）
```
for(i++;i<100;a[i++]= '\0');
    *i='\0';return('\n');
```

4. 把下列程序代码段改写得更为合理。

（1）
```
while(A)
{
    if(B)
        continue;
    C;
}
```
（2）
```
do{
    if(!A) continue;
    else B;
    C;
}while(A);
```

第 14 章
学生成绩管理系统

　　C 语言是功能很强、应用面广、使用灵活的一种语言。用它不仅可以实现其他高级语言所实现的功能，而且还能调用系统的功能，实现对硬件的操作。本篇通过学生成绩管理系统的两个版本重点介绍使用 C 语言编写应用程序的方法。

　　采用 C 语言编写应用程序需要采用自顶向下逐步细化的方法，通过需求分析和总体设计把一个复杂的问题划分成若干个大模块，再将大模块化分成若干小模块（即函数），在确定程序之间的数据传递和函数之间的相互调用关系之后，可以由多人共同完成，每个人独立编制自己那部分程序，将每个人编写的程序单独存放在一个或多个文件中，进行编译（C 语言是以文件为单位进行编译），待编译通过后在将所有的源文件添加到工程中进行连接生成可执行文件。

14.1　软件设计过程

14.1.1　需求分析

　　为了开发出真正满足用户需求的软件产品，首先必须知道用户的需求。所以需求分析是指开发人员要准确理解用户的要求，进行细致的调查分析，将用户非形式的需求陈述转化为完整的需求定义，再由需求定义转化为相应的需求规格说明的过程。

　　需求分析的任务需确定系统必须完成哪些工作，也就是对目标提出完整、准确、清晰和具体的要求。因此需求分析的基本任务是回答系统必须"做什么"的问题。

　　结构化分析是面向数据流进行需求分析的方法，该方法使用简单易读的符号，根据软件内部数据传递、变换的关系，自顶向下逐层分解，描绘出满足功能要求的软件模型。

　　结构化分析方法首先了解当前系统的工作流程，获得当前系统的物理模型，其中当前系统指目前正在运行的系统，可能是需要改进的正在计算机上运行的软件系统，也可能是人工处理系统。然后抽象出当前系统的逻辑模型，物理模型反映了系统"怎样做"的具体实现，去掉物理模型中非本质的因素，抽象出本质的因素。再者建立目标系统（待开发的系统）的逻辑模型，分析、比较目标系统与当前系统逻辑上的差别，然后对"变化的部分"重新分解，分析人员根据自己的经验，采用自顶向下、逐步求精的分析策略，逐步确定变化本分的内部结构，从而建立目标系统的逻辑模型。最后作进一步补充和优化，为了完整描述目标系统，还要做一些补充：说明目标系统的人机界面以及至今尚未详细考虑的细节。

14.1.2　总体设计

经过需求分析阶段的工作，系统必须"做什么"已经清楚了，现在是决定"怎样做"的时候了。总体设计的基本目的就是回答"概括地说，系统应该如何实现？"这个问题，因此总体设计又称为概要设计。

软件总体设计的基本任务有设计软件的结构和系统的数据结构及数据库。其中设计系统的软件结构主要是确定系统由哪些模块组成、模块的功能以及这些模块相互间的关系；采用逐步细化的方法设计有效的数据结构将大大简化软件模块处理过程的设计，而数据库的设计主要是指数据存储文件的设计。

14.1.3　详细设计

详细设计阶段的根本目标是确定应该怎样具体地实现所要求的系统，也就是说经过这个阶段的设计工作，应该得出对目标系统的精确描述。这个阶段的主要任务是设计每个模块的详细算法以及模块内的数据结构的设计。

14.1.4　测试与调试

程序里存在大量的错，这是不可避免的。测试和调试常常被说成是一回事，实际上是测试阶段的不同任务。调试的目的是找到错误，是在已经知道程序有问题时要做的事情。测试则是在认为程序能工作的情况下，为发现其他问题而进行的一整套确定的系统化的实验。

14.2　学生成绩管理系统 V1

14.2.1　需求分析

学生成绩管理系统主要用于对学生的学号、姓名等信息以及各科目成绩进行增加、删除、修改、查询等操作。系统给用户提供了一个简单的人机界面，使用户可以根据提示输入操作项，调用系统提供的管理功能。本系统所具有的功能如下。

（1）信息录入：管理员根据提示输入学生的学号、姓名、各科成绩，学生的总分由系统自动计算获得。可一次性输入多条学生信息，并将数据存储在系统磁盘的文件中，以便进行管理、查找和备份。

（2）学生信息的追加：在原有的学生成绩的基础上追加新学生的相关信息并保存。

（3）学生信息的删除：提示用户输入要进行删除的学生的学号，若该学生存在，则删除该学生的相关信息，否则显示该学生不存在，并提示用户选择是否继续进行删除操作。

（4）学生信息的修改：提示用户输入要进行修改的学生的学号，若该学生存在，则修改该学生的相关信息，否则显示该学生不存在，并提示用户选择是否继续进行修改操作。

（5）学生信息的查询：该查询为按学号查询。

（6）学生成绩的浏览：按成绩总分从高到底的显示学生的相关信息。

14.2.2　总体设计

根据需求分析结果，学生成绩管理系统分为 6 个模块：初始化、添加记录、修改记录、按学号查询记录、按总分排名和显示学生记录。系统模块结构图如图 14-1 所示。

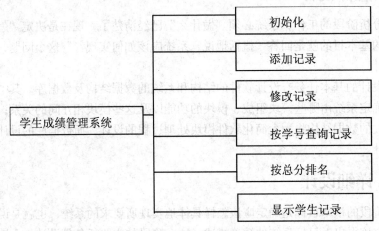

图 14-1　系统结构模块图

1．初始化创建学生成绩信息文件 creatstu.c

创建学生成绩信息文件的功能主要是提示管理员输入保存学生成绩信息记录的文件名，在磁盘上创建该文件，继续提示管理员逐条输入学生成绩信息记录，每条记录包括学号、姓名和语文、数学及英语三门成绩。其中总分由系统计算获得，计算公式为：总分=语文 +数学+英语。该功能可连续输入若干条学生记录，当输入学号为 0 时则停止输入。

2．添加学生成绩信息 addstu.c

增加学生成绩信息主要是提示管理员输入要继续增加记录的文件名，若该文件存在，则进行追加（不改变文件的原有内容），否则，根据系统管理员输入的文件名进行创建并录入。

3．删除学生成绩信息 delstu.c

删除学生成绩信息则是将学生的相应信息进行删除，若文件中没有该学生，则提示管理员没有找到或该学生不存在，让管理员选择是否继续进行操作。

4．修改学生成绩信息 modstu.c

修改学生成绩信息的功能是根据管理员输入要进行修改的学生的学号及其所在的文件名，若该学生存在，则进行修改并保存，否则，提示该学生不存在，让管理员选择是否继续进行操作。

5．按学号查询学生成绩 qstunum.c

查询学生成绩的功能是根据用户输入要查询的文件名，可选择按学号进行查询，若该学生存在，则显示该生相应的内容（学号、姓名、各科成绩等），否则，提示该生不存在，该管理员选择是否继续进行操作。

6．学生成绩浏览 printstu.c

学生成绩浏览的功能是根据用户输入要查询的文件名，以学生总分降序排列显示。

本系统在对学生成绩进行浏览、删除和修改等时，需要程序先把文件中的每条记录存放在数组中，然后对数组中的学生信息进行操作，而 C 语言的数组是静态的，并且必须在声明时指定数组的长度。因此，用符号常量 SIZE 定义数组的长度，初始值是 50，表示系统可以对 50 条记录进行处理；用符号常量 MS 定义系统中涉及的课程数，初始值为 3，表示系统中每个学生有 3 门课。当系统需要处理更多记录或更多课程时可以对这些常量进行简单修改，便于系统地维护和更新。符号常量定义如下：

```
#define SIZE 50
#define MS    3    /* 课程数 */
```

由于学生信息包含的内容较多，而且类型不一致，因此需要用结构体来保存学生信息。该结构体定义如下：

```
typedef struct
{
    char  number[20];      /* 学号 */
    char  name[20];        /* 姓名 */
    float marks[MS];       /* 各课程成绩 */
    float total;           /* 总分 */
}student;
```

本系统中所涉及的课程名称用二维数组来表示。

```
char schoolwork[MS][20]={"语文","数学","英语"};
```

14.2.3　详细设计

1. student.h 源代码

```
#include "stdio.h"
#include "stdlib.h"
#include "conio.h"
#include "string.h"
#define SIZE 50
#define MS  3
char schoolwork[MS][20]={"语文","数学","英语"};
/*结构体类型 student*/
struct    student
{    long Number;                // 学号
     char Name[20];              //姓名
     float marks[MS];            //各科成绩
     float total;                //总分
};
typedef struct student  student;
extern void CreatFile();         /*创建信息文件*/
extern void AddRecord();         /*增加学生信息*/
extern void DelRecord();         /*删除学生信息*/
extern void ModifyByNumber();    /*修改学生信息*/
extern void QueryBySeatNum();    /*按学号查询*/
extern void QueryByName();       /*按姓名查询*/
extern void SortByheji();        /*按总分查询*/
```

2. 创建学生信息文件 creatstu.c

```
#include "stdio.h"
#include "student.h"
void CreatFile()
```

```
        {
                FILE *fp=NULL;                  /*定义指向文件的指针*/
                student t;                      /*定义进行操作时存放结构体变量的*/
                char DataFile[40]="";           /*存储学生成绩信息的文件名*/
                int count=1,i;                  /*计算可输入数据的最大范围*/

                /*输入存放学生成绩信息的文件名*/
                printf("\n please input new file of score.");
                printf("\n Notice:Name of file can't exceed 8 characters.suffix can't exceed 3
characters,part of exceed will be discarded.\n");
                gets(DataFile);
                /*如果用户没有输入，则循环提示用户输入*/
                while(*DataFile==('\0'))
                {
                        printf("\n please input new file of score.");
                        printf("\n Notice:Name of file can't exceed 8 characters,suffix can't exceed
3 characters.part of exceed will be discarded.\n");
                        gets(DataFile);
                }
                /*用二进制写的方式打开文件，即创建文件*/
                fp=fopen(DataFile,"wb+");
                /*如果当前文件不存在，提示打开文件失败*/
                if (fp==NULL)
                {
                        printf("\n Open file %s fail!End with any key.\n",DataFile);
                        perror("Open file fail");
                        getch();
                        exit(1);
                }
                /*如果成功打开或创建文件，则提示输入学生学号、姓名、各科成绩等相关信息*/
                printf("input number,name and grade of english,math and chinese.number is 0 means
input is end.\n");
                printf("Number is not exceed 9 figures,Name is not exceed 20 characters,range of
grade:0.00～1000.00\n");
                /*循环从键盘上读取用户输入的学号、姓名、各科成绩等相关信息*/
                while(count<=SIZE)
                {
                        /*输入学号，如为 0 则停止输入*/
                        printf("number:");
                        scanf("%ld",&t.Number);
                        if(t.Number==0 )
                                break;
                        /*提示输入学生姓名*/
                        printf("name:");
                        scanf("%s",t.Name);
                        /*提示输入学生各科成绩*/
                        for(i=0;i<MS;i++)
                          {
                                printf("%s:",schoolwork[i]);
                                scanf("%f",&t.marks[i]);
                          }
                        /*用公式自动计算学生总成绩*/
```

```
        t.total=0;
        for(i=0;i<MS;i++)
            t.total+=t.marks[i];
        printf("\n");
        /*如遇无法写入文件的异常，则加以提示*/
        if(fwrite(&t,sizeof(student),1,fp)!=1)
        {
            printf("\nwrite file %s fail!End with any key\n",DataFile);
            perror("Write file fail ");
            getch();
            exit(1);
        }
        count++;
    }
    /*如果输入的数据量超过最大允许的范围，则提示数据不能录入*/
    if (count>SIZE)
        printf("\nsorry,number of data can not exceed%d\n",SIZE);
    fclose(fp);
    /*在屏幕上显示文件内容*/
    printf("The data you input is store successful %s in file.\n",DataFile);
    printf("Content as follow:\n");
    fp=fopen(DataFile,"rb");
    if (fp == NULL)
    {
        printf("\nOpen file%sfail!End with any key \n",DataFile);
        perror("Open file fail");
        getch();
        exit(1);
    }
    printf("\nnumber\tname\t");
    for(i=0;i<MS;i++)
        printf("%s\t",schoolwork[i]);
    printf("heji\n");
    while(fread(&t,sizeof(student),1,fp) != (int)NULL)
    {
        printf("\n%ld\t%s\t",t.Number,t.Name);
        for(i=0;i<MS;i++)
            printf("%4.1f\t",t.marks[i]);
        printf("%4.1f\n",t.total);
    }
    fclose(fp);
}
```

3. 添加学生信息记录 addstu.c

```
#include "stdio.h"
#include "student.h"
void AddRecord()
{
    FILE *fp=NULL;                  /*定义指向文件的指针*/
    student t;                      /*定义进行操作时的临时结构体变量*/
    char DataFile[40]="";           /* DataFile 为存储学生信息的文件名*/
    int count=1,i;                  /*count 计算可输入数据的最大范围*/
```

```
                /*输入要添加学生信息的文件名*/
                printf("\n please input the file name which you will add recored to.");
                printf("\n Notice:Name of file can't exceed 8 characters.suffix can't exceed 3
        characters,part of exceed will be discarded.\n");
                gets(DataFile);
                /*如果用户没有输入，则循环提示用户输入*/
                while(*DataFile==('\0'))
                {
                    printf("\n please input new file name to store data,end with enter.");
                    printf("\n Notice:Name of file can't exceed 8 characters,suffix can't exceed
        3 characters.part of exceed will be discarded.\n");
                    gets(DataFile);
                }
                fp=fopen(DataFile,"a+");  /*a+:当文件存在时追加，当文件不存在时创建*/
                /*如果当前文件不存在，提示打开文件失败*/
                if(fp==NULL)
                {
                    printf("\n Open file %s fail!End with any key.\n",DataFile);
                    perror("Open file fail");
                    getch();
                    exit(1);
                }
                /*如果成功打开或创建文件，则提示输入学生学号、姓名、各科成绩等相关信息*/
                printf("input number,name and grade of english,math and chinese.number is 0 means
                        input is end.\n");
                printf("Number is not exceed 9 figures,Name is not exceed 20 characters,range of
                        grade:0.00~1000.00\n");
                /*循环从键盘上读取用户输入的学号、姓名、各科成绩等相关信息*/
                while(count<=SIZE)
                {
                    /*输入学号，如为 0 则停止输入*/
                    printf("number:");
                    scanf("%ld",&t.Number);
                    if(t.Number==0)
                        break;
                    /*提示输入学生姓名*/
                    printf("name:");
                    scanf("%s",t.Name);
                    /*提示输入学生各科成绩*/
                    for(i=0;i<MS;i++)
                     {
                        printf("%s:",schoolwork[i]);
                        scanf("%f",&t.marks[i]);
                     }
                    /*用公式自动计算学生总成绩*/
                    t.total=0;
                    for(i=0;i<MS;i++)
                      t.total+=t.marks[i];
                    printf("\n");
                    /*如遇无法写入文件的异常，则加以提示*/
                    if(fwrite(&t,sizeof(student),1,fp)!=1)
                    {
```

```
        printf("\nwrite file %s fail!End with any key\n",DataFile);
        perror("Write file fail ");
        getch();
        exit(1);
    }
    count++;
}
```
/*如果输入的数据量超过最大允许的范围，则提示数据不能录入*/
```
if(count>SIZE)
    printf("\nsorry,number of data can not exceed%d\n",SIZE);
fclose(fp);
```
/*在屏幕上显示文件内容*/
```
printf("The data you input is store successful %s in file.\n",DataFile);
printf("Content as follow:\n");
fp=fopen(DataFile,"rb");
if(fp==NULL)
{
    printf("\nOpen file%sfail!End with any key \n",DataFile);
    perror("Open file fail");
    getch();
    exit(1);
}
printf("\nnumber\tname\t");
for(i=0;i<MS;i++)
    printf("%s\t",schoolwork[i]);
printf("heji\n");
while(fread(&t,sizeof(student),1,fp)!= (int)NULL)
{
    printf("\n%ld\t%s\t",t.Number,t.Name);
    for(i=0;i<MS;i++)
      printf("%4.1f\t",t.marks[i]);
    printf("%4.1f\n",t.total);
}
fclose(fp);
}
```

4. 删除学生信息记录 deletestu.c

```
#include "stdio.h"
#include "student.h"
void DelRecord()
{
    int i,j,k;
    long delnum;        /*存放教师输入的要删除学生学号*/
    student TmpS;        /*定义进行操作时的临时结构体变量*/
    student s[SIZE];     /*SIZE 为在 student.h 头文件中定义的常量，值为 100*/
    int recNumber;       /*原文件中的记录数*/
    char DataFile[40]="",next;
    /*DataFile 为存储学生信息的文件名，next 为是否进行下一次删除操作的选项*/
    FILE *fp;/*fp 指针指向存储数据的文件名*/

    printf("\nplease input the name of file where data is stored,end with enter key.\n");
    gets(DataFile);
```

```
        /*提示教师输入要进行删除记录的文件名*/
        while(*DataFile=='\0')
        {
            printf("\nplease input the name of file where data is stored,end with enter
key.\n");
            gets(DataFile);
        }
    begin:
        /*以二进制读的方式打开文件*/
        fp=fopen(DataFile,"rb");
        if(fp==NULL)
        {
            printf("\nOpen file %s fail!End with any key\n",DataFile);
            perror("Open file fail");
            getch();
            exit(1);
        }
        /*输入要删除的学生学号*/
        printf("please input the Employee'seatnum which you will delete:");
        scanf("%ld",&delnum);
        printf("the student you will delete is:%ld\n",delnum);
    /*将文件中的信息存入结构体数组*/
    /*与要删除的学生学号相匹配的项不写入数组,
    循环后数组中即为去掉了要删除记录后的剩余记录*/
    recNumber=0;
    while((fread(&TmpS,sizeof(student),1,fp))!= (int)NULL)
    {
        if(TmpS.Number!=delnum)
        {
            s[recNumber].Number = TmpS.Number;
            strcpy(s[recNumber].Name, TmpS.Name);
            s[recNumber].chinesescore = TmpS.chinesescore;
            s[recNumber].mathscore = TmpS.mathscore;
            s[recNumber].heji = TmpS.heji;
            recNumber++;
        }
    }
    fclose(fp);
        /*将删除后的剩余结构体记录写入文件*/
        fp=fopen(DataFile,"wb+");
        if(fp==NULL)
        {
            printf("\nSet up file %sfail !end with anykey.\n",DataFile);
            perror("Set up fail");
            getch();
            exit(1);
        }
        for(i=0; i<recNumber; i++)
        {
            if(fwrite(&s[i],sizeof(student),1,fp)!=1)
            {
                printf("\nWrite file %s fail!end with anykey.\n",DataFile);
                perror("Write file fail!");
                    getch();
```

```
                        exit(1);
                    }
                }
            fclose(fp);
/*显示删除后的文件*/
        fp=fopen(DataFile,"rb");
        if(fp==NULL)
        {
            printf("\nOpen file%sfail!End with any key \n",DataFile);
            perror("Open file fail");
            getch();
            exit(1);
        }
        printf("the file after delete is:\n");
        printf("\nNumber\tName\tchinesescore\tmathscore\tzongfen\n");
        while(fread(&TmpS,sizeof(student),1,fp)!=(int)NULL)
        {
            if(TmpS.Number!=0)
                printf("\n%ld\t%s\%4.1f\t%4.1f\t%4.1f\n",TmpS.Number,TmpS.Name,TmpS.
                chinesescore, TmpS.mathscore,TmpS.heji);
        }
        fclose(fp);
        printf("\nGo on ?(y/n)");
        next=getche();
        putchar('\n');
        if(next=='y'||next=='Y') goto begin;
}
```

5. 修改学生信息 modstu.c

```
#include "stdio.h"
#include "student.h"
void ModifyByNumber()
{
    int i;
    long modnum;           /*存储管理员输入的要修改的学生学号*/
    student modt;          /*输入各项修改后信息*/
    student t;             /*定义进行操作时的临时结构体变量*/
    student s[SIZE];       /*SIZE 为在 student.h 头文件中定义的常量，值为 50*/
    int recNumber;
    char DataFile[40]="",next;
    /*DataFile 为存储学生信息的文件名，next 为是否进行下一次删除操作的选项*/
    FILE *fp;              /*fp 指针指向存储数据的文件名*/

    /*提示管理员输入要修改记录的文件名*/
    printf("\nplease input the name of file where data is stored,end with enter key.\n");
    gets(DataFile);
    /*提示教师输入要修改记录的文件名*/
    while(*DataFile==('\0'))
    {
        printf("\nplease input the name of file where data is stored,end with enter
key.\n");
        gets(DataFile);
```

```
    }
begin:
    /*以读的方式打开文件，如果文件不存在，提示错误*/
    fp=fopen(DataFile,"rb");
    if(fp==NULL)
    {
        printf("\nOpen file %s fail!End with any key\n",DataFile);
        perror("Open file fail");
        getch();
        exit(1);
    }
    printf("please input the Employee'seatnum which you will modify:");
    scanf("%ld",&modnum);
    printf("the student you will delete is:%ld\n",modnum);
    /*输入要修改记录的各项内容值*/
    modt.Number=modnum;
    printf("name:");
    scanf("%s",modt.Name);
    for(i=0;i<MS;i++)
    {
        printf("%s:",schoolwork[i]);
        scanf("%f",&modt.marks[i]);
    }
    /*用公式自动计算学生总分*/
    modt.total=0;
    for(i=0;i<MS;i++)
        modt.total+=modt.marks[i];
    /*将文件中要修改的信息存入结构体数组*/
    recNumber=0;
    /*循环将文件数据读入结构体数组，如果文件中的学生学号和要修改的学生学号不符，则原样写入数组，如果文件
中数据的学生学号和要修改学生学号匹配，则根据管理员输入的各项修改内容重新赋值（即修改），并写入数组*/
    while((fread(&t,sizeof(student),1,fp))!= (int)NULL)
    {
        if(t.Number!=modnum)
        {
            s[recNumber]=t;
            recNumber++;
        }
        else
        {
            s[recNumber]=modt;
            recNumber++;
        }
    }
    fclose(fp);
    /*将修改后的结构体数组记录写入文件*/
    fp=fopen(DataFile,"wb+");
    if (fp == NULL)
    {
        printf("\nSet up file %sfail !end with anykey.\n",DataFile);
        perror("Set up fail");
        getch();
        exit(1);
```

```
        }
        for(i=0;i<recNumber;i++)
        {
            if(fwrite(&s[i],sizeof(student),1,fp)!=1)
            {
                printf("\nWrite file %s fail!end with anykey.\n",DataFile);
                perror("Write file fail!");
                getch();
                exit(1);
            }
        }
        fclose(fp);
        /*显示修改后的文件*/
        fp=fopen(DataFile,"rb");
        if (fp == NULL)
        {
            printf("\nOpen file%sfail!End with any key \n",DataFile);
            perror("Open file fail");
            getch();
            exit(1);
        }
        printf("the file after modify is:\n");
        printf("\nnumber \t\tname\t");
        for(i=0;i<MS;i++)
          printf("%s\t",schoolwork[i]);
        printf("heji\n");
        while(fread(&t,sizeof(student),1,fp)!= (int)NULL)
        {
            if(t.Number!=0)
            {
              printf("\n%ld\t%s\t",t.Number,t.Name);
              for(i=0;i<MS;i++)
                printf("%4.1f\t",t.marks[i]);
              printf("%4.1f\n",t.total);
            }
        }
        fclose(fp);
/*提示是否进行下一次修改*/
        printf("\nGo on ?(y/n)");
        next=getche();
        putchar('\n');
        if ( next =='y'||next=='Y') goto begin;
}
```

6. 按学号查询学生成绩信息 qstunum.c

```
#include "stdio.h"
#include "student.h"
void QueryByNum ()
{
    int flag=0;        /*  "flag=1"说明查询成功, 反之查找失败*/
    student t;         /*定义进行操作时的临时结构体变量*/
    long num;          /*管理员输入要查询的学生学号*/
    char DataFile[40]="",next;
    /*DataFile 为存储学生信息的文件名, next 为是否进行下一次删除操作的选项*/
```

```
    FILE *fp;              /*fp 指针指向存储数据的文件名*/
    int i;

    /*提示管理员输入要查询的文件名*/
    printf("\nplease input the name of file where data is stored,end with enter key.\n");
    gets(DataFile);
    /*提示教师输入要查询的文件名*/
    while(*DataFile==('\0'))
    {
        printf("\nplease input the name of file where data is stored,end with enter
key.\n");
        gets(DataFile);
    }
    /*提示教师输入要查询的学生学号*/
begin:
    result=0;
    printf("Please input the Employee'seatnum which needs look up,end with enter
key.\n");
    scanf("%ld",&num);
    fp=fopen(DataFile,"r");             /*以读方式打开文件*/
    if(fp==NULL)
    {
        printf("\nOpen file%sfail!End with any key.\n",DataFile);
        perror("Open file fail");
        getch();
        exit(1);
    }
    /*循环查找和输入学号相匹配的学生信息，如果查找到，则输出结果*/
    while(feof(fp)==0)
    {
        if(fread(&t,sizeof(student),1,fp) != (int)NULL)
        {
            if(t.Number==num)
            {
                printf("\n Find:)\n");
                printf("\nnumber:%ld   name:%s ",t.Number,t.Name);
                for(i=0;i<MS;i++)
                        printf("%s:%5.2f",schoolwork[i],t.marks[i]);
                printf("heji:%5.2f\n" t.total);
                flag=1; /* "flag=1" 说明找到了该学生的对应信息*/
            }
        }
    }
    fclose(fp);
    /*提示管理员已查到结果并询问是否继续查找*/
    if(result==0)
    {
        printf("There is not data of this student in the file!");
    }
    printf("\nGo on?(y/n)");
    next=getche();
    putchar('\n');
    if(next=='y'||next=='Y') goto begin;
```

```
}
```

7. 学生信息浏览 printstu.c

```c
#include "stdio.h"
#include "student.h"
void SortByprint()
 {
        int i,j,k;
        student TmpS,t;              /*定义进行操作时的临时结构体变量*/
        student s[SIZE];             /*SIZE 为在 student.h 头文件中定义的常量，值为 100 */
        int recNumber=0;
        char DataFile[40]="";        /*DataFile 为存储学生成绩信息的文件名*/
        FILE *fp;                    /*fp 指针指向存储数据的文件名*/

    /*提示用户输入要进行排序的文件名*/
    printf("\nplease input the name of file where data is stored,end with enter
key.\n");
        gets(DataFile);
    /*提示用户输入要进行排序的文件名*/
    while(*DataFile==('\0'))
    {
        printf("\nplease input the name of file where data is stored,end with enter
key.\n");
        gets(DataFile);
    }
    /*以读的方式打开文件，如果文件不存在，提示错误*/
    fp=fopen(DataFile,"rb");
    if(fp==NULL)
    {
        printf("\nOpen file %s fail!End with any key\n",DataFile);
        perror("Open file fail");
        getch();
        exit(1);
    }
    /*将文件中要排序的信息存入结构体数组*/
    while((fread(&TmpS,sizeof(student),1,fp))!= (int)NULL)
    {
        s[recNumber].Number=TmpS.Number;
        strcpy(s[recNumber].Name,TmpS.Name);
        for(i=0;i<MS;i++)
            s[recNumber].[i]=TmpS.[i];
        s[recNumber].total=TmpS.total;
        recNumber++;
    }
    fclose(fp);
    /*如果文件中有记录，则将各条记录按总成绩值排序*/
    if(recNumber>1)
    {
        /*用选择排序法按总成绩排序*/
        for(i=0;i<recNumber-1;i++)
            for(j=i+1;j<recNumber;j++)
                if(s[i].total <s[j].total)
                    {
```

```
                    TmpS=s[i];
                    s[i]=s[j];
                    s[j]=TmpS;
                }
        /*将排序好的结构体记录写入文件*/
        fp=fopen(DataFile,"wb+");
        if(fp==NULL)
        {
            printf("\nSet up file %sfail !end with anykey.\n",DataFile);
            perror("Set up fail");
            getch();
            exit(1);
        }
        for(i=0;i<recNumber;i++)
        {
            if(fwrite(&s[i],sizeof(student),1,fp)!=1)
            {
                printf("\nWrite file %s fail!end with anykey.\n",DataFile);
                perror("Write file fail!");
                    getch();
                    exit(1);
            }
        }
        fclose(fp);
    }
    /*显示排序后的文件*/
    printf("the Student's Score in file %s is as flow:.\n",DataFile);
    fp=fopen(DataFile,"rb");
    if(fp==NULL)
    {
        printf("\nOpen file%sfail!End with any key \n",DataFile);
        perror("Open file fail");
        getch();
        exit(1);
    }
    printf("\nnumber \t\tname\t");
    for(i=0;i<MS;i++)
      printf("%s\t",schoolwork[i]);
    printf("heji\n");
    while(fread(&t,sizeof(student),1,fp) != (int)NULL)
    {
        printf("\n%ld\t%s\t",t.Number,t.Name);
        for(i=0;i<MS;i++)
            printf("%4.1f\t",t.marks[i]);
        printf("% 4.1f\n",t.total);
    }
    fclose(fp);
}
```

14.3　学生成绩管理系统 V2

14.3.1　功能分析

在学生成绩管理系统 V1 中，系统分为 6 个模块：初始化、添加记录、修改记录、按学号查询记录、按总分排名和显示学生记录。从功能上系统存在一些缺点，比如系统没有安全验证、也没有权限分工，任何人均可以对学生记录进行增、删、改。因此在学生成绩管理系统 V2 中，不仅增加对使用该系统的用户进行登录名和密码的管理，还将系统用户分为教师和学生两类用户，教师需要对系统进行初始化以及对学生记录的增、删、改，学生仅能查询和浏览。

学生成绩管理系统 V2 是运行于 Windows 系统下的应用软件，不仅为学校的教师和学生提供了管理和查询的平台，而且还给用户提供了一个简单友好的用户接口。本系统所具有的功能如下。

（1）用户登录：根据用户输入的用户名和密码判断是否允许该用户使用本系统，并且当用户登录后根据用户权限判断用户可以使用哪些功能。本系统有管理员和学生两种权限，管理员（一般是教师）可以对数据进行修改，而学生只有浏览等权限而不能进行实质性改动。

（2）系统主控平台：系统根据不同权限的用户提供不同的功能。系统主控平台根据用户权限只列出在用户权限范围内的功能供用户选择。系统主控平台包括输入功能选项、调用相应的程序两个需求。管理员和学生对应的系统主控平台是不同的，所能进行的操作也不相同。

（3）信息录入：管理员根据提示输入学生的学号、姓名、各科成绩，学生的总分由系统自动计算获得。可一次性输入多条学生信息，并将数据存储在系统磁盘的文件中，以便进行管理、查找和备份。

（4）学生信息的追加：在原有的学生成绩的基础上追加新学生的相关信息并保存。

（5）学生信息的删除：提示用户输入要进行删除的学生的学号，若该学生存在，则删除该学生的相关信息，否则显示该学生不存在，并提示用户选择是否继续进行删除操作。

（6）学生信息的修改：提示用户输入要进行修改的学生的学号，若该学生存在，则修改该学生的相关信息，否则显示该学生不存在，并提示用户选择是否继续进行修改操作。

（7）学生信息的查询：该查询分为按姓名查询和按学号查询。

（8）学生成绩的浏览：按成绩总分从高到底的显示学生的相关信息。

（9）管理员管理：管理员对用户的创建、增加、删除、修改和浏览。系统的用户存储在名为 yonghu 的文件中。当用户登录时，系统对用户输入的信息会根据文件中的用户名和密码进行核实判断，用户方能顺利登录。

14.3.2　总体设计

根据需求分析结果，学生成绩管理系统分为 4 个模块：安全验证模块、学生成绩管理模块、系统管理模块和系统主控平台。系统模块结构图如图 14-2 所示。

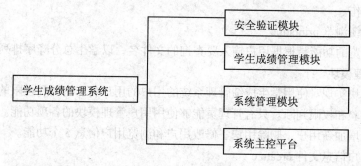

图 14-2　系统结构模块图

1. 安全验证模块

在安全验证模块中需要两个文件，一个是有关用户的头文件 user.h 文件，在该文件中主要说明用户的结构体类型以及需要使用的符号常量；另一个文件是有关用户登录的 login.c 文件，login.c 文件的主要功能是，提示用户输入用户名和密码，调用文件（yonghu）中存储的用户信息进行验证，当用户名和密码匹配时，才允许用户使用该系统。用户登录系统时，根据用户信息文件中的权限设置判定用户能够使用的系统功能。

2. 学生成绩管理模块

当用户成功登录后，根据用户权限的不同调用学生成绩管理模块中的部分或全部子功能。学生成绩管理模块的主要功能包括创建学生成绩信息文件、增加学生成绩信息、删除学生成绩信息、修改学生成绩信息、查询学生成绩和学生成绩浏览。因此该模块中需要 7 个文件。

（1）创建学生成绩信息文件 creatstu.c

创建学生成绩信息文件的功能主要是提示管理员输入保存学生成绩信息记录的文件名，在磁盘上创建该文件，继续提示管理员逐条输入学生成绩信息记录，每条记录包括学号、姓名和语文、数学及英语三门成绩。其中总分由系统计算获得，计算公式为：总分=语文 +数学+英语。该功能可连续输入若干条学生记录，当输入学号为 0 时则停止输入。

（2）增加学生成绩信息 addstu.c

增加学生成绩信息主要是提示管理员输入要继续增加记录的文件名，若该文件存在，则进行追加（不改变文件的原有内容），否则，根据系统管理员输入的文件名进行创建并录入。

（3）删除学生成绩信息 delstu.c

删除学生成绩信息则是将学生的相应信息进行删除，若文件中没有该学生，则提示管理员没有找到或该学生不存在，让管理员选择是否继续进行操作。

（4）修改学生成绩信息 modstu.c

修改学生成绩信息的功能是根据管理员输入要进行修改的学生的学号及其所在的文件名，若该学生存在，则进行修改并保存，否则，提示该学生不存在，让管理员选择是否继续进行操作。

（5）按姓名查询学生成绩 qstuname.c

查询学生成绩的功能是根据用户输入要查询的文件名和要查询的学生姓名进行查询，若该学生存在，则显示该生相应的内容（学号、姓名、各科成绩等），否则，提示该生不存在，让管理员选择是否继续进行操作。

（6）按学号查询学生成绩 qstunum.c

查询学生成绩的功能是根据用户输入要查询的文件名，可选择按学号进行查询，若该学生存在，则显示该生相应的内容（学号、姓名、各科成绩等），否则，提示该生不存在，该管理员选择是否继续进行操作。

（7）学生成绩浏览 printstu.c

学生成绩浏览的功能是根据用户输入要查询的文件名，以学生总分降序排列显示。

3. 系统管理模块

系统管理模块实现对使用学生成绩管理系统的用户的用户名、密码和权限的管理，以便用户登录模块进行校验和权限判断。只有管理员能够使用用户管理模块的各项功能。该模块包括创建用户信息文件、增加新用户、删除用户、修改用户和浏览用户信息 5 个功能。

（1）创建用户信息文件 creatu.c

创建用户信息文件的功能是创建保存系统用户的各项信息的文件（yonghu），以便用户登录模块校验判断。

（2）增加新用户 addu.c

增加新用户的功能是将新用户的用户名、密码、权限等各项信息追加到 yonghu 文件中。

（3）删除用户 delu.c

删除用户的功能是将系统员输入的用户学号从 yonghu 文件中删除，从此，该用户就无法登录系统。

（4）修改用户 modu.c

修改用户的功能是由系统管理员修改用户的相关信息并保存到 yonghu 文件中。

（5）浏览用户信息 printuser.c

浏览用户信息是将 yonghu 文件中存在的用户按用户学号排序显示。

4. 系统主控平台

系统主控平台是获取用户输入的功能选项调用相应的功能界面，以便给用户和系统管理员提供不同的主控平台。admin.c 是管理员系统平台。guest.c 是学生系统平台。

系统流程图如图 14-3。

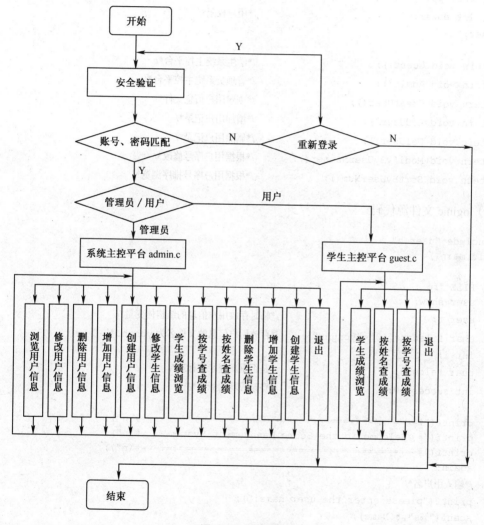

图 14-3　系统流程图

14.3.3　详细设计

由于篇幅有限，本节中仅对增加的模块进行介绍。

1. 安全验证模块

（1）user.h 文件源代码

```c
#include "stdio.h"
#include <stdlib.h>
#include <conio.h>
#include <string.h>
#define SIZE 100
/*结构体类型user*/
typedef struct
{
    long Number;                          /*用户序号*/
    char Name[20];                        /*用户名称*/
    char ps[8];                           /*用户密码*/
    int power;                            /*用户权限*/
}user;

extern void Guest();                      /*学生系统主控平台*/
extern void Admin();                      /*管理员系统主控平台*/
extern void CreatUser();                  /*创建用户信息文件*/
extern void AddUser();                    /*增加用户记录*/
extern void DelUser();                    /*删除用户记录*/
extern void ModifyByUserNumber();         /*根据用户序号修改*/
extern void SortByUserNum();              /*根据用户序号排序浏览*/
```

（2）login.c 文件源代码

```c
#include "user.h"
void main()
{
    FILE *fp ;
    user show;
    user t;                               /*临时存放用户信息的结构体变量*/
    char filename[40]="yonghu";           /*存放用户信息的文件名为yonghu*/
    int i;
    char relogin;                         /*是否重新登录的标志*/
    int success=0;                        /*登录成功的标志*/

    printf("#======================================#\n");
    printf("#  Welcome to the Score Management System!  #\n");
    printf("#======================================#\n");
again:
/*输入用户名*/
    printf("please enter the user name:");
    scanf("%s",t.Name);
/*输入密码, 用不带回显的方式保证安全性*/
    printf("password=");
    for(i=0;i<6;i++)
    {
        t.ps[i]=getch();
```

```
}
t.ps[6]='\0';
/*printf("\nname:%s  password:%s\n",t.Name,t.ps);*/
/*打开 yonghu 文件，用来验证用户名和密码*/
fp=fopen(filename,"rb");
if(fp==NULL)
{
    printf("\nOpen file%sfail!End with any key \n",filename);
    perror("Open file fail");
    getch();
    exit(1);
}


/*循环读取文件校验用户名和密码是否正确*/
while(fread(&show,sizeof(user),1,fp) != (int)NULL)
{
    /*如果通过验证，则将 success 成功登录标记设为 1*/
    if((strcmp(t.Name,show.Name)==0)&&(strcmp(t.ps,show.ps)==0))
    {
      printf("\nlogin successful!\n");

      success=1;
      /*判断权限，如果 power 的值为 1，则是管理员，
      并调用管理员功能选择界面*/
      if(show.power==1)
      {
          printf("\nyour power is administrator!\n");
          Admin();
      }
      /*判断权限，如果 power 的值为 0，则是学生，
      并调用学生功能选择界面*/
      if(show.power==0)
      {
          printf("\nyour power is user!\n");
          Guest();
      }
    }
}
/*如果未能成功登录，让用户选择重新登录或退出*/
if(success==0)
    {
        getchar();
        printf("\nerror user name or password!input again?(y/n)");
        scanf("%c",&relogin);
        if((relogin=='Y')||(relogin=='y'))
        {
            printf("you choose input again:\n");
            goto again;
        }
        else
        {
            printf("end program");
            getch();
```

```
                    exit(0);
                }
            }
        }
```

2. 系统主控平台

（1）管理员系统平台 admin.c

源代码如下：

```c
#include "student.h"
void Admin()
{
    int choice=0;  /*存放用户选项的变量*/

    /*功能及操作的界面提示*/
    while(1)
    {
    printf("+-----------------------------------------------------+\n");
    printf("| Welcome to Score Management System                  |\n");
    printf("|-----------------------------------------          -|\n");
    printf("|     1. Init file to store student score             |\n");
    printf("|     2. AddScoreRecord()                             |\n");
    printf("|     3. DelScoreRecord()                             |\n");
    printf("|     4. QueryScoreByName()                           |\n");
    printf("|     5. QueryScoreBySeatNum()                        |\n");
    printf("|     6. ModifyScoreByNumber()                        |\n");
    printf("|     7. SortByScore()                                |\n");
    printf("+++++++++++++++++++++++++++++++++++++++++++++++++++++++\n");
    printf("|          System User Management                     |\n");
    printf("|          11.CreatNewUserFile()                      |\n");
    printf("|          12.AddUser()                               |\n");
    printf("|          13.DelUser()                               |\n");
    printf("|          14.ModifyUser()                            |\n");
    printf("|          15.SortByUserNum()                         |\n");
    printf("+++++++++++++++++++++++++++++++++++++++++++++++++++++++\n");
    printf("|          0. End Program                             |\n");
    printf("-----------------------------------------------------\n");
    printf("# Please Input Your Choose                          #\n");
    printf("# number 1~7 to Manage the Student's Score          #\n");
    printf("# number 11,12,13,14,15 to Manage the System User   #\n");
    printf("# number 0 to Exit the System                       #\n");
    printf("-----------------------------------------------------\n");
    scanf("%d",&choice);
    getchar();
    /*根据用户选项调用相应函数*/
    switch(choice)
    {
        case 1: CreatFile(); break;
        case 2: AddRecord(); break;
        case 3: DelRecord(); break;
        case 4: QueryByName(); break;
        case 5: QueryBySeatNum();break;
        case 6: ModifyByNumber(); break;
        case 7: SortByheji(); break;
```

```
                case 11:CreatUser(); break;
                case 12: AddUser(); break;
                case 13: DelUser(); break;
                case 14: ModifyByUserNumber(); break;
                case 15: SortByUserNum(); break;
                case 0:  exit(0);
                default: break;
            }
        }
    }
```

（2）学生系统平台 guest.c

请对照管理员平台 admin.c 编写代码。

3. 用户管理模块

由于篇幅有限本节只给出增加用户信息文件的代码，创建用户信息、删除用户、修改用户以及用户信息浏览文件请参照学生管理模块相关文件进行编写。

增加用户信息记录文件 adduser.c 代码如下：

```c
#include "stdio.h"
#include "user.h"
void AddUser()
{
    FILE *fp=NULL;
    user Show;
    user TmpS;
    char DataFile[40]="yonghu";          /*存储用户信息文件名*/
    int count=1;                          /*计算可输入数据的最大范围*/
    fp=fopen(DataFile,"ab+");             /*ab+:当文件存在时追加，当文件不存在时创建*/

    /*如果当前文件不存在，提示打开文件失败*/
    if(fp==NULL)
    {
        printf("\n Open file %s fail!End with any key.\n",DataFile);
        perror("Open file fail");

        getch();
        exit(1);
    }
    /*如果成功打开文件，则提示输入用户相关信息*/
    printf("input number,name and salary.number is 0 means input is end.\n");
    printf("Number is not exceed 9 figures,Name is not exceed 20 characters,range of
grade:0.00～1000.00\n");
    /*循环从键盘上读取用户输入的用户相关信息*/
    while(count <= SIZE)
    {
        printf("\n input 'number =0' means end input.\n");
        printf("number=");
        scanf("%ld",&TmpS.Number);
        if(TmpS.Number == 0 )
            break;
        printf("name=");
        scanf("%s",TmpS.Name);
```

```
        getchar();
        printf("ps=");
        scanf("%s",TmpS.ps);
        printf("ps is:%s",TmpS.ps);
        printf("power=");
        scanf("%d",&TmpS.power);
        printf("\n");
        /*如遇无法写入文件的异常，则加以提示*/
        if(fwrite(&TmpS,sizeof(user),1,fp)!=1)
        {
            printf("\nwrite file %s fail!End with any key\n",DataFile);
            perror("Write file fail ");
            getch();
            exit(1);
        }
        count++;
    }
    /*如果输入的数据量超过最大允许的范围，则提示数据不能录入*/
    if(count>SIZE)
        printf("\nsorry,number of data can not exceed%d\n",SIZE);
    fclose(fp);
    /*在屏幕上显示文件内容*/
    printf("The data you input is store successful %s in file.\n",DataFile);
    printf("Content as follow:\n");
    fp=fopen(DataFile,"rb");
    if(fp==NULL)
    {
        printf("\nOpen file%sfail!End with any key. \n",DataFile);
        perror("Open file fail");
        getch();
        exit(1);
    }
    printf("\nNumber\t\tName\tps\tpower\n");
    while(fread(&Show,sizeof(user),1,fp) != (int)NULL)
    {
        printf("\n%ld\t%s\t%s\t%d\n",Show.Number,Show.Name,Show.ps,Show.power);
    }
    fclose(fp);
}
```

ASCⅡ值	字符	控制字符	ASCⅡ值	字符	ASCⅡ值	字符	ASCⅡ值	字符	ASCⅡ值	字符	ASCⅡ值	字符	ASCⅡ值	字符	ASCⅡ值	字符
000	(null)	NUL	032	(space)	064	@	096	`	128	Ç	160	á	192	∟	224	α
001	☺	SOH	033	!	065	A	097	a	129	ü	161	í	193	┴	225	β
002	●	STX	034	"	066	B	098	b	130	é	162	ó	194	┬	226	Γ
003	▶	ETX	035	#	067	C	099	c	131	â	163	ú	195	├	227	π
004	♦	EOT	036	$	068	D	100	d	132	ä	164	ñ	196	─	228	Σ
005	♣	END	037	%	069	E	101	e	133	à	165	Ñ	197	┼	229	σ
006	♠	ACK	038	&	070	F	102	f	134	å	166	ª	198	╞	230	μ
007	(beep)	BEL	039	'	071	G	103	g	135	ç	167	º	199	╟	231	τ
008	■	BS	040	(	072	H	104	h	136	ê	168	¿	200	╚	232	Φ
009	(tab)	HT	041	)	073	I	105	i	137	ë	169	⌐	201	╔	233	θ
010	(line feed)	LF	042	*	074	J	106	j	138	è	170	¬	202	╩	234	Ω
011	(home)	VT	043	+	075	K	107	k	139	ï	171	½	203	╦	235	δ
012	(form feed)	FF	044	,	076	L	108	l	140	î	172	¼	204	╠	236	∞
013	(carriage return)	CR	045	-	077	M	109	m	141	ì	173	¡	205	═	237	φ
014	♫	SO	046	.	078	N	110	n	142	Ä	174	«	206	╬	238	∈
015	☼	SI	047	/	079	O	111	o	143	Å	175	»	207	╧	239	∩
016	▲	DLE	048	0	080	P	112	p	144	É	176	░	208	╨	240	≡
017	▼	DC1	049	1	081	Q	113	q	145	æ	177	▒	209	╤	241	±
018	↕	DC2	050	2	082	R	114	r	146	Æ	178	▓	210	╥	242	≥
019	‼	DC3	051	3	083	S	115	s	147	ô	179	│	211	╙	243	≤
020	¶	DC4	052	4	084	T	116	t	148	ö	180	┤	212	╘	244	⌠
021	§	NAK	053	5	085	U	117	u	149	ò	181	╡	213	╒	245	⌡
022	▬	SYN	054	6	086	V	118	v	150	û	182	╢	214	╓	246	÷
023	↨	ETB	055	7	087	W	119	w	151	ù	183	╖	215	╫	247	≈
024	↑	CAN	056	8	088	X	120	x	152	ÿ	184	╕	216	╪	248	°
025	↓	EM	057	9	089	Y	121	y	153	Ö	185	╣	217	┘	249	∙
026	→	SUB	058	:	090	Z	122	z	154	Ü	186	║	218	┌	250	·
027	←	ESC	059	;	091	[	123	{	155	¢	187	╗	219	█	251	√
028	∟	FS	060	<	092	\	124	|	156	£	188	╝	220	▄	252	ⁿ
029	↔	GS	061	=	093	]	125	}	157	¥	189	╜	221	▌	253	²
030	▲	RS	062	>	094	^	126	~	158	Pt	190	╛	222	▐	254	■
031	▼	US	063	?	095	_	127	⌂	159	ƒ	191	┐	223	▀	255	(blank 'FF')

Visual C++ 6.0 常见错误信息表

1．fatal error C1010: unexpected end of file while looking for precompiled header directive。
寻找预编译头文件路径时遇到了不该遇到的文件尾。（一般是没有#include "stdafx.h"。）

2．fatal error C1083: Cannot open include file: 'xxx.h': No such file or directory
不能打开包含文件"xxx.h"：没有这样的文件或目录。

3．error C2001: newline in constant
在常量中出现了换行。

4．error C2018: unknown character '0xa3'
不认识的字符'0xa3'。（一般是汉字或中文标点符号。）

5．error C2057: expected constant expression
希望是常量表达式。（一般出现在 switch 语句的 case 分支中。）

6．error C2065: 'xxx' : undeclared identifier
"xxx"：未声明过的标识符。

7．error C2065: 'printf' : undeclared identifier
使用了库函数 printf()却没有包含头文件"stdio.h"。在程序中使用了库函数必须包含其相应的头文件。

8．error C2143: syntax error: missing ':' before '{'
句法错误："{"前缺少";"。

9．error C2146: syntax error : missing ';' before identifier 'xxx'
句法错误：在"xxx"前丢了";"。

10．error C2196: case value '69' already used
值 69 已经用过。（一般出现在 switch 语句的 case 分支中。）

11．error C2082: redefinition of formal parameter 'xxx'
函数参数"xxx"在函数体中重定义。

12．error C2137: empty character constant
连用了两个单引号，而中间没有任何字符。

13．error C4716: 'xxx' : must return a value
函数声明了有返回值(不为 void)，但函数实现中忘记了 return 返回值。

14．warning C4508: 'main' : function should return a value; 'void' return type assumed
希望在 main()前加 void。

15. warning C4035: 'xxx': no return value

"xxx"的return语句没有返回值。

16. warning C4553: '= =' : operator has no effect; did you intend '='?

没有效果的运算符"= =";是否改为"="?

17. warning C4700: local variable 'x' used without having been initialized

局部变量"x"没有初始化就使用。

18. error C4716: 'CMyApp::InitInstance' : must return a value

"CMyApp::InitInstance"函数必须返回一个值。

19. LINK : fatal error LNK1168: cannot open Debug/P1.exe for writing

连接错误:不能打开P1.exe文件,以改写内容。(一般是P1.exe还在运行,未关闭。)

20. warning C4700: local variable 'xxx' used without having been initialized

警告局部变量"xxx"在使用前没有被初始化。

21. fatal error C1004: unexpected end of file found

程序缺少 ' } '。

22. fatal error C1083: Cannot open include file: 'xxx': No such file or directory

无法打开头文件xxx:没有这个文件或路径。

23. error C2050: switch expression not integral

switch表达式不是整型的。

24. error C2051: case expression not constant

case表达式不是常量。

25. error C2110: cannot add two pointers

两个指针量不能相加。

26. error C2118: negative subscript or subscript is too large

下标为负或下标太大。

27. error C2124: divide or mod by zero

被零除或对0求余。

28. error C2181: illegal else without matching if

非法的没有与if相匹配的else。

29. error LNK2005: _main already defined in Cpp1.obj

未关闭上一程序的工作空间,导致出现多个main函数。

附录 3
Visual C++常用库函数一览表

库函数并不是 C 语言的一部分，它是由人们根据需要编制并提供给用户使用的。不同的 C 编译系统所提供的标准函数库的数目和函数名及函数功能并不完全相同。Visual C++ 提供多个库函数，对于这些库函数，用户在编程时，可直接调用。为使用户在编程过程中便于查找，本附录选择了初学者常用的一些库函数，简单介绍了各函数的用法和所在的头文件。

1. 数学函数

使用数学函数时，应该在该源文件中使用以下命令行：# include ＜math.h＞或# include ＂ math.h ＂。

函　数　名	函　数　原　型	功　　　能	头　文　件
abs	int abs(int x)	求整数 x 的绝对值	stdlib.h math.h
acos	double acos(double x);	计算 arccos (x)的值	math.h
asin	double asin(double x);	计算 arcsin (x)的值	math.h
atan	double atan(double x);	计算 arctan (x)的值	math.h
atan2	double atan2(double x,double y);	计算 arctan (x/y)的值	math.h
cabs	double cabs(struct complex znum)	返回一个双精度数，其为计算机复数 znum 的绝对值	stdlib.h math.h
ceil	double ceil(double x)	返回不小于参数 x 的最小整数	math.h
cos	double cos(double x)	计算 cos(x)的值	math.h
cosh	double cosh(double x)	计算 x 的双曲余弦 cosh(x)的值	math.h
exp	double exp(double x)	求 e^x 的值	math.h
fabs	double fabs(double x)	求 x 的绝对值	math.h
floor	double floor(double x)	求出不大于 x 的最大整数	math.h
fmod	double fmod(double x,double y)	计算 x/y 的余数。返回值为所求的余数值	math.h
labs	long labs(long n)	返回长整型参数的绝对值	stdlib.h
log	double log(double x)	求 $\log_e x$，即 ln x 的值	math.h
log10	double log10(double x)	求 $\log_{10} x$ 的值	math.h
pow	double pow (double x,double y)	计算 x^y 的值	math.h
pow10	double pow10(int p)	返回计算 10^p 的值	math.h
rand	int rand(void)	产生−90 到 32767 间的随机整数	stdlib.h
sin	double sin(double x)	计算 sin(x)的值	math.h
sinh	double sinh(double x)	计算 x 的双曲正弦函数 sinh(x)的值	math.h

函 数 名	函 数 原 型	功　　能	头 文 件
sqrt	double sqrt(double x)	返回参数 x 的平方根值	math.h
srand	void srand(unsigned seed)	初始化随机函数发生器	stdlib.h
tan	double tan(double x)	计算 tan(x)的值	math.h
tanh	double tanh(double x)	计算 x 的双曲正切函数 tanh(x)的值	math.h

2. 字符串函数

函 数 名	函 数 原 型	功　　能	头 文 件
stpcpy	char *stpcpy(char *destin, char *source)	复制串 source 到另一个串变量 destin 中。返回值为指向 destin 的指针	string.h
strcat	char *strcat(char *destin, char *source)	把串 source 连接到另一个串 destin 上（串合并）。返回值为指向 destin 的指针	string.h
strchr	char *strcr(char *str,char c)	查找串 str 中某个给定字符（c 中的值）第一次出现的位置，返回值为 NULL 时，表示没有找到	string.h
strcmp	int strcmp (char *str1,char *str2)	把串 str1 与另一个串 str2 进行比较。当两串相等时，函数返回 0；如果 str1<str2，返回负值；如果 str1>str2，返回正值	string.h
strcpy	int *strcpy(char *str1,char *str2)	把 str2 串复制到 str1 串变量中。函数返回指向 str1 的指针	string.h
stricmp	int stricmp (char * str1 ,char *str2)	将串 str1 与另一个串 str2 比较，不管字母的大小写，返回值同 strcmp	string.h
strlen	usigned strlen(char *str)	计算 str 串的长度（第一个'\0'之前的字符的个数，不包括'\0'）。函数返回长度串值	string.h
strlwr	char *strlwr(char *str)	转换 str 串中的大小写字母为小写字母	string.h
strncat	char *strncat(char *destin, char *source, int maxlen)	把串 source 中的一部分（最多 maxlen 个字节）加到另一个串 destin 之后（合并）。函数返回指向已连接串 destin 的指针	string.h
strncmp	int strncmp(char *str1,char *str2, int maxlen)	把串 str1 与 str2 中的头 maxlen 个字节进行比较。返回值同 strcmp	string.h
strncpy	char *strncpy(char *destin, char *source,int maxlen)	把串 source 连接到另一个串 destin 上（串合并）。返回值为指向 destin 的指针	string.h
strchr	char *strchr(char *str,char c)	查找给定字符（c 的值）在串中最后一次出现的位置。返回指向该位置的指针，若没有查到则返回 NULL	string.h
strset	char*strset(char*str,char c)	把串中所有字节设置为给定字符（c 的值）。函数返回串的指针	string.h
strstr	char*strstr(char *str1,char *,str2)	查找串 str2 在串 str1 中首次出现的位置。返回该位置的指针	string.h
strupr	char *strupr(char *str)	把串 str 中所有小写字母转换成大写。返回转换后的串指针	string.h

3. 输入函数与输出函数

函　数　名	函　数　原　型	功　　能	头　文　件
cgets	char *cgets (char *string)	从控制台读字符串给 string。返回串指针	conio.h
close	int close(int handle)	关闭文件。handle 为已打开的文件句柄；返回值为−1 时，表示出错	io.h
cprintf	int cprintf(char *format [,argument,…])	格式化输出至屏幕。*format 为格式串，argument 为输出参数，返回输出的字符数	conio.h
cputs	void cputs(char *string)	输出字符串到屏幕。string 为要输出的串	conio.h
creat	int creat(char *filename,int permiss)	创建一个新文件或重写一个已存在的文件。filename 为文件名，permiss 为权限，返回值为−1 时，表示出错	io.h
cscanf	int cscanf (char *format [, argument ,…])	从控制台格式化输入。format 为格式串，argument 为输入参数，返回正确被转换和赋值的数据项数	conio.h
eof	int eof(int *handle)	检测文件结束。handle 为已打开的文件句柄；返回值为 1 时，表示文件结束；否则为 0，−1 表示出错	io.h
fclose	int fclose(FILE *stream)	关闭一个流。stream 为流指针；返回 EOF 时，表示出错	stdio.h
fcloseall	int fcloseall(void)	关闭所有打开的流。返回 EOF 时，表示出错	stdio.h
feof	int feof(FILE *stream	检测流上文件的结束标志。返回非 0 值时，表示文件结束	stdio.h
ferror	int ferror (FILE *stream)	检测流上的错误，返回 0 时，表示无错	stdio.h
fgetc	int fgetc(FILE *stream)	从流中读一个字符。返回 EOF 时，表示出错或文件结束	stdio.h
fgetchar	int fgetchar(void)	从标准输入法（stdin）中读取字符。返回 EOF 时，表示出错或文件结束	stdio.h
fgets	char *fgets(char *string , int n,FILE *stream)	从流中读取一个字符串。string 为字符串指针；n 为读取字节个数；stream 流指针；返回 EOF 时，表示出错或文件结束	stdio.h
fielength	long fielength (int handle)	获取文件的长度。handle 为已打开的文件句柄；返回 −1L 时，表示出错	io.h
fopen	FILE *fopen (char *filename,char *type)	打开一个流。filename 为文件名；type 为允许访问方式。返回指向打开文件的指针	stdio.h
fprintf	int fprintf (FILE *stream,char *format [,argument,…])	传送格式化输出到一个流。stream 为流指针；format 为格式串；argument 输出参数。返回输出的字符数	stdio.h
fputc	int fputc(int ch,FILE *stream)	送一个字符到一个流中。ch 为被写字符；stream 为流指针；返回被写字符，返回 EOF 时，表示可能出错	stdio.h
fputchar	int fputchar(char ch)	送一个字符到标准输出流（stdout）中。ch 为被写字符；返回被写字符，返回 EOF 时，表示可能出错	stdio.h
fputs	int fputs(char *string, FILE *stream)	送一个字符串到流中。string 为被写字符串；stream 为流指针；返回值为 0 表示成功	stdio.h
fread	int fread(void *ptr,int size,int nitems,FILE *stream)	从一个流中读数据。ptr 为数据存储缓冲区；size 为数据项大小（单位字节）；nitems 为读入的数据项个数；stream 为流指针；返回实际读入的数据项个数	stdio.h
fscanf	int fscanf (FILE *stream, char *format[,argument, …])	从一个流中执行格式化输入。stream 为流指针；format 为格式串；argument 为输入参数	stdio.h

函 数 名	函 数 原 型	功 能	头 文 件
fwrite	int fwrite(void *ptr,int size, int nitems,FILE *stream)	写内容到流中。ptr 为被输出的数据存储缓冲区；size 为数据项大小（单位字节）；nitems 为写出的数据项个数；stream 为流指针；返回实际输出的数据项个数	stdio.h
getc	int getc(FILE *stream)	从流中取字符。stream 为流指针；返回读入的字符	stdio.h
getch	int getch(void)	从控制台无回显地读取一个字符。返回读入的字符	conio.h
getchar	int getchar(void)	从标准输入流(stdin)中读取一个字符。返回读入的字符。	stdio.h
getche	int getche(void)	从控制台读取一个字符并回显。返回读入的字符	conio.h
gets	char *gets(char *string)	从标准设备上（stdin）读取一个字符串。string 为存放读入串的指针。返回 NULL 时，表示出错	conio.h
getw	int getw(FILE *stream)	从流中取一个二进制整数。stream 为流指针；返回所读到的数据（EOF 表示出错）	stdio.h
open	int open (char *pathmame, int access[,int permiss])	打开一个文件用于读或写。pathname 为文件名；access 为允许操作类型；permiss 为权限。返回打开文件的文件句柄	io.h
printf	int printf(char *format [,argument])	从标准输出设备（stdout）上格式化输出。format 为格式串；argument 为输出参数	stdio.h
putc	int putc(int ch,FILE *stream)	输出字符到流中。ch 为被输出的字符；stream 为流指针。函数返回被输出的字符	stdio.h
putch	int putch(int ch)	输出一个字符到控制台。ch 为要输出的字符；返回值为 EOF 时，表示出错	conio.h
putchar	int putchar(int ch)	输出一个字符到标准输出设备（stdout）上。ch 为要输出的字符；返回被输出的字符	conio.h
puts	int puts(char *string)	输出一个字符串到标准输出设备（stdout）上。string 为要输出的字符串；返回值为 0 时，表示成功	conio.h
putw	int putw(int w,FILE *stream)	将一个二进制整数写到流的当前位置。w 为被写的二进制整数；stream 为流指针	stdio.h
read	int read(int handle,void *buf,int nbyte)	从文件中读数据。handle 为已打开的文件句柄；buf 为存放数据的缓冲区；nbyte 为读取的最大字节数；返回成功读取的字节数	io.h
remove	int remove (char * filename)	删除一个文件。filename 为被删除的文件名；返回-1 时，表示出错	stdio.h
rename	int rename (char *oldname,char *newname)	更改文件名。oldname 为旧文件名，newname 为新文件名。返回值为 0 时，表示成功	stdio.h
scanf	int scanf(char *format [,argument,…])	从标准输入设备上格式化输入。format 为格式串，argument 为输入参数项	stdio.h
write	int write (int handle, void *buf,int nbye)	将缓冲区 buf 的内容写到一个文件中。handle 为已打开的文件句柄；buf 为要写（存）的数据；nbyte 字节数；返回值为实际写的字节数	io.h

4. 动态存储分配函数

函　数　名	函　数　原　型	功　　能	头　文　件
calloc	void(或 char) *calloc(n,size) unsigned n; unsigned size;	分配 n 个数据项的内存连续空间，每项大小写为 size 字节	alloc.h
free	void free(p) void(或 char) *p	释放 p 所指的内存区	alloc.h
malloc	void(或 char) *malloc(size) unsigned size;	分配 size 字节的存储区	stdlib.h
realloc	void(或 char)*realloc(p,size) void(或 char)*p;unsigned size;	将 f 所指出的已分配内存区的大小改为 size。size 可比原来分配的空间大或小	alloc.h

参考文献

［1］左飞. 代码揭秘：从 C/C++的角度探秘计算机系统[M]. 北京：电子工业出版社,2009.

［2］封超. 计算机组成原理与系统结构[M]. 北京：清华大学出版社,2012.

［3］蒋本珊. 计算机组成原理（第 3 版）[M]. 北京：清华大学出版社,2013.

［4］[加]萨特，[罗]亚历山德雷斯库著，刘基诚译. C++编程规范：101 条规则、准则与最佳实践[M].北京：人民邮电出版社，2010.

［5］[美]Robert C.Martin 著，韩磊译. 代码整洁之道[M]. 北京：人民邮电出版社，2010.

［6］李健. 编写高质量代码：改善 C++程序的 150 个建议[M]. 北京：机械工业出版社，2012.

［7］[美]Peter van der Linden. C 专家编程（英文版）[M]. 北京：人民邮电出版社，2013.

［8］[美]霍尔顿(Horton，I.)著，苏正泉、李文娟译. Visual C++ 2012 入门经典(第 6 版)[M]. 北京：清华大学出版社，2013.

［9］[美]Tom Cargill 著，聂雪军译. C++编程风格[M]. 北京：人民邮电出版社，2013.

［10］[美]鲍斯维尔（Boswell,D.），富歇（Foucher，T.）著，尹哲译[M]. 北京：机械工业出版社，2012.

［11］林军. C 语言程序设计[M]. 中国水利水电出版社，2010.

［12］刘振安，刘燕君. C 语言程序设计教程[M]. 北京邮电大学出版社，2012.

［13］Andy Oram & Greg Wilson 编，BC Group 译. 代码之美[M]. 北京：机械工业出版社，2010.

［14］李军. C 语言程序设计[M]. 北京：电子工业出版社，2012.

［15］苏小红. C 语言程序设计[M]. 北京：高等教育出版社，2011.

［16］曹飞飞，高文才. C 语言程序开发范例宝典(第二版)[M]. 北京：人民邮电出版社，2012.

［17］崔丹，罗建航，王施冉，朱维军等. C 语言程序设计案例精粹[M]. 北京：电子工业出版社，2010.

［18］纪钢，金艳，陈媛，张建勋等. C 语言程序设计基础教程[M]. 北京：清华大学出版社，2011.

［19］陈明晰，谢蓉蓉. C 语言程序设计[M]. 北京：清华大学出版社，2013.

［20］姚琳等. C 语言程序设计(第二版)[M]. 北京：人民邮电出版社，2010.

［21］陈瑞，田建新. 跟我学 C 语言[M]. 北京：清华大学出版社，2013.

［22］李春葆，曾平，喻丹丹等. C 语言程序设计教程（第 2 版）学习指导[M]. 北京：清华大学出版社，2012.

［23］袁仲雄. C 语言程序设计基础[M]. 北京：清华大学出版社，2012.

［24］李向阳. C 语言程序设计[M]. 北京：清华大学出版社，2012.

［25］[美] 戴特尔著，苏小红译. C 语言大学教程（第六版）[M]. 北京：电子工业出版社，2012.

［26］张曙光等. C 语言程序设计[M]. 北京：人民邮电出版社，2014.

［27］孙连科，许薇薇. C 语言程序设计（第二版）[M]. 北京：中国电力出版社，2011.

［28］廖湖声，叶乃文．C 语言程序设计案例教程（第二版）[M]．北京：人民邮电出版社，2010.

［29］张述信．C 程序设计实用教程[M]．北京：清华大学出版社，2009.

［30］高敬阳，李芳著．C 程序设计教程与实训[M]．北京：清华大学出版社，2009.

［31］张小东，郑宏珍．C 语言程序设计与应用[M]．北京：人民邮电出版社，2009.

［32］王四万，张郭军，王文东．C 语言程序设计[M]．北京：科学出版社，2009.

［33］张磊．C 语言程序设计（第三版）[M]．北京：清华大学出版社，2012.

［34］向艳．C 语言程序设计（第二版）[M]．北京：清华大学出版社，2011.

［35］[美]霍尔顿著，杨浩译．C 语言入门经典（第 5 版）[M]．北京：清华大学出版社，2013.

［36］罗瑞红．编程语言基础——C 语言[M]．北京：北京理工大学出版社，2010.

［37］李丽娟．C 语言程序设计教程(第 4 版) [M]．北京：人民邮电出版社，2013.

［38］宁爱军，熊聪聪．C 语言程序设计[M]．北京：人民邮电出版社，2010.

［39］Brain W.Kernighan，Dennis M.Ritchie 著，徐宝文，李志译．C 程序设计语言（第 2 版新版）[M]．北京：机械工业出版社，2009.

［40］张引，许端清，肖少拥等．C 程序设计基础课程设计[M]．杭州：浙江大学出版社，2007.

［41］K.N.King 著，吕秀锋，黄倩译．C 语言程序设计：现代方法（第 2 版）[M]．北京：人民邮电出版社，2010.

［42］王为青，张圣亮．C 语言实战 105 例[M]．北京：人民邮电出版社，2007.

［43］Jeri R.Hanly Elliot B.Koffman 著，潘蓉，郑海虹，孟广兰，万波译．C 语言详解（第 6 版）M]．北京：电子工业出版社，2010.

［44］尹宝林．C 程序设计思想与方法[M]．北京：机械工业出版社，2009.

［45］谭浩强．C 程序设计（第 4 版）[M]．北京：清华大学出版社，2010.

［46］林锐，韩永泉．高质量程序设计指南：C++/C 语言（第 3 版）[M]．北京：电子工业出版社，2012.

［47］柴田望洋著，管杰，罗勇译．明解 C 语言[M]．北京：人民邮电出版社，2013.

［48］陈萌．C 语言编程思维[M]．北京：清华大学出版社，2014.

［49］明日科技．C 语言经典编程 282 例[M]．北京：清华大学出版社，2012.

［50］张晶，高洪涛．C 语言编程兵书[M]．北京：电子工业出版社，2013.

［51］高禹等．C 语言编程技巧分析[M]．北京：清华大学出版社，2014.